国家风力发电工程技术研究中心资助出版

# 风力发电基础

（第二版）

王海云　王维庆　朱新湘　梁　斌　编著

重庆大学出版社

## 内容提要

本书是针对风力发电专业编写的教材。书中全面介绍了风力机的发展史，世界风能发展状况，风的特性及我国的风能资源分布特点，风力机的基本组成，水平轴并网型风力机的基本工作原理，风电场项目规划与选址，风力机的选型、运输与安装，风电场与电力系统的关系，风能系统的经济评价方式，风能系统的成本构成，以及世界可再生能源状况、全球和我国的可再生能源政策。本书较全面地涵盖了风力发电相关的技术领域，从政策、风电发展史、风力机的组成、风电场的建设、风电接入电力系统、经济性评价等多方面对风电系统作了介绍。

本书覆盖范围广，概念清晰，内容丰富，深入浅出地介绍风电的技术难点，适合我国从事风电技术工作的师生、工程技术人员阅读。

**图书在版编目(CIP)数据**

风力发电基础/王海云等编著. —2 版. —重庆：重庆大学出版社，2013.2
ISBN 978-7-5624-5661-2

Ⅰ.①风… Ⅱ.①王… Ⅲ.①风力发电 Ⅳ.①TM614

中国版本图书馆 CIP 数据核字(2013)第 012390 号

**风力发电基础**
(第二版)
王海云 王维庆 朱新湘 梁 斌 编著
责任编辑：曾显跃 何建云 版式设计：曾显跃
责任校对：邬小梅 责任印制：赵 晟
*
重庆大学出版社出版发行
出版人：邓晓益
社址：重庆市沙坪坝区大学城西路 21 号
邮编：401331
电话：(023) 88617183 88617185(中小学)
传真：(023) 88617186 88617166
网址：http://www.cqup.com.cn
邮箱：fxk@cqup.com.cn (营销中心)
全国新华书店经销
重庆华林天美印务有限公司印刷
*
开本：787×1092 1/16 印张：13.25 字数：331 千
2013 年 2 月第 2 版 2013 年 2 月第 2 次印刷
印数：3 001—6 000
ISBN 978-7-5624-5661-2 定价：25.00 元

---

# 前言

人口、能源、环境是当今人类生存和发展所要解决的最为紧迫的问题。随着世界人口的增加和经济的迅速发展,人类消耗能源也与日俱增,目前广泛应用的常规能源,如石油、天然气及核能等都是有限的,并会产生污染。而洁净的可再生能源(如太阳能、风能等)最近一些年来得到了迅猛发展,其中风能是一种洁净、无污染、可再生的绿色能源,在世界各国蕴藏十分巨大,是目前最具大规模开发利用前景的能源,也是一种最具竞争力的规模能源。近年来,随着风电技术的日益成熟,风电装机容量不断增大,并网性能不断改善,发电效率不断提高,风电设备在全球能源设备中脱颖而出。

风力发电指利用风力发电机组直接将风能转化为电能的发电方式,是风能利用的主要形式,也是目前可再生能源中技术最成熟、最具规模化开发条件和商业化发展前景的发电方式之一,对减少温室效应,保持生态平衡,改善电力结构将起到重要作用。

风力发电是集空气动力、电机制造、液压传动和计算机自动控制为一体的综合性技术。风轮是将风能转换为机械能的装置,由气动性能优异的叶片(目前商业机组一般为2~3个叶片)装在轮毂上所组成,低速转动的风轮通过传动系统由增速齿轮箱增速,将动力传递给发电机。由于风向经常变化,为了有效地利用风能,偏航系统根据风向传感器测得的风向信号,通过控制器控制偏航电机,使机舱始终对风。风电机组的整体设计、叶片的材料和加工技术、自动化控制系统、液压和传感技术是风力发电机组制造的关键。

风电场包括风力发电机组、辅助设备和其他配套设施。风力发电机组包括风力发电机、机舱、塔架、控制器等。辅助设备(即通用的电力和控制设备)包括输变电设备及线路,通信控制系统等。配套设施包括风力发电机组以及辅助设备的基础、厂房、道路等。风力发电机组和辅助设备的零部件在国内各专门厂家生产,通过铁路和公路运输运送到风电场,并在现场进行总装和吊装。

风力发电技术属于新兴的交叉学科领域,涉及气象学、流体力学、机械工程、电气工程、材料科学、环境科学、电子技术、海洋工程等多种学科和专业。我国在风力发电技术的人才储备、技术和装备基础等方面较薄弱,本书可为风电领域的科研和工作人员提供技术支持,也可作为大专院校风力发电及相关专业师生的参考书。

本书介绍了风力机的发展史,世界风能发展状况,我国的风电现状;介绍了气象学基础知识、风的形成、风的特性和风能计算,我国的风能资源分布特点;阐述了风力机的分类,基本组成,主要部件的结构和特点,水平轴并网型风力机的基本工作原理,以及其他风能转换系统;介绍了风电场项目规划及风电场项目的可行性研究,风力机的选型、运输与安装,风电场宏观选址和微观选址,风电机组的排列方式和风电场年上网电量的计算;介绍了风电场容量与电力系统的关系,风电场接入系统的组成,风电场对电力系统的影响,风电场对环境的影响,以及风电场的产能预报技术;介绍了风能系统经济评价方式,风能系统的资金成本、运行维护成本,风能的节约成本和环保效益;最后回顾了世界可再生能源状况,京都议定书,全球可再生能源政策,我国能源结构与环境现状,我国的可再生能源政策。

本书由国家风力发电工程技术中心资助出版,同时还得到新疆金风科技股份有限公司的大力协作,武钢、郭健、霍晓萍等人对本书作出了贡献,在此向他们表示衷心的感谢。

另外,本书的编著参阅了贺德馨、宫靖远等前辈的著作和大量参考文献,在此对作者一并致谢。

由于水平所限,书中定有不妥之处,谨请专家与读者批评指正。

编　者

2012 年 12 月

# 目录

# 第 1 章
# 风能的开发与利用

## 风力发电的历史变迁

### 1.1.1 垂直轴

人类利用风能已有数千年历史，在蒸汽机发明以前风能曾经作为重要的动力，用于船舶航行、提水饮用、灌溉、排水造田、磨面和锯木等。据考证，人类利用风能的历史源于亚洲。早在公元前2 000多年，我国和波斯国（现伊朗）就开始利用风车提水、灌溉农田、磨面、舂米，用风帆推动船舶前进，到了宋代更是我国应用风车的全盛时期（图1.1）。公元前1 700多年，亚洲的巴比伦王国也开始利用风车灌溉农田，可以在阿富汗看到风机遗迹（图1.2）。古代风机都是垂直轴风车，当时流行将8个帆各编在一个直立的杆上，帆的正中上端各由一绳系之，造成不对称，旋转过程中，“叶片”（常用芦席制成）有2个位置（图1.3），与风向无关，形成立帆式垂直轴风车。

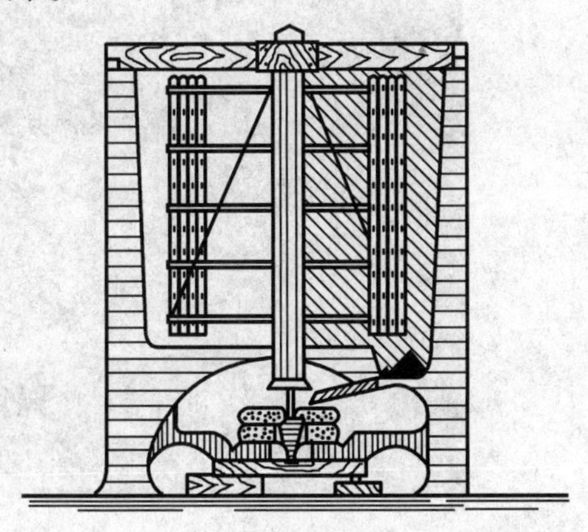

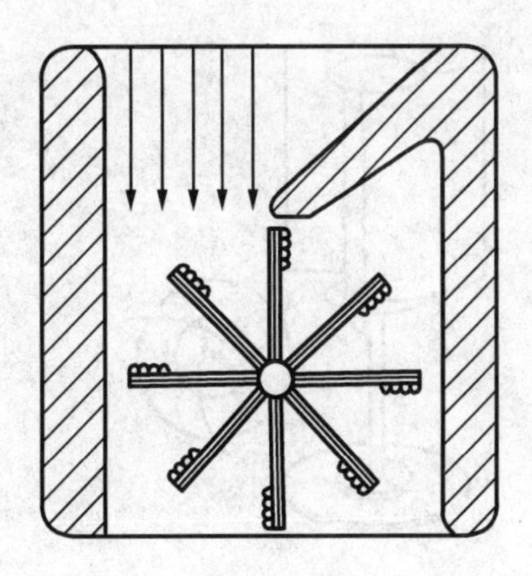

图1.1　古代波斯和我国的垂直轴风机示意图

图 1.2　阿富汗风机遗迹

图 1.3　18 世纪波斯的风车

公元 10 世纪伊斯兰人用风车提水，11 世纪风车在中东获得广泛的应用。欧洲风机的起源尚有争议，据说 13 世纪，十字军东征从叙利亚带回了第一台风机。大约公元 1200 年，英国祷告书中第一次记录了风力机，14 世纪风机已成为欧洲不可缺少的原动机。在荷兰，风车先用于莱茵河三角洲湖地汲水，以后又用于榨油和锯木。荷兰人发展了水平轴的风车。18 世纪，荷兰曾利用近万座风车将海堤内的水排干，造出的良田相当于国土面积的 1/3，成了著名的风车之国。这种风车在欧洲大陆和英国的乡村非常普遍，成为机械能的主要来源。随着蒸汽机的出现，欧洲风车的数目急剧下降。

垂直轴风力发电机的发明则要比水平轴风力发电机晚一些，直到 20 世纪 20 年代才开始出现。萨布纽斯式风力机是 20 世纪 20 年代发明的垂直轴风力机，它以发明者萨布纽斯 Savonius 的名字命名（S 型风力机），如图 1.4 所示。这种风力机通常由两枚半圆筒形的叶片构成，也有用 3 ~ 4 枚叶片的，往往上下重叠多层，效率最大不超过 10%。20 世纪 30 年代初，法国人 Darrieus 想出了卷曲成形的立轴风轮，带有所谓的叶片铰链机构，通过绳索或铰链在两端固定，在重力作用下自然下垂，利用产生的翼形升力产生驱动转矩，如图 1.5 所示。

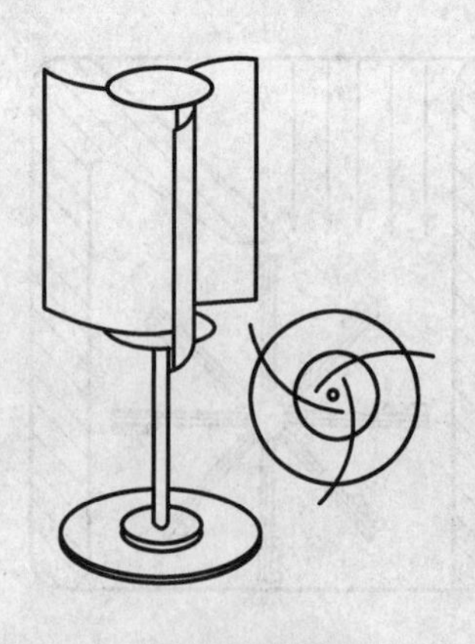

图 1.4　S 型垂直轴风力机

图 1.5　Flowind 150 kW，17 m，美国

由于人们普遍认为垂直轴风力发电机的风能利用率要低于水平轴风力发电机，导致垂直轴风力发电机长期得不到重视。20 世纪 70 年代以后，垂直轴机型不再发挥太大的作用。后

来,加拿大人重新想起 Darrieus 的主意,美国、荷兰和德国的公司也开始了自己在立轴风轮领域的研究,研究的风轮直径局限在 20 m 以内。1985 年 Darrieus 风轮的研究首先在加拿大达到了 70 m,功率达到 4 MW,1987 年投入使用。

1976 年,英国和美国的科学家研究发现,排列叶片可以避免垂直轴风轮不能自启动的缺点,设计了 H 型排列的叶片(图 1.6)。直的叶片能调整叶片角度,实现输出功率的调节。

图 1.6 H 型风轮

可以肯定地说,直到今天,垂直轴风力发电机也没有能够得到广泛地推广。因此,垂直轴风力发电机的发展状态也明显落后于水平轴式风力发电机。唯一获得成功的制造者是美国的 Flowind,在加利福尼亚大约安装有 700 台(图 1.5),风轮直径为 17 m 和 19 m。与水平轴式风力发电机相比,垂直轴风力机看起来简单,但没有明显降低成本。因此,对垂直轴风力机还有待进一步研究。

### 1.1.2 水平轴风力发电机的历史

水平轴风力发电机是现在最流行、最为广泛采用的机型,起源可以追溯到 12 世纪。1759 年,英国人 John Smeaton 在著名的荷兰风力磨坊上把效率提高到 $C_P = 0.28$。这种风力磨坊一般有四只转动的叶片,有些风力磨坊设计选用五只、六只或八只叶片。叶片用横梁和板条制成,上面绷紧一块帆布,帆布能够根据风力大小或多或少地展开。帆布随风力的大小伸展,改变了对能量转换起决定作用的受风面积大小,并且有效地保护了设备,避免了过高的功率消耗。在水平轴机型发展的起始阶段,旋转叶片垂直于主风向安装,不跟踪风向。

德国进一步发展了棚架式风力磨坊(图 1.7),旋转叶片和整个风力磨坊主体建筑(塔架)安装在一个地基上随风转动,克服了水平轴机型不跟踪风向的缺点。这种设计方法造价高,后来在荷兰,通过增加现代化旋转机头,进一步改善了对风装置,与旋转平面成 90°安装的侧轮能够自动进行风向跟踪(图 1.8)。这种方法在 1745 年由 Edmund Lee 设计,并获得专利。

18 世纪中期,为了更好地进行功率限制,人们认识到了旋转叶片的重要性,发明了“合页”式叶片叶轮。合叶式叶片的运动部件像百叶窗,在弹簧的作用下,“合页”停留在有效的动力学位置上,直到风压达到或超过一定值,“合页”推开,起作用的风轮表面明显急剧减少。

图 1.7　棚架式风磨

图 1.8　荷兰风磨

图 1.9　多叶片风力机

19 世纪中末期至 20 世纪初，风力发电技术还处于独立运行、多叶片、低转速、发电效率低的状态。19 世纪的欧洲，大约有数十万台风力发电机，风轮直径可达 25 m，功率在风力很好时达 25 ~ 30 kW，主要用于谷物磨坊。19 世纪的美国，成百万的多叶片式风力发电机用于泵水，风轮直径为 3 ~ 5 m，功率为 500 ~ 1 000 W，其中150 000台至今仍可以见到。由于叶片的数量多（根据直径大小，每个风轮可达到或超过 30 片，图 1.9），多叶片风轮在相对低的转速下，产生了较大的转矩，能够直接驱动恒定转矩的活塞泵。风轮的背风面安装了尾翼，依靠尾翼，风轮的旋转平面能够始终保持正对风向。尾翼向旁边转动 90°，风轮就会与风向平行，风力发电机则处于非运行状态。

Charles F. Brush（1849—1929）是风能研究的先驱者。1887—1888 年冬，他安装了一台被现代人认为是第一台自动运行的用于发电的风力机（图 1.10）。它的单机容量为 12 kW，是个庞然大物——叶轮直径是 17 m，有 144 个由雪松木制成的叶片。风力机运行了约 20 年，用来给他家地窖里的蓄电池充电。Charles F. Brush 是美国电力工业的奠基人之一。他发明了一种效率非常高的直流发电机应用于公共电网，发明了第一个商业化电弧光灯，找到了一种高效的制造铅酸蓄电池的方法。他自己的公司 Brush Electric 位于俄亥俄州 Cleveland 市。1889 年他卖掉了公司，1892 年与爱迪生通用电气公司合并取名为通用电气公司（GE）。

Poul la Cour（1846—1908）是一名气象学家，同时也是现代风力发电机的先驱。他是现代空气动力学的鼻祖，建立了第一个用于实验风力发电机的风洞。Poul la Cour 致力于能源储存的研究，将风力机发出的电力用于电解来生产氢气，供他学校的瓦斯灯使用。这个计划的唯一缺点是：由于氢气中含有少量氧气，致使氢气爆炸，他不得不数次更换学校的窗户。

Poul la Cour 继 Brush 之后发明了快速转动、叶片数少的风力机，在发电时比低转速的风力机效率高很多。1897 年，他发明的两台实验风力机，安装在丹麦 Askov Folk 高中（图 1.11）。Poul la Cour 于 1905 年创立了风电工人协会，风电工人协会成立一年后，就拥有了 356 个会员。

图1.10　Charles F. Brush 与位于俄亥俄州 Cleveland 市的 Brush 风力发电机

图1.11　Poul la Cour 与他的实验风力机

他还创办了世界上第一个风力发电期刊 Journal of Wind Electricity。

1920 年至 1930 年,丹麦约有 120 个地方公用事业拥有风力发电机,通常的单机容量是 20~35 kW,总装机约 3 MW。这些风电容量当时占丹麦电力消耗量的 3%。丹麦对风力发电的兴趣在随后的若干年逐渐减退,直到二次世界大战期间出现供电危机。

1940 年至 1950 年,在二次世界大战期间,丹麦工程公司 F. L. Smidth(现在是水泥机械制造商)安装了一批两叶片和三叶片的风机(图 1.12)。丹麦风机制造商已经生产出了两叶片的风机,所有这些风机(与它们的“前辈”一样)发的是直流电。其中三叶片 F. L. Smidth 风机于 1942 年安装在 Bobo 岛,它们看起来很像所谓的“丹麦概念式”风机,是风-柴系统中的一部分,给小岛供电。1951 年后,这些直流发电机逐渐被 35 kW 的交流异步发电机取代。

Johannes Juul 工程师是 Poul La Cour 1904 年开办的“风电工程”培训班中的一名学生。1950 年,在丹麦的 Vester Egesborg,他开发了世界上第一台交流风力发电机。1956—1957 年,Johannes Juul 为 SEAS 电力公司安装了一台创新的 200 kW Gedser 风力发电机(图 1.13),风机安装在丹麦南部的 Gedser 海岸。在随后的很多年中,这台交流风力发电机一直是世界上最大

图 1.12　F. L. Smidth 的两叶片风机和三叶片风机

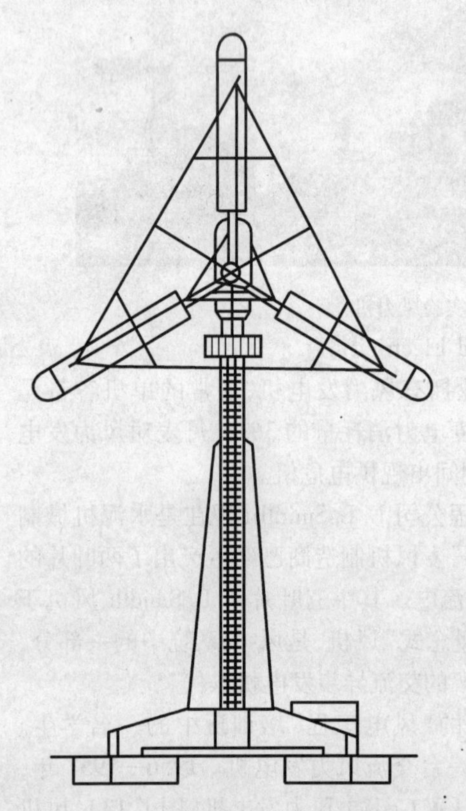

图 1.13　Johannes Juul 的 Gedser 风力发电机

的。这是一台三叶片、上风向、带有电动机械偏航和异步发电机的失速调节型风力机。这种设计概念是现代风力发电机的设计先驱。Johannes Juul 发明了紧急气动叶尖刹车，在风机过速时通过离心力作用释放。这台风力机在无需维护的情况下，运行了 11 年。现在这台风力机的机舱和叶轮在丹麦 Bjerringbro 电力博物馆中展出。

20 世纪 70 年代，在 1973 年第一次石油危机后，几个国家重新燃起了对风能研究的兴趣。在丹麦，电力公司立即把目标放在制造大型风力发电机上，德国、瑞典、英国和美国也紧跟其后。1979 年，丹麦安装了两台 630 kW 风力发电机，一台是桨距控制的，另一台是失速控制的。

20 世纪 80 年代，一个名叫"Christian Riisager"的木匠，在自己家的后院安装了一台小型的 22 kW 风力发电机（图 1.14），他以 Gedser 风力机的设计为基础，尽可能地采用便宜的标准部件（比如用一台电动机作为发电机，把汽车的部件用作齿轮箱和机械刹车）。Riisager 的风力发电机在丹麦许多私人家庭中成为了成功的典范，同时他的成功给丹麦的风力发电机制造商提供了灵感。从 1980 年起，制造商开始设计他们自己的风力发电机。

图 1.14　Riisager 风力发电机

图 1.15　Twind 2 MW 风力发电机

20 世纪 80 年代，欧洲风力发电机组设计概念出现了多元化格局，风力发电机的研究出现双轨现象。小型风电设备的制造者们致力于设备的系列化，通过风电机组按比例的放大制造，保持着技术上的优势，直到出现中型容量、有市场竞争力的风力发电机。大型风电设备的研究开始于 80 年代后期，相对来说没有依赖中、小型风电设备的制造经验，在制造中增加了新的变型。对于小、中型设备来说，采用了流行的三叶片式设计方案，而大型风电机组从一个叶片到三个叶片都有。最后，由 Gedser 风力机改良的古典三叶片、上风向风力机设计在疯狂的竞争中成为商业赢家。Twind 2 MW 风力发电机是最早的兆瓦级风力机（图 1.15），采用下风向设计，叶轮直径为 54 m，发电机为同步发电机。

图 1.16　Bonus 30 kW 风力发电机

Bonus 30 kW 风力发电机(图 1.16)从 1980 年开始制造,是现在制造商早期模型的代表。与丹麦大多数制造商相似,Bonus 公司最初是一个农业机械制造厂。

1980—1981 年开发的 55 kW 风力发电机是现代风力发电工业和技术上的突破。随着这种风力机的诞生,风力发电每度电的成本下降了约 50%,由 Risoe 丹麦国家实验室开发的欧洲风图谱对降低度电成本也是非常重要的。图 1.17 展示的是 Nortank 55 kW 风力发电机组独特的选址思维方式,这些风力发电机组安装在丹麦 Ebeltoft 镇的港口码头。

图 1.17　Nortank 55 kW 风力发电机

Risoe 国家实验室因其在风能领域中的工作而广为人知。Risoe 国家实验室的风能和大气物理部有约 100 名员工从事空气弹性学的基础研究(空气动力和结构动力之间的交互作用),以及风资源的评估工作。此外 Risoe 还从事独立的商业化活动——对风力发电机作类型鉴定。Risoe 最初是为风机鉴定而成立的,源于 20 世纪 60 年代丹麦政府支持的风电项目。为了保证风力发电机购买者的利益,政府要求所有被支持的风力发电机必须通过安全鉴定,严格的安全规程(包括双重制动系统要求)使风力发电机更加安全可靠。世界风力发电协会及研究机构有:NREL——美国可再生能源实验室,ECN——荷兰能源研究中心,AWEA——美国风能协会,EWEA——欧洲风能协会,BWEA——英国风能协会,CWEA——中国风能协会。

丹麦的风电工业是通过小型国内市场的经验发展壮大起来的,因此领先于其他国家。丹麦风力发电机的最初设计就是直接向公共电网供电,在其他国家,甚至在德国,也是没有的。因此在荷兰,风轮直径达到 15 m 并经过试验的小型风力发电设备,通过控制,都可以与公共电网联网。由于风轮的转速受到与大电网相连的异步发电机的限制,大大简化了控制策略。相反,德国把重点放在离网型风力发电机上,由于控制技术复杂,开发离网型风力机明显花费多,耗时长,可靠性低。

到 1988 年,丹麦的中、小型风力发电机占了世界市场的 3/4,用风轮直径 10 ~ 30 m 的风力机控制了市场。20 世纪 80 年代初期,美国通过国家颁布的免税政策,为风力发电机向电网送电提供了市场。数千台风力发电机被运送到美国加利福尼亚 Palm Springs 风电场(图1.18),Micon 55 kW 风力发电机也是其中之一。到了80年代的末期,美国的风力发电场主要是欧洲机型,早5年开始制造风力机的丹麦制造商比其他国家的公司销售业绩更佳。在加州,有将近一半的风机来自丹麦。大约在1985年,加利福尼亚支持计划终结的前一夜,美国的风能市场消失了。尽管看起来市场已经崛起,但从那时起只有很少量的装机投运。然而伟大的加利福尼亚风暴为现代风力发电工业发展的贡献功不可没。后来由于市场政策、财政资助等多方面因素,动摇了丹麦风机在美国市场上的地位。到2007年底,德国已成为世界上最大的风电市场,而且德国的装机容量也是全球最大的。

图1.18 美国加利福尼亚 Palm Springs 风电场

20世纪90年代,单机容量不断增加,300 kW、450 kW、600 kW、750 kW 风力发电机成为主流机型,开始商业化兆瓦级风电机组的研制,出现海上风电场。海上风能的应用前景非常好,对高人口密度和在陆地上很难找到合适安装地点的国家尤为如此。

Vindeby 风电场位于波罗的海丹麦海岸,于1991年由公用事业公司 SEAS 建成(图1.19)。风电场拥有11台 Bonus 450 kW 失速调节型风力机,风机位于洛兰岛海岸1.5~3 km 以北,靠近 Vindeby 村。尽管洛兰岛对从南部来的风有影响,使得产量有些减少,但发电量比容量相同的陆地风电场还是高出20%。

1995年,Midtkraft 公用事业公司建造了 Tuno Knob 海上风电场,位于丹麦海岸的 Kattegat 海域(图1.20),这张照片展示的是水上浮动式起重机在从事安装工作。风电场拥有10台 Vestas 500 kW 风力发电机。风力机根据海洋环境进行了修改,每台风机上都安装了一个电动吊,用来更换主要部件(如发电机),无需使用浮吊。此外,这些风机的齿轮箱也进行了修改,转速比陆地风机提高了10%。这样可以使电能产量增加5%。

图 1.19　Vindeby 风电场

图 1.20　Tuno Knob 海上风电场

1998 年，丹麦建成位于洛兰岛的 Syltholm 风电场，是当时最大的陆地风电场（图 1.21），拥有 35 台 NEG Micon 750 kW 风力机，总装机容量为 26.25 MW。2001 年 5 月，丹麦建成的 Middelgrunden 风电场，是当时最大的海上风电场（图 1.22），拥有 20 台 Bonus 2 MW 风力机，总装机容量为 40 MW。

图1.21　洛兰岛的 Syltholm 风电场

图1.22　丹麦最大的风电场 Middelgrunden

### 1.1.3　兆瓦级风力发电机的发展过程

风力发电机大型化,可以减少占地,降低并网成本和单位功率造价,有利于提高风能利用效率。因此风电机组的技术也正沿着增大单机容量、提高转换效率的方向发展。近年来,全球 MW 级机组的市场份额明显增大,1997 年以前还不到 10%,2001 年则超过一半,2002 年达到 62.1%,2003 年全球安装的风电机组平均单机容量达到 1.2 MW。

图 1.23 是 NEG Micon1.5 MW 风机,于 1995 年投入运行,安装在丹麦西部靠近 Esbjerg 市的 Tjaereborg。此型风机的设计模式是叶轮直径为 60 m,两台 750 kW 发电机并联。

Vestas 1.5 MW 风机于 1996 年问世,设计模式是 63 m 叶轮直径,一台 1.5 MW 发电机。改进的模式是 68 m 叶轮直径,一台双速发电机 1 650/300 kW。图 1.24 中吊车正在吊装机舱。在它的左侧可以看到 ELSAM 2 MW 测试风机(混凝土塔架),还有再远些的 NEG Micon 1.5 MW风力机。

图1.23　NEG Micon 1.5 MW 风机

图1.24　Vestas 1.5 MW 风机

NEG Micon 2 MW 风力机于 1999 年 8 月投入运行,叶轮直径 72 m,塔架高度 68 m(图 1.25),安装在丹麦的 Hagesholm。在图片的背景中可以看到另两台风机的基础。风机用于海上风电。外观与 NEG Micon 1.5 MW 相似的风机非常多,通过观察风机的停止状态(叶片侧风)可以区别不同的机型和控制方式:2 MW 的风机叶片是桨距调节的,主动失速控制,而1.5 MW风机是被动失速控制。

Bonus 2 MW 于1998 年秋投入运行。叶轮直径为72 m,塔架高度60 m,安装在德国的威廉港(图1.26)。风机主要针对海上风电场设计,为混合失速控制(Bonus 商标上称其为主动失速)。类似的风机有 Bonus 1 MW 和1.3 MW 风机。

图1.25　NEG Micon 2 MW

图1.26　Bonus 2 MW 风机

Nordex 2.5 MW 风机于2000 年春投入运行,叶轮直径80 m,塔架高度为80 m,安装在德国的Grevenbroich(图1.27)。风机为桨距控制,是当时投入商业化运行的最大的风力发电机组。

2002 年8 月,德国 Enercon 公司生产的直驱式风力发电机组E-112,直到2004 年9 月一直是容量最大的样机。风轮直径达到112 m,额定功率4.5 MW,如图1.28 所示。2005 年4 月,Enercon展示了它的第四代直驱式风机E-112 ,已通过单机容量6 MW 电力输出的测试。6 MW的E-112机型比过去的同种机型4.5 MW 多出了33%的装机容量,叶轮直径长达114 m。

图1.27　Nordex 2.5 MW

图1.28　Enercon 4.5 MW

2004年底,7台GE 3.6 MW的3.6sl机型在爱尔兰Arklow Bank offshore风场成功运行(图1.29)。GE 3.6 MW是海上机型,采用齿轮箱(三级行星齿轮结构),单支塔架设计结构,机舱顶为停机坪,机舱下方为控制及维护区域,叶轮直径111 m,转速8.5～15.3 r/min,变桨控制。

图1.29　GE 3.6 MW机型

Vestas在2005年到2006年推出的新产品包括3 MW的V100机型(风轮直径为100 m)及4.5 MW的V120机型(图1.30)。V100的研制建立在原有的V90基础上,装备最新的碳纤维增强环氧树脂制造的叶片。专为海上风电场设计的V120 4.5 MW是原有V110 4.2 MW(前身为NM 110/4 200)的升级版,由于该机型采用新型碳纤维叶片及智能控制系统,机舱和转子组件的质量只有210 t,比V110减少4 t之多,V120的叶轮直径比V110增长10 m,额定功率比V110多300 kW。

图1.30　Vestas 4.5 MW风机及机舱结构

5M机型是REpower公司在2004年研制设计的产品。2004年9月,REpower在德国的Brunsbuettel安装了第一台最大单机容量的试验发电机,并网发电。5 M风机的额定功率为5 MW,专门为海上风电场设计,年产量大约1 700万kW·h,可以供应德国4 800个四口之家用电。该机型叶片长63 m,旋转直径达126 m,生产商是LM Glasfiber公司,采用了特殊的强化材料以保证叶片在海洋强风下的生存能力。支撑塔的设计高度为120 m,风机整机高度为183 m。

2006年8月底,在英国苏格兰东海岸的Beatrice油田,第一次在海上安装5M风机(图1.31),采用了所谓的Jacket结构支撑塔,水深40 m,塔高89 m。2006年底,在易北河边的Cuxhaven安装了另外两台5 M,采用的是直杆式支撑塔,塔高117 m。

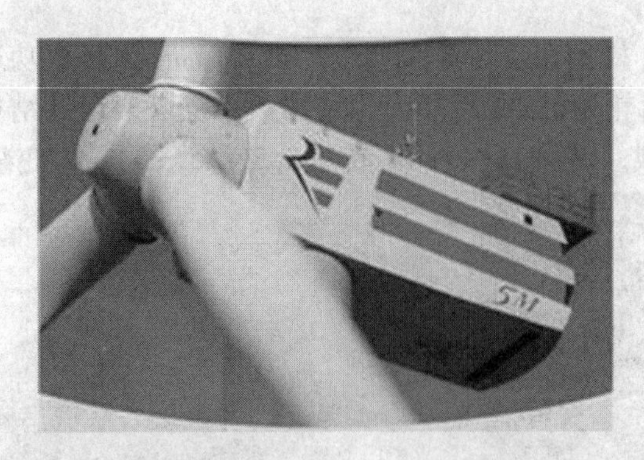

图 1.31　位于德国 Brunsbuettel 的 REpower 5M

图 1.32　海上风机 M5000

Multibrid 是位于德国布莱梅港市的一家专门研究海洋风力发电机的科研公司,成立的目的就是为其母公司 Prokon Nord(德国北部较大的地区性供电公司)提供可靠的、技术先进的海洋风力发电机。由于配套的海上安装技术不成熟,第一台试验发电机于 2004 年 12 月安装在近海的陆地上,而不是海水里,底座采用了传统的直杆式(图 1.32)。在运行中,考虑到海洋上的风力远比陆地强,该公司又采用了另外一种更加可靠的底座:三脚架。经过软件模拟测试后,开始生产,于 2006 年 12 月成功地在三脚架上安装了第二台测试风电机。2007 年该公司已经在布莱梅港市投资建厂房,准备批量生产 M5000。

### 1.1.4　商业化的主流机型及参数

表 1.1 至表 1.3 列出了 2000 年至 2006 年国际风电市场上商业化运行的主流机型及参数。

**表 1.1　1.5 MW 级典型的陆地风力发电机参数**

| 公司名与产品型号 | Vestas<br>V82 | GE<br>1.5sle | Nordex<br>S70 | MADE<br>AE-61 |
|---|---|---|---|---|
| 额定功率/MW | 1.65 | 1.5 | 1.5 | 1.3 |
| 切入风速/$(m \cdot s^{-1})$ | 3.5 | 3.5 | 3.5 | 3.5 |
| 额定风速/$(m \cdot s^{-1})$ | 13 | 12 | 13 | 11 |
| 切出风速/$(m \cdot s^{-1})$ | 20(10 min) | 25(10 min) | 25(10 min) | 25(10 min) |
| 叶片数量 | 3 | 3 | 3 | 3 |
| 风轮直径/m | 82 | 77 | 70 | 61 |
| 风轮扫风面积/$m^2$ | 5 281 | 4 657 | 3 848 | 2 922 |
| 风轮转速/$(r \cdot min^{-1})$ | 14.4 | 10.1～20.4 | 10.6～19.0 | 18.8/12.5 |
| 电机型式 | 异步电机 | 双馈异步电机 | 双馈异步电机 | 异步电机 4/6 极 |
| 电机电压/V | 690 | 690 | 690 | 690 |

续表

| 公司名与产品型号 | Vestas V82 | GE 1.5sle | Nordex S70 | MADE AE-61 |
| --- | --- | --- | --- | --- |
| 齿轮箱类型 | （行星/螺旋）复合齿轮 | 3 级行星齿轮 | （行星/正）复合齿轮 | 平行轴/行星 |
| 齿轮箱变速比 | 1∶70.2/50 Hz<br>1∶84.3/60 Hz | 1∶78 | 1∶94 | 1∶80.8 |
| 轮毂高度/m | 78 | 61.4/64.7/80/85 | 65/85/98/114.5 | 60 |

表 1.2　2.5 MW 级(陆地/海上)典型风力发电机参数

| 公司名与产品型号 | GE 2.5 | Fuhrländer FL-2500 | Nordex N80 | Bonus 2.3 MW |
| --- | --- | --- | --- | --- |
| 额定功率/MW | 2.5 | 2.5 | 2.5 | 2.3 |
| 切入风速/($m \cdot s^{-1}$) | 3.5 | 4 | 3 | 3 |
| 额定风速/($m \cdot s^{-1}$) | 12.5 | 13 | 15 | 15 |
| 切出风速/($m \cdot s^{-1}$) | 25 | 25 | 25 | 25 |
| 叶片数量 | 3 | 3 | 3 | 3 |
| 风轮直径/m | 88 | 90 | 80 | 82.4 |
| 风轮扫风面积/$m^2$ | 6 082 | 6 362 | 5 026 | 5 330 |
| 风轮转速/($r \cdot min^{-1}$) | 5.5 ~ 16.5 | 10.4 ~ 18.1 | 10.8 ~ 18.9 | 11/17 |
| 电机型式 | 同步电机 | 双馈电机 | 双馈电机 | 异步电机 |
| 电机电压/V | 690 | 690 | 660 | 690 |
| 齿轮箱类型 | 3 级(行星/正)复合齿轮 | 2 级行星齿轮一个正齿轮 | 3 级(行星/正)复合齿轮 | 3 级(行星/螺旋)齿轮 |
| 齿轮箱变速比 | 1∶117.4 | 1∶72.3 | 1∶68.7 | 1∶91 |
| 轮毂高度/m | 75/85/100 | 80 | 60/70/80 | 60/80 |

表 1.3　5 MW 级海上典型风力发电机参数

| 公司名与产品型号 | Enercon　E-112 | Repower　5M |
| --- | --- | --- |
| 额定功率/MW | 4.5 | 5 |
| 叶片数量 | 3 | 3 |
| 风轮直径/m | 114 | 126 |
| 风轮扫风面积/$m^2$ | 10 207 | 12 469 |
| 风轮转速/($r \cdot min^{-1}$) | 8 ~ 13 | 6.9 ~ 12.1 |
| 电机型式 | 同步电机 | 双馈异步电机 |

## 1.2 世界风力发电现状与未来

### 1.2.1 世界风能储量

全世界的风能总量约 1 300 亿 kW,风能资源分布见表 1.4,我国的风能总量约 16 亿 kW。风能资源受地形的影响较大,世界风能资源多集中在沿海和开阔大陆的收缩地带,如美国的加利福尼亚州沿岸和北欧一些国家。理论上全球可再生风能资源是全球预期电力需求的 2 倍,技术上可以利用的资源总量估计高达每年 53 万亿 kW · h。

**表 1.4 世界风能资源分布** 单位:TW · h

| 地 区 | 北美洲 | 大洋洲 | 西欧 | 东欧及中亚 | 亚洲 | 拉丁美洲 |
|---|---|---|---|---|---|---|
| 风能资源 | 1 400 | 3 000 | 4 800 | 10 600 | 4 600 | 5 400 |

### 1.2.2 全球风能装机容量

根据 2011 年全球风电市场的增长情况来看,WWEA(世界风能协会)预计全球装机容量在 2015 年将达到 600 000 MW,2020 年将超过 1 500 000 MW。GWEC(全球风能理事会)发布的全球风电市场装机数据显示,2011 年,全球风电新增装机容量 40 564 MW(图 1.33),总装机容量达到了 237 669 MW(图 1.34)。表 1.5 显示了 2011 年统计的全球排名前 10 位国家的风电装机容量数据。

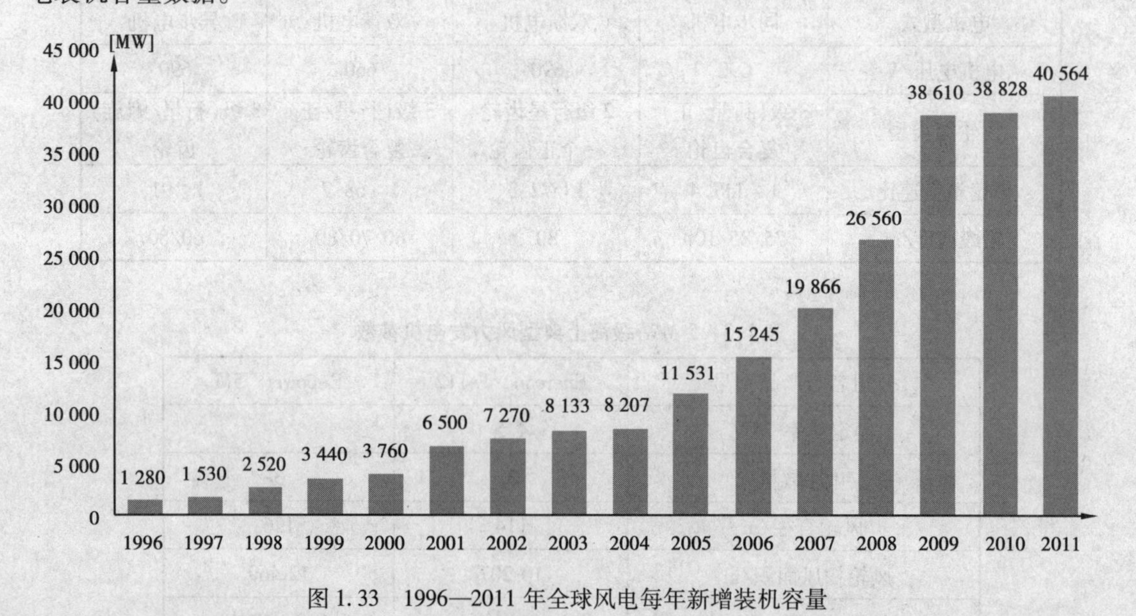


图 1.33 1996—2011 年全球风电每年新增装机容量

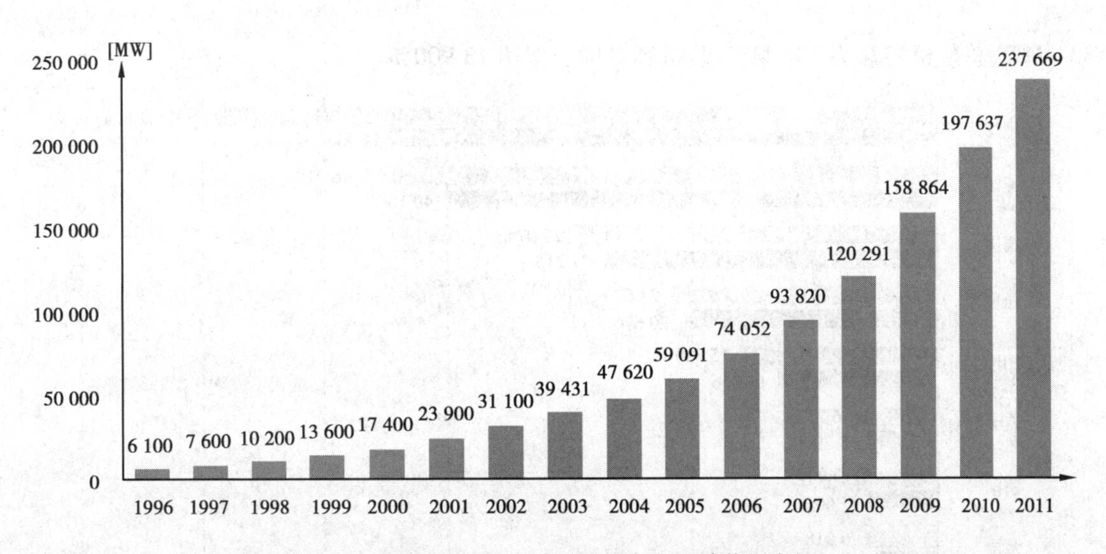


图1.34　1996—2011年全球风电每年累计装机容量

**表1.5　WWEA统计2011年前10位国家的风电装机容量数据**

| 排名 | 国家 | 2011年底总装机容量/MW | 2011年底新增装机容量/MW | 2011年增长率/% | 2010年排名 | 2009年底/MW | 2008年底总装机容量/MW | 2007年底总装机容量/MW |
|---|---|---|---|---|---|---|---|---|
| 1 | 中国 | 62 364.0 | 17 600.0 | 39.4 | 1 | 25 810.0 | 12 210.0 | 5 912.0 |
| 2 | 美国 | 46 919.0 | 6 810.0 | 16.8 | 2 | 35 159.0 | 25 237.0 | 16 823.0 |
| 3 | 德国 | 29 075.0 | 2 007.0 | 6.8 | 3 | 25 777.0 | 23 897.0 | 22 247.4 |
| 4 | 西班牙 | 21 673.0 | 1 050.0 | 4.8 | 4 | 19 149.0 | 16 689.0 | 15 145.1 |
| 5 | 印度 | 15 880.0 | 2 827.0 | 21.5 | 5 | 11 807.0 | 9 587.0 | 7 850.0 |
| 6 | 意大利 | 6 737.0 | 950.0 | 16.2 | 6 | 4 850.0 | 3 736.0 | 2 726.1 |
| 7 | 法国 | 6 640.0 | 980.0 | 17.3 | 7 | 4 574.0 | 3 404.0 | 2 455.0 |
| 8 | 英国 | 6 018.0 | 730.0 | 15.6 | 8 | 4 092.0 | 3 195.0 | 2 389.0 |
| 9 | 加拿大 | 5 265.0 | 1 267.0 | 31.4 | 9 | 3 319.0 | 2 369.0 | 1 846.0 |
| 10 | 葡萄牙 | 4 083.0 | 375.0 | 10.3 | 11 | 3 357.0 | 2 862.0 | 2 130.0 |

2011年,新增装机容量增长率从2006年的23.6%下降至20.3%。迄今为止,全球风电已经达到年发电量500 TW·h,占全球发电量的5%,其总量远超过世界第六大经济体——英国全年的用电需求量。与2010年新增装机容量38 828 MW相比,2011年又创下新的纪录。新增装机容量保持了创纪录增长的分别是中国(17 600 MW)、美国(68 100 MW)和印度(2 827 MW),如图1.35所示。我国总装机容量继2010年后继续保持了世界第一的位置,增长率达到39.4%。虽然美国(新增装机容量6 810 MW)和德国(新增装机容量2 007 MW)继续保持了市场较领先的地位,但这两个国家的风电装机容量增长率并不高。就表单前10位的国家来看,增长率较高的仅有两个国家,分别是中国(17 600 MW,39.4%)和印度(2 827 MW,21.5%)。2011年全球风电市场增长最为迅猛的是多米尼加共和国,新增装机容量为

334 MW，总装机容量为 336 MW，装机容量增长率达 13 900%。

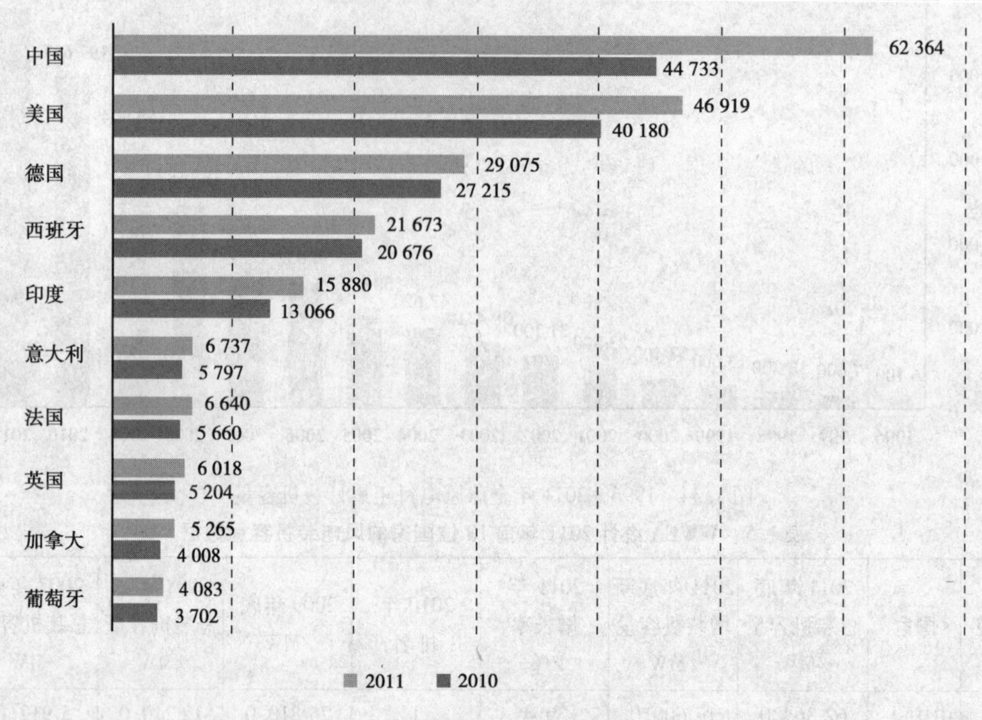


图 1.35　部分国家装机容量统计

### 1.2.3　全球风电发展趋势

近几年的增长率是反映风电市场活力的一个重要指标，如图 1.36 所示。1999—2004 年，风电增长率持续走低，2004 年之后，风电装机增长率开始平稳上升，到 2009 年，达到了 32.1%，然而这些增长仅仅是由于中国、美国和印度等国家的增长率远远高于全球平均增长率所致。从 2009—2011 年，风电增长率有较大幅度的下降，这是由于除中国以外的绝大多数国家、地区风能发展缺少政策的支持。

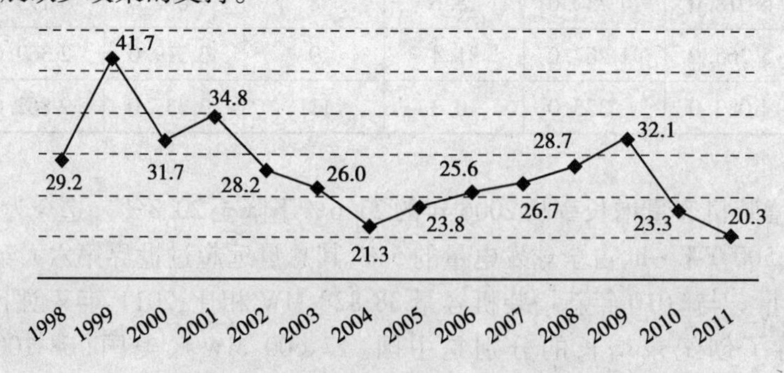


图 1.36　全球风电装机容量增长率

### 1.2.4　世界风电市场及国际风电制造商

目前，全球风电产业从探索阶段逐渐走向成熟阶段，风电设备制造商逐步显现出国际化、大型化和一体化发展的趋势。全球十大风电设备制造商累积占有了全球市场 82.5% 的份额，前 4 家风电设备制造商掌控了全球 45% 的风电市场份额。2011 年全球十大供应商如图 1. 37 所示。

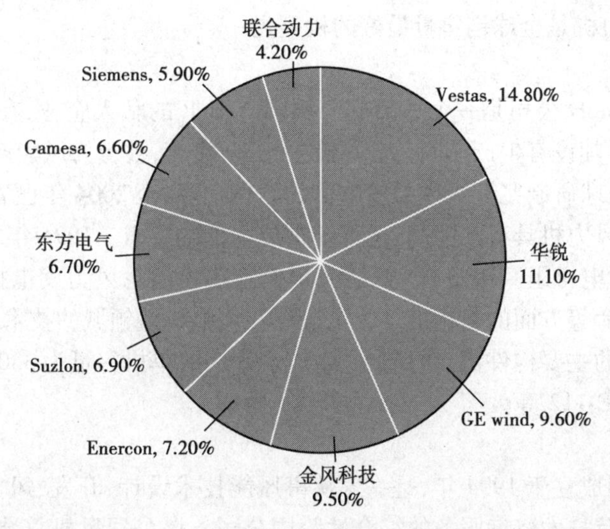


图 1. 37　2011 年全球十大风电设备制造商

欧洲风能协会统计数据显示，2011 年，中国 4 家企业跻身全球十大风电设备制造商，其中华锐风电占全球市场份额 11. 1%，居第 2 位，金风、东方电气新能源设备公司、联合动力分别居第 4 位、第 7 位和第 10 位，市场份额依次为 9. 5%、6. 7% 和 4. 2%。

丹麦企业 Vestas 蝉联冠军宝座，市场份额达 14. 8%。美国 GE 风电为第 3 大风电企业，占 9. 6%。其他十强企业为德国 Enercon（第 5 位，7. 2%）、印度苏斯兰（第 6 位，6. 9%）、西班牙 Gamesa（第 8 位，6. 6%）和德国西门子（第 9 位，5. 9%）。现将主要供应商的情况介绍如下：

（1）Vestas

丹麦 Vestas 公司是世界风力发电工业中技术发展的领导者，其核心业务包括开发、制造、销售和维护风力发电系统。Vestas 于 1979 年开始制造风力发电机，在动力工业商中起到了积极的推动作用。1987 年，Vestas 集中力量致力于风能利用的开发研究，生产车间遍布丹麦、德国、印度、意大利、英国、西班牙、瑞典、挪威及澳大利亚。Vestas 在 2011 年仍然稳坐全球风机制造商头把金交椅，总装机容量占全球风电市场 14. 8% 的份额。Vestas 风机未来将朝向轻量化发展，尤其在主传动轴承方面，结合其他创新技术以降低制造成本，以实现轻量化塔架和基础建设的目标。

（2）Gamesa

西班牙 Gamesa 主要生产的机型为 2 MW 的变桨、变速机型：G80、G83、G87 及 G90 系列，叶轮直径分别为 80 m、83 m、87 m 及 90 m。

Gamesa 在风力发电机型配置上没有发展更大的机组容量。由于 Vestas 与 Gamesa 签订了部分技术转让合约，Gamesa 2 MW 容量的 G80 机型及小风机模型均由 Vestas 机型衍生甚至复制而来。为满足其全球化的野心，能够在 MW 级风电机组市场中叱咤风云，2006 年 Gamesa 积极开发 4 MW 以上的新型风电机组，研制工作在位于丹麦 Silkeborg 新成立的风能工程公司进行。

（3）GE Wind

GE Wind Energy 公司作为世界主要的风力发电机供应商之一，风力机的设计和生产位于德国、西班牙和美国 Florida 州，制造高质量的风力机叶片，提供先进的机组制造、维护方案等服务。目前的产品容量在 1.5 ~ 3.6 MW，采用变速变桨距设计方案，可用于海上风电场或内陆电场，1.5 MW 风力机是全球销售量最好的机型之一。

(4) Enercon

德国 Enercon GmbH 公司是一个总部位于德国 Aurich 的私人企业，在马格德堡、德国、瑞典、巴西、印度和土耳其设有生产车间。公司成立于 1984 年，被誉为风能产业研究和发展的助推先锋力量。作为全球研制兆瓦级风力发电机的领先企业，至 2004 年已安装了超过 7 300 个风力发电机，售出的风力机具有产能高、运行维护成本低的特点。1991 年，公司开发了世界上首台无齿轮的风力发电机组。1993 年，开始大规模制造无齿轮风力发电机，并制定了能源输出、可靠性和服务寿命等方面的新标准。为了确保在风电机组领域的技术、质量和安全性的领先地位，叶轮等所有的主要构件都自行研发、生产。生产的单机容量为 330 kW 至 6 MW，机型有 E-33、E-48、E-70、E-112 等。

(5) Suzlon

印度 Suzlon 公司成立于 1994 年，是一家从事风能技术设计、开发、风力发电设备生产、风力发电厂设计、建造及技术咨询服务的综合性跨国公司。该公司风机总装厂及零部件生产厂设在印度，国际销售总部位于丹麦，研发机构设在德国和荷兰，在我国北京设有办事处。重点开发兆瓦级风机，连续 7 年位列印度最大的风机制造商，占目前印度市场份额的 1/3，曾开发总装机容量为 200 MW 的亚洲最大的风力发电场。Suzlon 的大批订单主要来自于印度本国市场，对外扩张成为该集团现在的既定战略。2005 年公司成功收购比利时齿轮箱制造商 Hassen，2011 年公司占全球市场份额的 6.9%，排名第六。

(6) Siemens

西门子（Siemens）在 2004 年 10 月并购丹麦 Bonus Energy A/S（成立于 1980 年，为欧洲资深的风电机组制造商之一），原有的 3.6 MW 变桨距变速风电机组（承自 Bonus）经过改型，2004 年 9 月在 Danish Høvsøre 进行测试，设计单机容量已达到 5 MW。目前推出的商业化生产的主流机型为 2.3 MW 变速机型，叶轮直径为 93 m。西门子虽为后期进入的变速风机制造商之一，但却是第一个推出 fixed speed/CombiStall® 2.3 MW 模型的生产厂商。

在并购 Bonus6 个月后，西门子集团又并购了德国 Flender Holding GmbH（Flender 为全球风电机组传动系统领导商 Winergy 的母公司），以强化其风能技术的硬设备。Winergy 占有全球 40% 的风电机组齿轮箱市场，主要客户为西门子、Wind Power、REpower、Suzlon、GE 及 Vestas 等风机大厂。然而，并购 Flender 的是西门子自动化及传动系统公司，并不是西门子风机制造公司，因此 Winergy 持续向其他风机供货商提供高效率、有质量保证的齿轮箱。

(7) REpower

REpower 公司于 1994 年开始商业化生产 500 kW 风力发电机组，1998 年开始系列化生产 MW 级机型。2001 年由三家公司合并：Jacobs 能源，BWU 和 pro + pro 能源系统，正式成立 REpower 公司。目前 REpower 在德国共有 6 个分公司，主要办公地点在汉堡，设计研发主要在 Osnabrueck 和 Rendsburg，生产分散在 Trampe 和 Husum，自 2006 年开始在 Bremerhaven 和 Osterroenfeld规划新的厂房。德国 REpower 公司已开发出 1.5 MW、2 MW、5 MW 系列风机。

(8) Goldwind

我国新疆金风科技股份有限公司（Goldwind）成立于 1998 年，从事大型风力发电机组的研究开发与生产制造。公司致力于大型风力发电机组的研究开发与生产制造，经营范围包括：大型风力发电机组的生产及销售，风力发电机组技术的引进及应用，风力发电机零部件的制造及销售，风电场建设运营业务的技术咨询服务，中型风力发电场的建设及运营。

金风科技是我国最大的风力发电整机研发和制造商，也是国家风电装备制造行业的龙头企业。公司拥有多年的风电设备制造和风电场开发、建设、运行及维护服务经验，将实现向风电产业链横向一体化盈利模式的转变，使公司成为国内唯一拥有完整风电产业链经营模式的风电产业服务商。金风科技具有较强的研发能力和技术领先优势，于2007年收购Vensys公司，取得2.5 MW直驱永磁风机技术，有利于用低成本优势拓展国际市场业务。在风力机总体设计技术方面，公司通过对600 kW、750 kW风力机组的消化吸收，完成1.5 MW、2.5 MW、3 MW风力发电机组的总体设计，具备一定的设计基础。6 MW及以上更大功率的风电机组则正在积极研发之中。

### 1.2.5　世界风力发电产业技术现状

综合世界风电产业技术的发展和前沿技术开发，目前全球风电技术主要呈现如下特点：

**(1)风力发电机组单机容量持续稳步上升**

近年来，世界风电市场中风电机组的单机容量持续增大，随着单机容量不断增大和利用效率的提高，世界上主流机型已经从2000年的500~1000 kW增加到2009年的2~3 MW。

海上风电场的开发进一步加快了大容量风电机组的发展，2008年底，世界上已运行的最大风电机组单机容量已达到6 MW，风轮直径达到127 m。目前，已经开始8~10 MW风电机组的设计和制造。

**(2)变桨距功率调节方式迅速取代失速功率调节方式**

由于变桨距功率调节方式具有轻便、安全和发电量多的优点，近年在风电机组特别是大型风电机组上得到广泛采用。大多数风电机组开发制造厂商(包括传统失速型风电机组制造厂商)，都开发制造了变桨距风电机组。市场上变桨距功率调节方式有迅速取代失速功率调节方式的趋势。2009年，全球安装的风电机组中，95%风电机组采用的是变桨距调节方式，而且比例还在不断上升。我国2009年安装的MW级风电机组中，全部是变桨距机组。

**(3)双馈异步发电技术仍占主导地位**

以丹麦Vestas公司的V80、V90为代表的双馈异步风电机组，在国际风电市场中所占的份额最大。德国REpower公司利用该技术开发的机组单机容量已经达到5 MW。西门子、Nordex、Gamesa、GE和Suzlon都在生产双馈异步风电机组，2009年新增风电机组中，双馈风电机组仍然占80%以上。目前欧洲正在开发10 MW的双馈异步风电机组。

**(4)直驱式、全功率变流技术得到迅速发展**

无齿轮箱的直驱方式能有效地减少由于齿轮箱问题而造成的机组故障，可有效提高系统的运行可靠性和寿命，减少维护成本，因而受到了市场的青睐。采用无齿轮箱系统的德国Enercon在2009年仍然是德国、葡萄牙风电产业的第一大供应商和印度风电产业的第二大供应商。西门子公司已经在丹麦的西部安装了两台3.6 MW的直驱式风电机组，其他主要制造企业也在积极开发研制直驱风电机组。我国新疆金风科技有限公司生产的1.5 MW直驱式风电机组，已有上千台安装在风电场。

伴随着直驱式风电系统的出现，全功率变流技术得到了发展和应用。应用全功率变流的并网技术,使风轮和发电机的调速范围扩展到150%的额定转速,提高了风能的利用范围。由于全功率变流技术对低电压穿越技术有很好且简单的解决方案,对下一步的发展占据了优势。与此同时,半直驱式风电机组也开始出现在世界风电市场。

**(5)风电场开发技术和应用水平日益提高**

国外针对风资源的测试与评估开发出很多先进的测试设备和评估软件,在风电场选址,特别是微观选址方面已经开发了商业化软件。在风电机组布局及电力输配电系统的设计上也开发出了成熟软件。国外还对风力机和风电场的短期及长期发电预测作了很多研究,准确度可达95%以上。

随着风力发电的迅速发展,陆上风力发电占用土地、影响自然景观、对周围居民生活带来不便等负面影响也逐渐显露出来。为此,将风电机组从陆上移向近海在欧洲已经成为一种新的趋势。由于海上风电机组对噪音的要求较低,采用较高的叶尖速度可降低机舱的重量和成本。国外除了对海上风电机组根据海上特点进行特别设计和制造外,对海上风电场的建设也做了很多工作,包括对海上风电场的风资源测试评估、风电场选址、基础设计及施工、风电机组安装等都作了深入研究,开发出专门的海上风资源测试设备、安装海上风电机组的海上安装平台和专门用于风电运输的海上安装运输船。

**(6)标准与规范逐步完善**

德国、丹麦、荷兰、美国、希腊等国家对风电机组的设计和测试技术都作过很多较为深入的研究,制定了国际标准,建立了认证体系和相关的检测及认证机构,同时也采取了相应的贸易保护性措施,如欧盟对风力发电的电磁兼容问题实施了强制标准 IEC 61000,德国即将实施的风电新标准要求接入电网的风电设备在电网出现短路故障时能提供较大的短路电流,这一规定使德国 Enercon 公司在竞争中占据了主动地位。自 1988 年国际电工委员会成立了IEC/TC88“风力发电技术委员会”以来,到目前已发布了 10 多项国际标准,这些标准绝大部分是由欧洲国家制定的,是以欧洲的技术和运行环境为依据编制的。掌握风电机组的关键测试技术,建立认证制度,是保证产品质量,也是规范风电市场、提高风电机组的性能和推动风电发展的重要基础。

## 1.3 我国风力发电的现状与未来

### 1.3.1 我国的历年风电装机

我国属于发展中国家,经济、能源与环境的协调发展是实现我国现代化目标的重要前提。我国是个能源大国,也是个能源消费大国,当前我国能源的发展面临着人均能耗水平低、环境污染严重、能源利用率低以及可再生能源比例少等问题。因此,调整能源结构,减少温室气体排放,缓解环境污染,加强能源安全已成为全国关注的热点,对可再生能源的利用,特别是风能开发利用也给予了高度重视。风能是一种清洁的可再生能源,风力发电是风能利用的主要形式,也是目前可再生能源中技术最成熟、最具有规模化开发条件和商业化发展前景的发电方式之一。

我国幅员辽阔,海岸线长,风能资源比较丰富。根据全国 900 多个气象站陆地上离地10 m

高度资料进行估算,全国平均风功率密度为 100 W/m$^2$,风能资源总储量约 32. 26 亿 kW,可开发和利用的陆地上的风能储量约 2. 53 亿 kW,近海可开发和利用的风能储量约 7. 5 亿 kW,总计约 10 亿 kW 以上。如果陆上风电年上网电量按等效满负荷 2 000 h 计,每年可提供电量 5 000 亿kW · h,海上风电年上网电量按等效满负荷 2 500 h 计,每年可提供电量 1. 8 万亿 kW · h,电量合计 2. 3 万亿 kW · h。

**(1)2011 年我国风电场装机基本情况**

2011 年我国(不包括台湾地区)新增风电机组 11 409 台,新增装机容量 17 630. 9 MW,累计安装风电机组 45 894 台,装机容量达 62 364. 2 MW,分布在 32 个省(市、自治区等)。与 2010 年累计装机 44 733. 29 MW 相比,2011 年累计装机容量增长率为 39. 4%,如图 1. 38 所示。

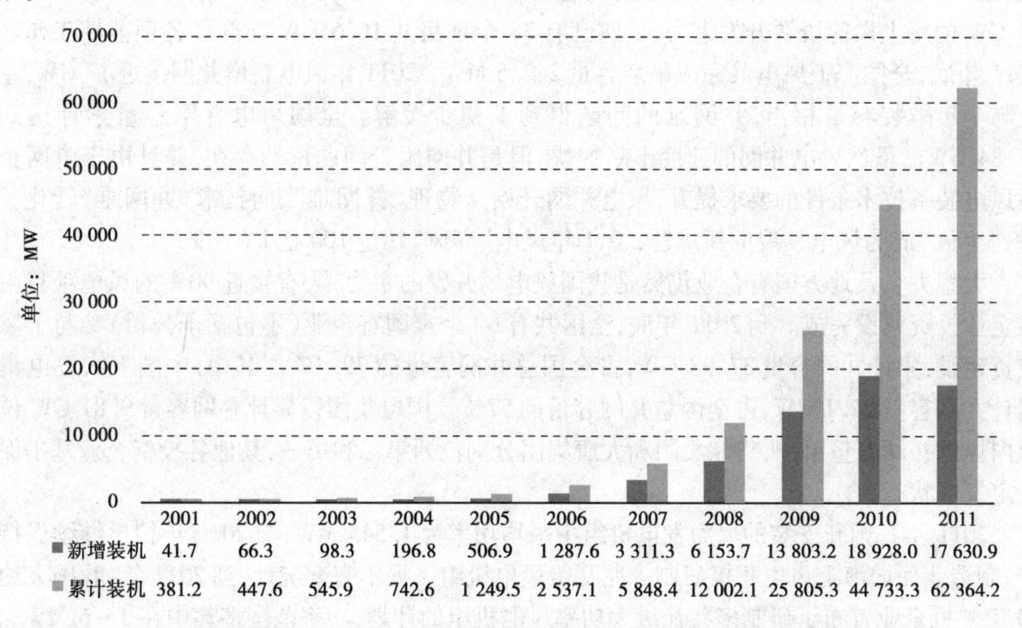


| | 2001 | 2002 | 2003 | 2004 | 2005 | 2006 | 2007 | 2008 | 2009 | 2010 | 2011 |
|---|---|---|---|---|---|---|---|---|---|---|---|
| ■新增装机 | 41.7 | 66.3 | 98.3 | 196.8 | 506.9 | 1 287.6 | 3 311.3 | 6 153.7 | 13 803.2 | 18 928.0 | 17 630.9 |
| ■累计装机 | 381.2 | 447.6 | 545.9 | 742.6 | 1 249.5 | 2 537.1 | 5 848.4 | 12 002.1 | 25 805.3 | 44 733.3 | 62 364.2 |

图 1. 38　2001—2011 我国历年新增及累计风电装机容量情况

**(2)2011 年新增市场份额**

2011 年新增市场份额中,我国内资企业产品占 89. 8%,内资企业的新增市场份额远远超过外资企业。新疆金风科技的份额最大,占新增总装机的 20. 4%,占内资企业产品的 22. 7%。合资企业产品占新增装机的 1. 5%。外资企业产品占新增装机的 8. 7%,丹麦 Vestas 的份额最大,占新增总装机的 3. 8%,占外资企业产品的 43. 7%。我国国内市场中的国外制造商主要有 Vestas、GE wind、Gamesa、Suzlon 等。2007 年、2008 年、2009 年和 2010 年,国际厂商产品占国内市场份额的比例分别为 42. 5%、38. 2%、13% 和 17. 5%,表明我国风电行业已进入世界领先行列。

**(3)2011 年累计市场份额**

2011 年累计市场份额中,我国内资企业产品占 81. 5%。华锐风电的份额最大,占累计总装机的 20. 8%(占内资企业产品的 25. 5%),新疆金风科技以 20. 3% 的市场份额紧随其后(占内资企业产品的 25%),合资企业产品占 3. 5%;外资企业产品占 15%,丹麦 Vestas 的市场份额最大,占累计总装机容量的 5. 7%,占外资企业产品的 38%。

### 1.3.2 我国风电产业技术现状

2011 年我国(不包括香港、澳门及台湾地区)全年新增风电装机容量 17.63 GW,我国风电市场在历经多年的快速增长后正步入稳健发展期。全国累计装机容量 62.36 GW,继续保持全球风电装机容量第一的位置。至 2011 年底,我国有 30 个省、市、自治区(不含港、澳、台)有了自己的风电场,风电累计装机容量大于 1 GW 的省份超过 10 个,其中装机容量大于 2 GW 的省份 9 个。领跑我国风电发展的地区仍是内蒙古,其累计装机容量达 17.59 GW,紧随其后的是河北、甘肃和辽宁,累计装机容量都大于 5 GW。

我国海上风电建设正有序推进,上海、江苏、山东、河北、浙江、广东海上风电规划已经完成,辽宁、福建、广西、海南等省的海上风电规划正在完善和制订。完成的规划中,初步确定了 43 GW 的海上风能资源开发潜力,目前已有 38 个项目共 16.5 GW 在开展各项前期工作。到 2011 年底,全国海上风电共完成吊装容量 242.5 MW。2011 年风电新增并网接近 17 GW,基本上与全年吊装容量相当,并网难的问题得到了初步缓解。全国风电并网容量累计达到了 47.84 GW。虽然风电并网的速度不断加快,但是并网困难问题依然存在,并且由于电网企业对风电装备技术条件的要求提升,风电并网开始从物理"并网难",向技术"并网难"转化。同时,"弃风"成为风电发展的新难题,2011 年风电"弃风"超过 100 亿 kW·h。

大型央企及地方国有企业仍然是我国风电场开发的主力军,有接近 90% 的风电项目由这些企业投资建设完成。到 2011 年底,全国共有 60 余家国有企业(不包括子公司)参与了风电投资建设,累计并网容量 37.98 GW,占全国总并网容量的 79.4%。其中,中国五大发电集团累计并网容量 27.1 GW,占全国总并网容量的 57%。国电集团以累计并网容量 9.81 GW 位列国内风电并网容量第一,华能集团和大唐集团分别位列第二和第三,其他各投资企业基本保持稳定发展状态。

2011 年我国新安装的风力发电机组中平均功率为 1.545 MW,与 2010 年相比继续保持增长,制造业面向海上风电积极研制多兆瓦级风电机组。据不完全统计,到 2011 年,我国大约有 20 家整机企业宣布了研制多兆瓦级大功率风电机组的计划,功率范围多集中在 3~6 MW。到 2015 年,风电装机容量将达到 100 GW。分布式风电的比重会进一步提高,但仍然以规模化开发和陆上风电开发为主,分布式的比例最高可达到 30%。随着电网公司特高压输电线路、智能电网等基础建设的提升,电网大范围消纳风电能力和跨区域风电输送规模将增加,风电并网率将进一步改善,风电制造业进入了高成本的微利时代,这意味着行业内竞争的加剧,市场更加成熟,风电制造企业将面临更大的市场考验。但风电产业成熟度和成本提高了风电相对于传统能源的竞争力,风电已经成为实力较强的新生电源技术,并将逐步增大在我国能源结构中的比例。

根据国家能源局《可再生能源"十二五"规划》,预计到 2015 年,中国将建成海上风电 5 GW,形成海上风电产业链。2015 年后,中国海上风电将进入规模化发展阶段,达到国际先进技术水平。2020 年中国海上风电将达到 30 GW。但实现这一目标仍面临重重困难,海上风电短期内难有起色。随着国家一系列调整相关产业政策的相继出台,势必形成行业的优先和整合,未来我国风电行业发展空间依然广阔。

**(1)大型风电技术与国际同类技术还有一定差距**

大型风电技术起源于丹麦、荷兰等一些欧洲国家,当地风能资源丰富,风电产业受到政府的助推,大型风电技术和设备的发展在国际上遥遥领先。目前我国政府也开始助推大型风电技术的发展,并出台一系列政策引导产业发展。大型风电技术都是为大型风力发电机组设计的,而大型风力发电机组应用区域对环境的要求十分严格,都是应用在风能资源丰富的风场上,常年接受各种各样恶劣环境的考验,环境的复杂多变性,对技术的要求高度就直线上升。目前国内大型风电技术普遍还不成熟,大型风电的核心技术仍然依靠国外,国家政策的引导使国内的风电项目发疯一样地在各地上马,各地都期望能借此分得一杯羹。名副其实的“疯电”借着政策的东风开始有了燎原之势。虽然风电项目纷纷上马,但多为配套类型,完全拥有自主知识产权的大型风电系统技术和核心技术少之又少,还需经历几年环境的考验,大型风电技术才能逐渐成熟。此外,大型风电技术中发电并网的技术还在完善,一系列的问题还在制约大型风电技术的发展。

**(2)中小型风电技术和风光互补技术已跃居国际领先地位**

我国中小型风电技术可以与国际相媲美。在20世纪70年代,中小型风电技术在我国风况资源较好的内蒙古、新疆一带就已经得到了发展,最初中小型风电技术被广泛应用在送电到乡的项目中,为一家一户的农牧民家用供电,随着技术的更新和不断地完善与发展,不仅能单独应用还能与光电组合互补并已被广泛应用于分布式独立供电。这些年来,随着我国中小型风电出口的稳步提升,在国际上我国的中小型风电技术和风光互补技术已跃居国际领先地位。

中小型风电技术的成熟受自然资源限制相对较小,作为分布式独立发电效果显著,不仅可以并网,还能结合光电形成更稳定可靠的风光互补技术,况且技术完全自主国产化。无论从技术还是价格在国际上都十分具有竞争优势,加上现已在国际打响了中小型风电的中国品牌,“墙内开花墙外香”已越演越烈。在国内最具技术优势和竞争力的中小型风力发电一直是被政府和政策遗忘的一个角落,究其原因,在早期国家一直把中小型风力发电定位在内蒙古、新疆等偏远地区农牧民使用且归入农机类,价格低廉、粗制滥造、性能可靠度低、无保障安全,使用地多为人烟稀少区域,国内市场大多都在丧失可靠性的前提下大打价格战。在人们潜意识里形成较差的认识,因此得不到国家的重视和发展。

目前国内中小型风电的技术中低风速启动、低风速发电、变桨矩、多重保护等一系列技术得到国际市场的瞩目和国际客户的一致认可,已处于国际领先地位。况且中小型风电技术最终是为满足分布式独立供电的终端市场,而非如大型风电技术是为了满足发电并网的国内垄断性市场,技术的更新速度必须适应广阔而快速发展的市场需求。

**(3)风光互补整合了太阳能和风能优势**

风光互补技术整合了中小型风电技术和太阳能技术,综合了各种应用领域的新技术。其涉及的领域之多、应用范围之广、技术差异化之大,是各种单独技术所无法比拟的。

风能和太阳能是目前全球在新能源利用方面技术最成熟、最具规模化和产业化发展的行业,单独的风能和单独的太阳能都有其开发的弊端,而风力发电和太阳能发电两者互补性的结合实现了两种新能源在自然资源的配置、技术方案的整合、性能与价格的对比上都达到了对新能源综合利用的最合理状态,不但降低了满足同等需求下的单位成本,而且扩大了市场的应用范围,还提高了产品的可靠性。

### 1.3.3 我国风电与全球的差距

**(1)风电技术的差距**

1996年以前,我国建成的风电场单机容量基本上是150~300 kW,2000年以后,以600 kW、750 kW为主流机型。2001年开始引进4台1.3 MW风机安装在了辽宁营口仙人岛风电场,2003年在山东的墨风电场安装了12台1.3 MW单机容量的风电机组,2005年又安装了69台1.5 MW风电机组,风轮直径达到70~77 m,塔架高65~70 m。2005年以来,新疆金风公司、华锐风电、东汽集团等公司通过联合设计或技术引进的方式,陆续推出了各自的国产化率为70%以上的MW级风电机组。我国早期生产的600 kW及750 kW风电机组一般采用定桨距、异步发电机等传统技术,但新近开发的MW级机组都采用了变桨变速技术,以提高风电机组的发电效率。国内目前只有新疆金风公司使用无齿轮箱技术开发MW级风电机组,该公司通过与德国Vensys公司的技术合作,研制了1.2 MW、1.5 MW直驱式风电机组,于2005年底投入商业化运行。

我国与国外先进水平的差距集中表现在大功率风电机组制造技术方面。大功率机组研制面临的主要困难是自然界风速风向变化的极端复杂性,机组要在不规律的交变和冲击载荷下能够正常运行20年。此外,由于风的能量密度低,要求机组必须增大风轮直径捕获能量。目前5 MW以上机组的风轮直径和塔架高度都超过110 m,机舱质量超过400 t,对材料和结构的要求越来越高。上述方面决定了大功率风电机组制造技术不是一朝一夕就能够达到的,必须经过长期艰苦的努力。

以丹麦和德国为例,这两个国家在1970年开始用现代技术研发风电机组,采取了许多政策措施培育国内市场,从大量野外工作中积累了丰富经验,形成了非常成熟的技术并制订了完善的检测认证体系。相比来说,我国风电建设刚起步,在自主研发能力、公共技术平台(如大型叶片试验、传动系统试验、整机测试场等)建设、检测认证体系等方面与国际先进技术水平的差距都在10年以上。

**(2)技术差距的成因**

我国风力发电机组技术起步较晚,自主创新能力薄弱。1998年以前,我国基本上以进口风机为主,1998年以后国产化机组才有所增加,由1998年占总装机容量的1.2%到2005年增加到26.4%。但是,我国国产风电机组能够批量生产的是定桨距的600 kW、750 kW的机组,该风电机组是国外10年前的主流技术产品。而同期国际上风电机组单机容量的更新速度加快,几乎每两年就有新机型问世。在短短几年中就出现了1.2、1.5、2.0、2.5、3.0、4.0、5.0 MW机型,大都为变速恒频风电机组和直驱永磁风电机组。我国目前引进国外1.0 MW、1.2 MW和1.5 MW机组的有20多家公司,但是MW级风电机组的总体设计技术和重要部件的关键技术还没有掌握,特别是自主创新能力薄弱,具有自主知识产权的风电技术缺乏,关键技术受制于人。

尚未形成完整的风电产业链。纵观风电产业高度发达的欧洲国家,无不拥有明确有效的风电产业发展链。风电产业发展链需要在风能资源调查、风电规划、风电场项目评估、风电机组设备研发与检测认证、风电场运行维护、风电场性能评估,甚至风电场的建设与转让等方面都建立合格的工作团队,并允许其均衡发展。国内在2003年才将风电场风能资源评估和规划、可行性研究等前期工作逐步规范,并根据一系列前期技术规定,规范了风电开发的前期管理。但整个中国风电产业仍面临缺乏有效的机组检测认证、运行评估与安全鉴定等一系列问题,并在一定程度上构成了风电发展的瓶颈。

缺乏持续稳定的市场需求。造成市场容量小的原因:一是风电电价较低,从2003—2005年三次招标的电价来看,无论是最低的0.382元/(kW·h),还是最高的0.519元/(kW·h),几乎以最低电价中标,与目前成本对照,这些项目将面临亏损的风险,相对低的投资回报率不仅影响项目工程质量,也影响潜在投资者的积极性,更影响了地方经济和整个风电产业的健康发展;二是电网的制约,《可再生能源法》虽明确规定可再生能源发电就近上网,电网公司全额收购,但在风力资源好的地区,电力输送难度大,电网不配套,不能装机建设,有的装机建设完成后,配套电网工程滞后,不能按计划发电。

**(3)可采取的措施建议**

政府应制定阶段性的发展目标。在消化引进的基础上,争取能够自主设计和研发3 MW以上的齿轮箱增速驱动和直接驱动机组,并采取措施实现商品化。2015年前后,应能够自主设计和研发5 MW以上的齿轮箱增速驱动、直接驱动和半直接驱动的机组。2020年前后,在关键技术方面应能够达到当时的世界先进水平。

尽快增强核心技术方面的研究力量。其包括:MW级风电机组的总体设计技术、能量转换效率高的叶片设计技术、高可靠性齿轮箱研制技术、永磁多级低速发电机研制技术、整机控制系统设计技术等。

完善相应的法规。尽管国家已经制定了包括可再生能源价格分摊管理办法在内的许多措施,但从完善政策体系角度考虑,还远未达到“封顶”状态,下一步应积极推动相关管理办法的落实。进一步落实运用财政、税收政策来促进风电的开发利用,采取设立专项基金支持研发和推广应用活动;对开发商或制造商提供优惠贷款,地方政府应对本地风电场提供补贴;税收政策上包括对风电场、风电设备制造企业的增值税和所得税给予适当优惠,对MW级风电机组制定专项进口税收政策;对国内生产企业为开发、制造这些装备而进口的部分关键配套部件和原材料,免征进口关税或实行先征后返,进口环节增值税实行先征后返;同时,取消相应整机的进口免税政策。

建立国家级风电机组技术公共试验平台和完善相应的认证体系。由国家建立风电机组整机试验场、传动系统试验平台等公共测试手段,尽快建立国内的风电机组整机和零部件的认证体系。

# 第2章 风能资源

## 2.1 气象学基础知识

### 2.1.1 大气的基本特性

地球的引力作用使地球周围积聚了厚2 000～3 000 km的完整空气层,称为大气(也称大气圈)。大气是一种混合物,由干洁空气、水汽和各种悬浮的固态杂质微粒组成。干洁空气主要成分是氮、氧、氩等,约占干洁空气总量的99.97%以上,其次有二氧化碳、臭氧等多种气体。大气中的氧和氮是地球上一切生物呼吸和制造营养的源泉,是维持生命必不可少的。臭氧和二氧化碳含量虽少,但作用很大。臭氧可以在高空大量吸收太阳紫外线,保护地面生物免受强烈紫外线的伤害,而透射到地面上的少量紫外线却可以起到杀菌治病的作用。二氧化碳可以吸收和发射长波辐射,对大气和地面温度的调节产生重要影响。大气中的水汽和尘埃含量甚微,然而它们却是成云致雨,导致天气现象千变万化的重要因素。可以说,地球上没有大气,就不会有生命。

根据大气的温度、成分、荷电等物理性质,考虑大气的垂直运动状况,可将大气层划分为对流层、平流层、中间层、暖层、散逸层5个层次。其中对流层是最靠近地面的一层大气,其下界是地面,上界则随纬度和季节等因素而变化,平均高度在低纬地区为17～18 km;中纬地区为10～12 km;极地附近为8～9 km。通常夏季对流层上界的高度大于冬季。对流层厚度虽然不大,但却集中了大约75%的大气质量和90%以上的水汽质量,因此,大气中的主要天气现象,如云、雾、降水等都发生在这一层。对流层空气的增温主要是依靠吸收地球表面的热量,从而形成气温随高度升高而降低的显著特点,平均递减情况大约为高度每增加100 m气温降低0.65 ℃,高山常年积雪和高空云层多为冰晶组成就是证明。另外,对流层内空气有规则的垂直运动和无规则的紊流运动相当强烈,因此,对上下层水汽、尘埃及热量的交换混合,对水汽凝结、能见度变化也都有很大影响。对流层以上为平流层,在两层的交界处有一个过渡层,称为对流层顶。

大气的物理现象和物理过程是用许多物理量来表示的,综合各物理量的特征便能描述出大气的各种状况。这些物理量统称为气象要素。例如,表示空气性质的压强、温度和湿度;表示空气运动状况的风向、风速;表示大气物理现象的雨、雪、雷、电等。气象要素选择得愈多,就愈能详细地表达大气状况。天气预报、人工降雨、人工消雹就是在掌握了气象要素观测资料的基础上实现的。

### 2.1.2 大气环流

空气流动的原因是地球绕太阳运转,由于日地距离和方位不同,地球上各纬度所接受的太阳辐射强度也各不相同。赤道和低纬度地区比极地和高纬度地区太阳辐射强度强,地面和大气接受的热量多,因而温度高,这种温差形成了南北间的气压梯度,在等压面向北倾斜,空气向北流动。

由于地球自转形成的地转偏向力称科里奥利力,简称偏向力和科氏力。在此力的作用下,在北半球,气流向右偏转,在南半球,气流向左偏转。所以,地球大气的运动,除受到气压梯度的作用外,还受地转偏向力的影响。地转偏向力在赤道为零,随着纬度的增高而增大,在极地达到最大。

当空气由赤道两侧上升向极地流动时,开始因地转偏向力很小,空气基本受气压梯度力影响,在北半球,由南向北流动,随着纬度的增加,地转偏向力逐渐加大,空气运动也就逐渐向右偏转,也就是逐渐转向东方。在纬度30°附近,偏角到达90°,地转偏向力与气压梯度力相当,空气运动方向与纬圈平行,所以在纬度30°附近上空,赤道来的气流受到阻塞而聚积,气流下沉,形成这一地区地面气压升高,就是所谓的副热带高压。

副热带高压下沉气流分为两支,一支从副热带高压向南流动,指向赤道。在地转偏向力作用下,北半球吹东北风,南半球吹东南风,风速稳定且不大(3~4级),这就是所谓的“信风”,所以在南、北纬度30°之间的地带称为信风地带。这一支气流补充了赤道的上升气流,构成了一个闭合的环流圈,称为哈德来(Hadley)环流,也称正环流圈。此环流圈南面上升,北面下沉。另一支从副热带高压向北流动。在地转偏向力的作用下,北半球吹西风,且风速较大,这就是所谓的西风带。在60°附近处,西风带遇到了由极地向南流来的冷空气,被迫沿冷空气上面爬升,在60°地面出现一个副极地低压带。

副极地低压带的上升气流,到了高空又分成两股,一股向南,一股向北。向南的一股气流在副热带地区下沉,构成一个中纬度闭合圈,正好与哈德来环流流向相反,此环流圈北面上升、南面下沉,所以因而称为反环流圈,也称费雷乐(Ferrel)环流圈;向北的一股气流,从上空到达极地后冷却下沉,形成极地高压带,这股气流补偿了地面流向副极地带的气流,而且形成了一个闭合圈,此环流圈南面上升、北面下沉,与哈德来环流流向类似,因此也称正环流。在北半球,此气流由北向南,受地转偏向力的作用,吹偏东风,为60°~90°,形成了极地东风带。

综合上述,由于地球表面受热不均,引起大气层中空气压力不均衡,因此,形成地面与高空的大气环流。各环流圈伸屈的高度,以赤道最高,中纬度次之,极地最低,这主要是由于地球表面增热程度随纬度增高而降低的缘故。这种环流在地球自转偏向力的作用下,形成了赤道~纬度30°环流圈(哈德来环流)、纬度30°~60°环流圈和纬度60°~90°环流圈,这便是著名的三圈环流,如图2.1所示。

当然,所谓“三圈环流”乃是一种理论的环流模型。由于地球上海陆分布不均匀,因此,实际的环流比上述情况要复杂得多。

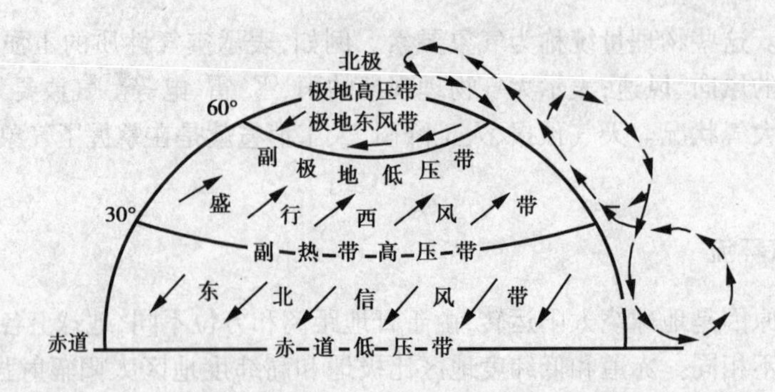


图 2.1　三圈环流示意图

## 2.2　风的形成

### 2.2.1　风的成因

地球被一个数千米厚的空气层包围着,地球上的气候变化是由大气对流引起的。大气对流层相应的厚度大约可达 12 km,由于密度不同或气压不同造成空气对流运动。水平运动的空气就是风,空气流动形成的动能称为风能,空气流动也像水流一样从压力高处往压力低处流。太阳能正是形成大气压差的原因。太阳辐射造成地球表面受热不均,引起大气层中压力分布不均,在不均压力作用下,空气沿水平方向运动就形成风,风的形成是空气流动的结果。空气产生运动,主要是由于地球上各纬度所接受的太阳辐射强度不同而形成的。

在赤道和低纬度地区,太阳高度角大,日照时间长,太阳辐射强度强,地面和大气接受的热量多、温度较高;在高纬度地区,太阳高度角小,日照时间短,地面和大气接受的热量小,温度低。这种高纬度与低纬度之间的温度差异,形成了南北之间的气压梯度,使空气作水平运动,风应沿水平气压梯度方向吹,即垂直于等压线从高压向低压吹。地球在自转,使空气水平运动发生偏向的力,称为地转偏向力,这种力使北半球气流向右偏转,南半球向左偏转,所以地球大气运动除受气压梯度力影响外,还要受地转偏向力的影响。大气的真实运动是两力综合影响的结果。

实际上,地面风不仅受这两个力的支配,而且在很大程度上受海洋、地形的影响,山隘和海峡能改变气流运动的方向,还能使风速增大,而丘陵、山地由于摩擦大使风速减少,孤立山峰却因海拔高使风速增大。因此,风向和风速的时空分布较为复杂。

### 2.2.2　风的类型

形成风的直接原因,是气压在水平方向分布的不均匀。风受大气环流、地形、水域等不同因素的综合影响,表现形式多种多样,如季风、地方性的海陆风、山谷风、焚风、台风等。

季风是由海陆分布、大气环流、大陆地形等因素造成的,以一年为周期的大范围对流现象。亚洲地区是世界上最著名的季风区,其季风特征主要表现为存在两支主要的季风环流,即冬季盛行东北季风和夏季盛行西南季风,并且它们的转换具有暴发性的突变过程,中间的过渡期很短。一般来说,11 月至翌年 3 月为冬季风时期,6 ~ 9 月为夏季风时期,4 ~ 5 月和 10 月为夏、冬季风转换的过渡时期。但不同地区的季节差异有所不同，因而季风的划分也不完全一致。

季风是大范围盛行的、风向随季节变化显著的风系，和风带一样同属行星尺度的环流系统，它的形成是由冬夏季海洋和陆地温度差异所致，如图2.2所示。季风在夏季由海洋吹向大陆，在冬季由大陆吹向海洋。

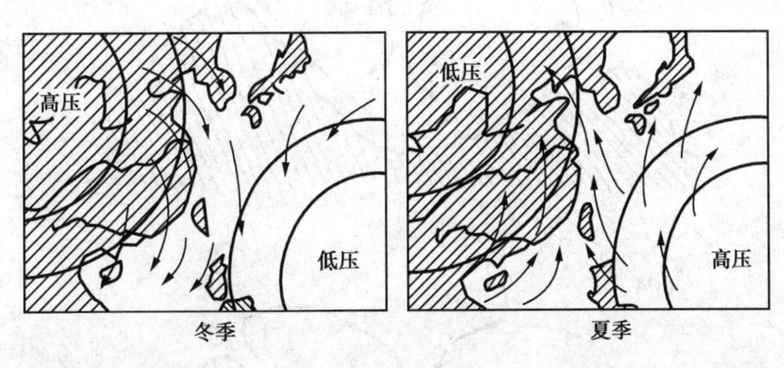


图2.2　季风的形成

海陆风是因海洋和陆地受热不均匀而在海岸附近形成的一种有日变化的风系。在基本气流微弱时，白天风从海上吹向陆地，夜晚风从陆地吹向海洋。前者称为海风，后者称为陆风，合称为海陆风。海陆风的水平范围可达几十 km，铅直高度达 1 ~2 km，周期为一昼夜。白天，地表受太阳辐射而增温，由于陆地土壤热容量比海水热容量小得多，陆地升温比海洋快得多，因此陆地上的气温显著比附近海洋上的气温高。陆地上空气在水平气压梯度力的作用下，上空的空气从陆地流向海洋，然后下沉至低空，又由海面流向陆地，再度上升，遂形成低层海风和铅直剖面上的海风环流。海风从每天上午开始直到傍晚，风力以下午为最强。日落以后，陆地降温比海洋快；到了夜间，海上气温高于陆地，就出现与白天相反的热力环流而形成低层陆风和铅直剖面上的陆风环流。海陆的温差，白天大于夜晚，所以海风较陆风强。如图2.3所示。

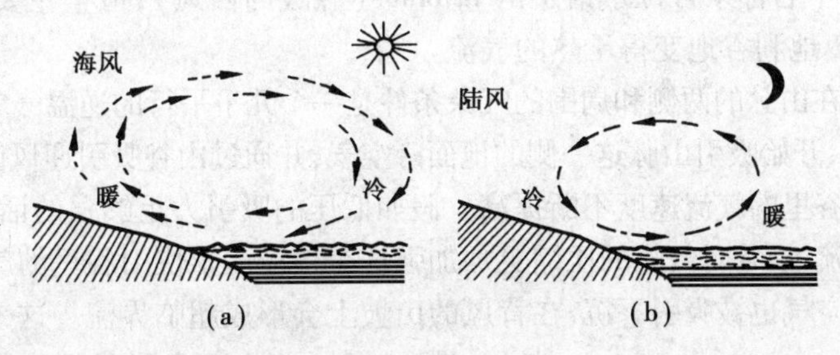


图2.3　海陆风的形成

(a)白昼-海风；(b)夜间-陆风

山谷风是由于山谷与其附近空气之间的热力差异而引起的，形成原理跟海陆风类似。白天，山坡接受太阳光热较多，成为一只小小的“加热炉”，空气增温较多；而山谷上空，同高度上的空气因离地较远，增温较少。于是山坡上的暖空气不断上升，并在上层从山坡流向谷地，谷底的空气则沿山坡向山顶补充，这样便在山坡与山谷之间形成一个热力环流。下层风由谷底吹向山坡，称为谷风。到了夜间，山坡上的空气受山坡辐射冷却影响，“加热炉”变成了“冷却器”，空气降温较多；而谷地上空，同高度的空气因离地面较远，降温较少。于是山坡上的冷空气因密度大，顺山坡流入谷地，谷底的空气因汇合而上升，并从上面向山顶上空流去，形成与白天相反的热力环流。下层风由山坡吹向谷地，称为山风，如图2.4所示。

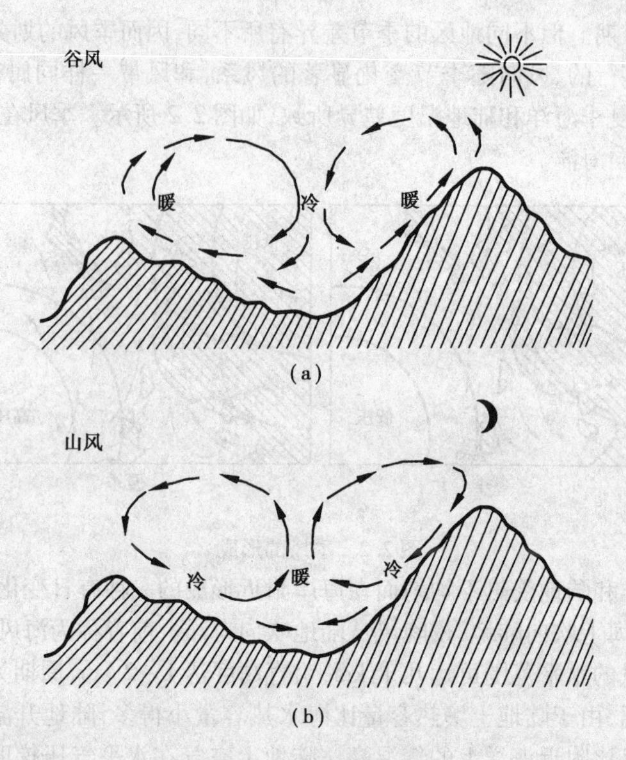


图 2.4　山谷风形成图

(a)白天“谷风”;(b)夜间“山风”

焚风也称焚风效应,出现在山脉背面,由山地引发的一种局部范围内的空气运动形式,是过山气流在背风坡下沉而变得干热的一种地方性风。焚风往往以阵风形式出现,从山上沿山坡向下吹。焚风这个名称来自拉丁语中的 favonius(温暖的西风),最早主要用来指越过阿尔卑斯山后在德国、奥地利谷地变得干热的气流。

一开始的时候在山脉的两侧和周围的气象条件是一个几乎平行的逆温气象。靠近山脉的一侧(背风侧)的低压,开始吸引山脉这一侧的地面冷空气,并通过山谷吸引迎风侧的地面冷空气和山上的热空气。山谷里的气流速度不断提高。假如低压的吸引力足够强的话,那么在山谷周围迟早会形成超临界流,山谷对气流的压缩更加加强这个效应。很快山谷里的气流就达到了其最高速度。上方的热空气也被吸引下沉,在背风的山坡上会形成超临界流。这个效应不断向山脊扩展,最后整个山脊上都会形成超临界流。焚风从山谷开始,扩展到整个山脊,如图 2.5 所示。

图 2.5　焚风的形成

一般来说,在中纬度相对高度不低于 800 ~ 1 000 m的任何山地都会出现焚风现象,甚至更低的山地也会产生焚风效应。“焚风”在世界很多山区都能见到,但以欧洲的阿尔卑斯山,美洲的落基山,俄罗斯的高加索山最为有名。在我国,焚风地区也到处可见,天山南北、秦岭脚下、川南丘陵、金沙江河谷、大小兴安岭、太行山下、皖南山区都能见到其踪迹。

台风是发生在热带海洋上强烈的热带气旋。它像在流动江河中前进的涡旋一样,一边绕自己的中心急速旋转,一边随周围大气向前移动。在北半球热带气旋中的气流绕中心呈逆时针方向旋转,在南半球则相反。愈靠近热带气旋中心,气压愈低,风力愈大。但发展强烈的热带气旋,如台风,其中心却是一片风平浪静的晴空区,即台风眼。台风中心气压很低,一般在87~99 kPa,中心附近地面最大风速一般为30~50 m/s,有时可超过80 m/s,如图2.6所示。

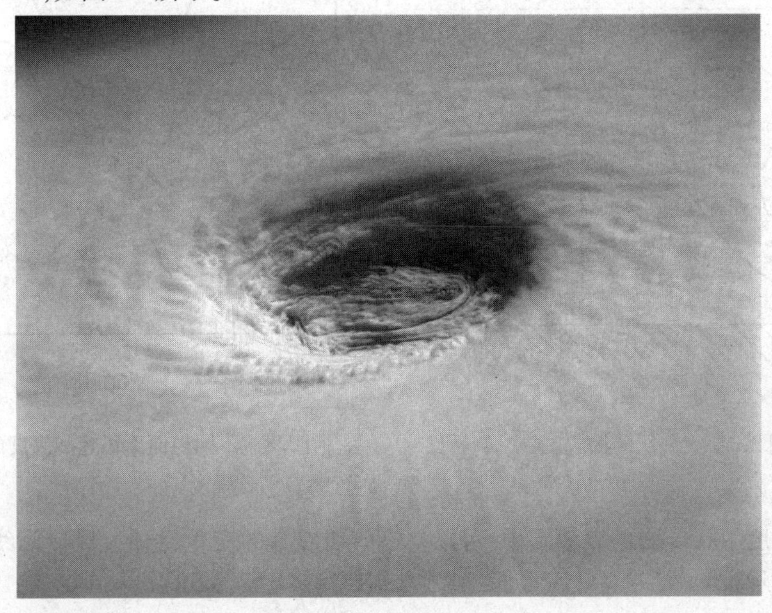

图2.6 台风的形成

## 2.3 风的特性

### 2.3.1 基本概念

**(1)风向和风速**

风向和风速是描述风特性的两个重要参数。风向是指风吹来的方向,如果风是从北方吹来,就称为北风;风从东方吹来,就称为东风。风速是单位时间内空气在水平方向上所移动的距离。

**(2)风廓线**

从空气运动的角度,通常将不同高度的大气层分为三个区域,如图2.7所示。离地面2 m以内的区域称为底层;2~100 m的区域称为下部摩擦层,底层与下部摩擦层总称为地面境界层;100~1 000 m的区段称为上部摩擦层,上述三区域总称为摩擦层。摩擦层之上是自由大气。

地面境界层内空气流动受涡流、黏性和地面植物及建筑物等的影响,风向基本不变,但越往高处风速越大。各种不同地面情况下,如城市、乡村和海边平地,其风速随高度的变化,如图2.8所示。通常用风廓线来描述风速随地面高度的变化规律。

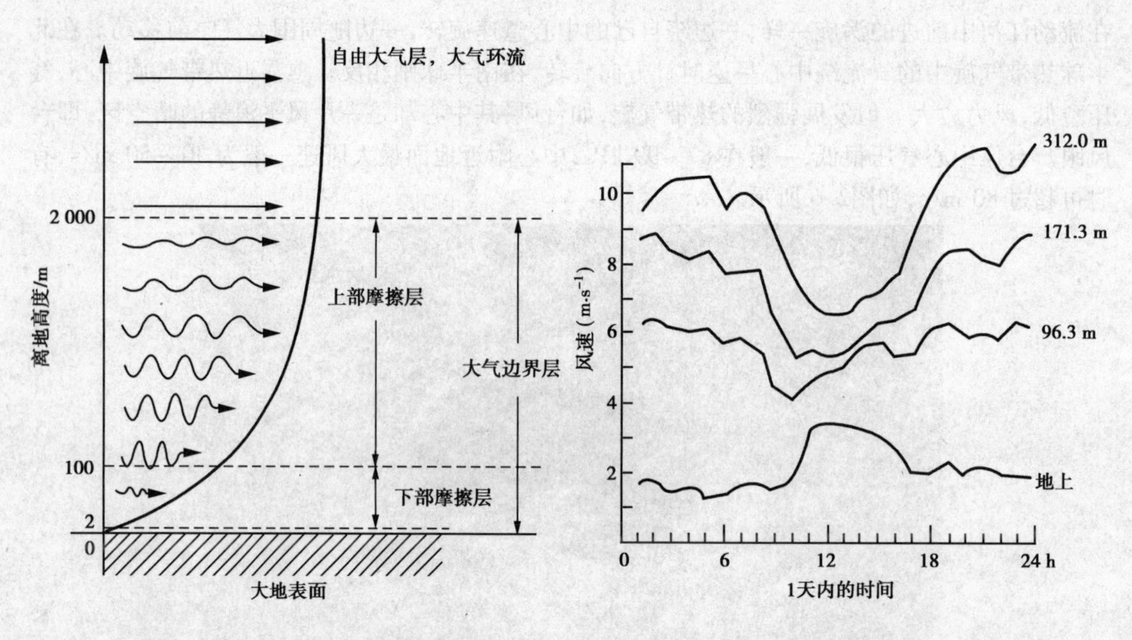


图 2.7　大气层的构成图　　　　图 2.8　不同地面上风速和高度的关系图

1)对数律分布

在离地高度 100 m 内的表面层中,可以忽略剪切应力的变化,这时,风速廓线可采用普朗特对数律来表示,即

$$\bar{v}(z) = \left(\frac{v_*}{k}\right)\ln\left(\frac{z}{z_0}\right) \tag{2.1}$$

式中 $\bar{v}$——离地高度 $z$ 处的平均风速;

$v_*$——摩擦速度;

$k$——卡门(Karman)常数,一般近似取 0.4;

$z_0$——地表面粗糙长度,不同地表面状态下的 $z_0$ 值在表 2.1 中给出。

**表 2.1　不同地表面状态下的粗糙长度**

| 地　形 | 沿海区 | 开阔场地 | 建筑物不多的郊区 | 建筑物较多的郊区 | 大城市中心 |
|---|---|---|---|---|---|
| $z_0$/m | 0.005 ~ 0.01 | 0.03 ~ 0.10 | 0.20 ~ 0.40 | 0.80 ~ 1.20 | 2.00 ~ 3.00 |

离地高度 100 m 内,不同粗糙长度的风廓线如图 2.9 所示。

将式(2.1)进行改进后可以用来描述离地高度 300 m 内的风速廓线,即

$$\bar{v}(z) = \left(\frac{v_*}{k}\right)\left[\ln\left(\frac{z}{z_0}\right) + 5.75\frac{z}{z_g}\right] \tag{2.2}$$

式中 $z_g$——梯度高度,$z_g = 0.175 v_* / f_c$;

$f_c$——科里奥利参数,$f_c = 2\Omega \sin \Phi$;

$\Omega$——地球自转的角速度,$\Omega = 7.27 \times 10^{-5}$ rad/s;

$\Phi$——纬度。

实际情况下的 $z_g$ 要小于公式计算值。

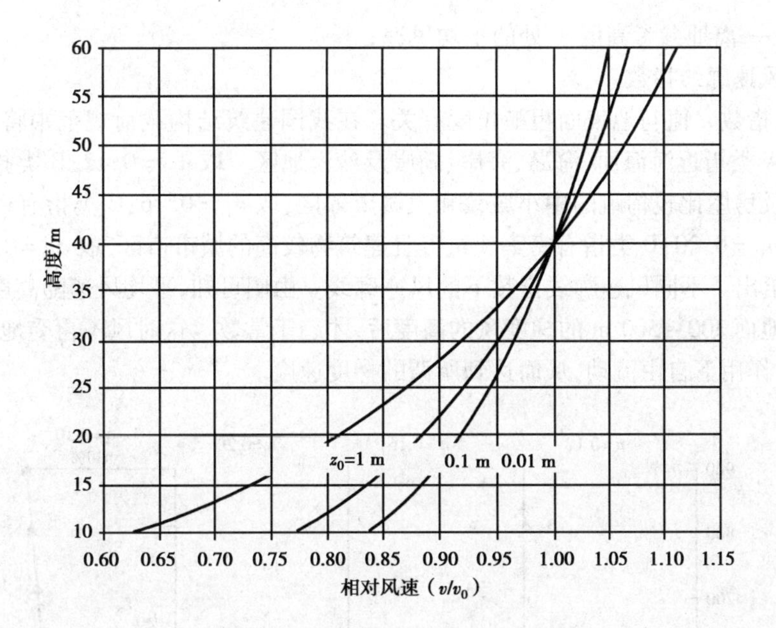


图2.9　不同粗糙度长度的风廓线

如假设 $v_*$ 不随高度变化，则式(2.1)可表示为

$$\frac{\bar{v}(z)}{\bar{v}(z_s)} = \frac{\ln\left(\frac{z}{z_0}\right)}{\ln\left(\frac{z_s}{z_0}\right)} \tag{2.3}$$

式(2.2)可表示为

$$\frac{\bar{v}(z)}{\bar{v}(z_s)} = \frac{\ln\left(\frac{z}{z_0}\right) + 5.75\frac{z}{z_g}}{\ln\left(\frac{z_s}{z_0}\right) + 5.75\frac{z_s}{z_g}} \tag{2.4}$$

式中　$z_s$——参考高度，一般取10 m。

当地表面密布树木或建筑物时，要用相当于树木或建筑物平均高度作为风速为零的高度 $z_*$，对式(2.1)进行修正，即

$$\bar{v}(z) = \frac{v_*}{k}\ln\left(\frac{z - z_*}{z_0}\right) \tag{2.5}$$

$z_*$ 值与地面粗糙长度、风速、地表面剪切应力以及风速有关，一般城市取 $z_* = 20$ m 或 $z_* = 0.75\ z_b$（$z_b$ 为建筑物的平均高度）。

2）指数律分布

用指数律分布计算风速廓线时比较简单，因此，目前多数国家采用经验的指数律分布来描述近地层中平均风速高度的变化，我国的建筑规范也采用指数律分布。风速廓线的指数律分布可表示为

$$\frac{\bar{v}(z)}{\bar{v}(z_s)} = \left(\frac{z}{z_s}\right)^a \tag{2.6}$$

式中　$\bar{v}(z)$——离地高度 $z$ 处的平均风速；

$\bar{v}(z_s)$——离地参考高度 $z_s$ 处的平均风速；

$a$——风速廓线指数。

风速廓线指数 $a$ 值与地表面粗糙长度有关。在我国建筑结构载荷规范中将地貌分为 A、B、C、D 四类；A 类指近海海面、海岛、海岸、湖岸及沙漠地区。取 $a_A = 0.12$；B 类指田野、乡村、丛林、丘陵以及房屋比较稀疏的中小城镇和大城市郊区，取 $a_B = 0.16$；C 类指有密集建筑群的城市市区，取 $a_C = 0.20$；D 类指有密集建筑群且建筑物较高的城市市区，取 $a_D = 0.30$。

图 2.10 给出了不同风速廓线指数下的风速廓线。由图可知，平均风速随高度的增加而增加，一般到离地面 300 ~ 500 m 的梯度风的高度后，才趋于常数。这时风不再受地貌的影响，能在气压梯度的作用下自由流动，从而达到所谓的梯度速度。

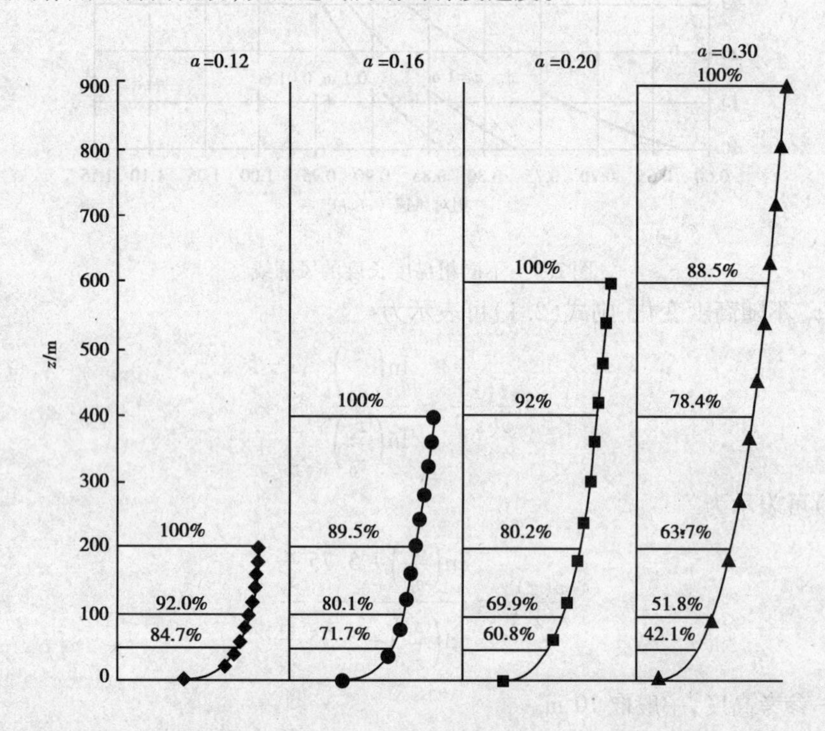


图 2.10　不同风速廓线指数下的风速廓线

地表面粗糙度不同，近地层风速变化的快慢也不同。风速廓线指数 $a$ 越小的地貌，越快达到梯度速度。风速廓线指数 $a$ 除了取决于地表面的粗糙长度 $z_0$ 外，还取决于平均风速 $\bar{v}$，即

$$\left.\begin{aligned} a &= a_0[1 - 0.55 \lg \bar{v}(z_s)] \\ a_0 &= \left(\frac{z_0}{10}\right)^{0.2} \end{aligned}\right\} \tag{2.7}$$

图 2.11 给出了不同地表面粗糙长度 $z_0$ 下，风速廓线指数 $a$ 值随平均风速的变化曲线。由图可知，风速廓线指数 $a$ 值随平均风速的增加而减少，随地表面的粗糙长度 $z_0$ 的增加而增加。

图 2.12 为某地实测的风速廓线结果。实测结果表明：用对数律和指数律都能较好地反映风速沿高度的分布规律。用指数律公式计算的风速值与实测值的偏差比用对数率计算的风速值与实测值的偏差要小；随着高度的增加，用对数率公式计算的风速值与实测值偏差增大。

**(3) 风功率和风能密度**

风能的利用主要是将它的动能转化为其他形式的能，因此计算风能的大小也就是计算气

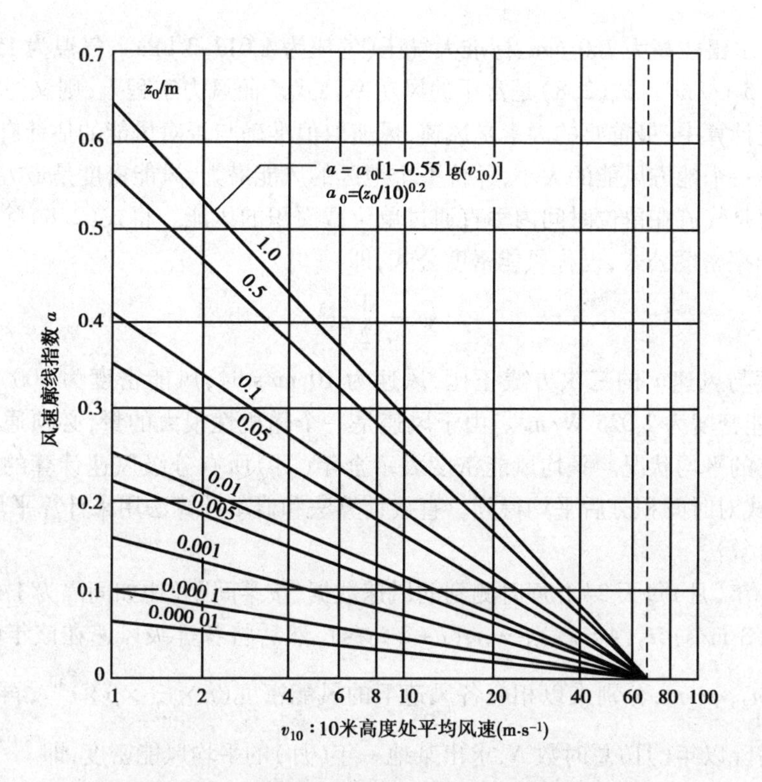


图2.11　不同平均风速下的风速廓线指数 $a$ 值

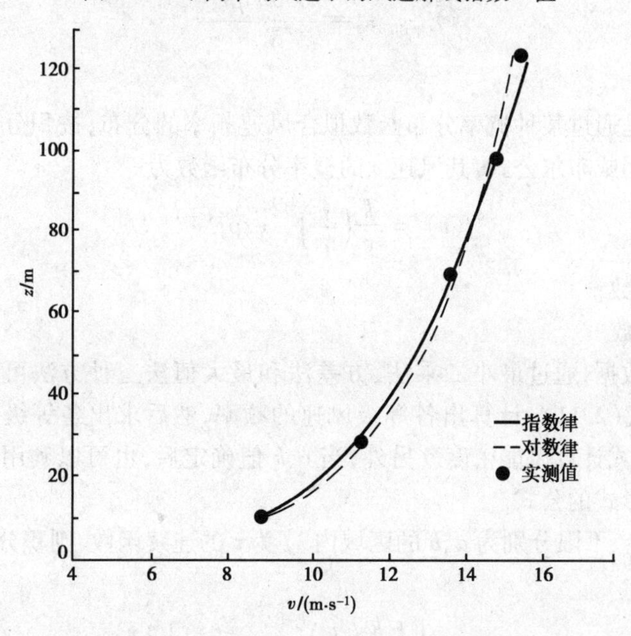


图2.12　某地实测的风速廓线

流所具有的动能。风功率是在单位时间内流过垂直于风速截面积 $A(\mathrm{m}^2)$ 的风能，即

$$w = \frac{1}{2}\rho v^3 A \tag{2.8}$$

式中，$w$ 为风能，单位为W（即 $\mathrm{kg \cdot m^2 \cdot s^{-3}}$）；$\rho(\mathrm{kg/m^3})$ 为空气密度；$v(\mathrm{m/s})$ 为风速。在纬度

45°的海平面、水银柱高为760 mm、标准大气压(气压为1 013.3 hPa)、气温为15 ℃时,干空气密度为1.225 5 kg/m³。式(2.8)是常用的风功率公式。而风力工程上,则又习惯称之为风能公式。在风能计算中,最重要的因素是风速,风速取值准确与否对风能的估计有决定性作用。

为了衡量一个地方风能的大小,评价一个地区的风能潜力,风能密度是最方便和有价值的量。风能密度是气流在单位时间内垂直通过单位截面积的风能。将式(2.8)除以相应的面积$A$,便得到风功率密度公式,也称风能密度公式,即

$$w = \frac{1}{2}\rho v^3 \tag{2.9}$$

风能密度与风速$v$的三次方成正比,风速为10 m/s时,风能密度为600 W/m²;风速为15 m/s时,风能密度为2 025 W/m²。由于风速是一个随机性很大的量,必须通过一定长度的观测来了解它的平均状况。平均风能密度表示全年(月)所有分级风速计算的风能密度平均值,可以将上式对时间积分后平均得到。直接计算法和概率计算法用来计算平均风能密度。

1)直接计算法

将某地一年(月)每天24 h逐时测到的风速数据,按某间距(比如间隔为1 m/s)分成各等级风速,如$v_1$(3 m/s),$v_2$(4 m/s),…,$v_i$($i+2$ m/s),然后将各等级风速在该年(月)出现的累积小时数$n_1,n_2,\cdots,n_i$,分别乘以相应各风速下的风能密度($n\times\frac{1}{2}\times\rho\times v^3$),再将各等级风能密度相加之后除以年(月)总时数$N$,求出某地一年(月)的平均风能密度,即

$$E_{平均} = \frac{\sum 0.5 n_i \rho v_i^3}{N} \tag{2.10}$$

2)概率计算法

概率计算法就是通过某种概率分布函数拟合风速频率的分布,按积分公式计算得到平均风能密度。一般采用威布尔公式,其风速$v$的概率分布函数为

$$f(v) = \frac{k}{c}\left(\frac{v}{c}\right)^{k-1}\exp^{-\left(\frac{v}{c}\right)^k} \tag{2.11}$$

式中 $k$——形状参数;

$c$——尺度参数。

利用风速观测数据,通过最小二乘法、方差法和最大值法三种方法可以确定$c$、$k$参数的值。将$c$、$k$值代入式(2.11),计算出各等级风速的频率,然后求出各等级风速出现的累积时间,再按直接计算公式计算风能密度。另外,当$c$、$k$值确定后,也可以利用风能密度的直接计算公式推导出积分形式的公式。

当风速$v$在其上、下限分别为$a$、$b$的区域内,$f$为$v$的连续函数,则积分形式的风能密度计算公式为

$$\overline{E} = \frac{\rho}{2}\frac{\int_b^a\left[\frac{k}{c}\left(\frac{v}{c}\right)^{k-1}\exp^{-\left(\frac{v}{c}\right)^k}\right]v^3\,dv}{\exp^{-\left(\frac{a}{c}\right)^k} - \exp^{-\left(\frac{b}{c}\right)^k}} \tag{2.12}$$

**(4)湍流强度**

大气湍流是大气的无规则运动。风速的脉动(或涨落)和风向的摆动就是湍流作用的结果。根据湍流形成的原因可分为两种湍流:一种是由于垂直方向温度分布不均匀引起的热力

湍流,它的强度主要取决于大气稳定度;另一种是由于垂直方向风速分布不均匀及地面粗糙度引起的机械湍流,它的强度主要取决于风速梯度和地面粗糙度。实际的湍流是上述两种湍流的叠加。在风场运动的主风向上,由于平均风速比脉动风速大得多,所以在主导风向上,风的平流输送作用是主要的。风速越大,湍流越强。湍流强度是标准风速偏差与平均风速的比率,用 $I_T$ 表示。$I_T \leqslant 0.1$ 表示湍流相对较小;$I_T$ 为 0.1~0.25 表示湍流为中等程度;$I_T > 0.25$ 表示湍流较大。图 2.13 是 10 min 平均风速的最大最小值和标准偏差分布。

$$I_T = \frac{\sigma}{\bar{v}} \tag{2.13}$$

$$\sigma = \sqrt{\frac{1}{N-1}\sum_{i=1}^{n}(\bar{v}_i - \bar{v})^2} \tag{2.14}$$

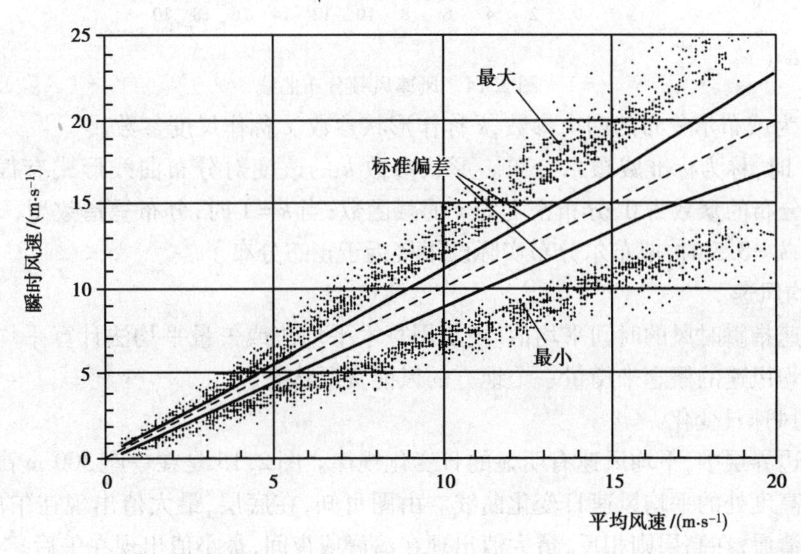


图 2.13 10 min 平均风速值的最大值、最小值、标准偏差

式中 $I_T$——湍流强度;

$\sigma$——10 min 平均风速标准偏差,m/s;

$\bar{v}$——10 min 平均风速,m/s。

风场的湍流特征很重要。湍流对风力发电机组的性能有不利影响,主要是减少输出功率,还可能引起极端荷载,甚至毁坏风力发电机组。

**(5)风速分布函数**

风速分布函数是用于描述连续时限内风速概率分布的函数。风速分布一般为正偏态分布,如图 2.14 所示。风力愈大的地区,分布曲线愈平缓,峰值降低右移。说明风力大的地区,大风速所占比例也多。如前所述,由于地理、气候特点的不同,各种风速所占的比例亦有所不同。

通常用于拟合风速分布的线型很多,而威布尔(Weibull)分布双参数曲线,被普遍认为适用于风速统计描述的概率密度函数。

威布尔分布是一种单峰的,两参数的分布函数簇。其概率密度函数可表示为

$$P(x) = \frac{k}{c}\left(\frac{x}{c}\right)^{k-1}\exp\left[-\left(\frac{x}{c}\right)^{k}\right] \tag{2.15}$$

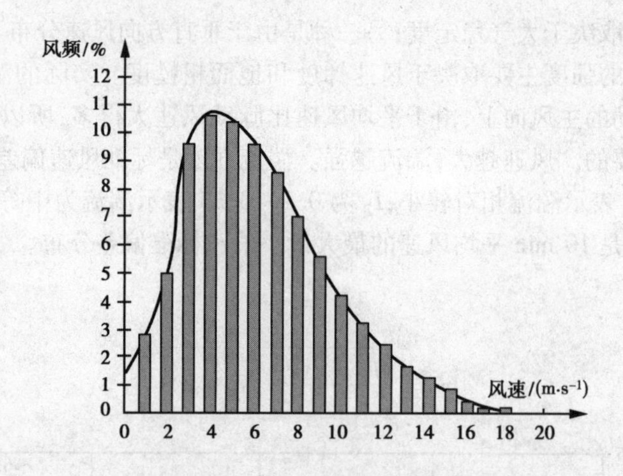


图 2.14 风速风频分布曲线

式中:$k$ 和 $c$ 为威布尔分布的两个参数,$k$ 称作形状参数,$c$ 称作尺度参数。

当 $c=1$ 时,称为标准威布尔分布。形状参数 $k$ 的改变对分布曲线形式有很大影响。当 $0<k<1$时,分布的众数为0,分布密度为 $x$ 的减函数;当 $k=1$ 时,分布呈指数型;$k=2$ 时,便成为瑞利分布;$k=3.5$ 时,威布尔分布实际已很接近于正态分布了。

**(6)平均风速**

平均风速指瞬时风的时间平均值,主要用算术平均法或矢量平均法计算平均风速。目前习惯使用平均风速的概念来衡量一个地方的风能资源状态。

1)平均风速日变化

在大气边界层中,平均风速有明显的日变化规律。图 2.15 是在一座 300 m 高的铁塔上测量到的不同高度处的平均风速日变化曲线。由图可知,在底层,最大值出现在午后,最小值出现在夜间或清晨;在高层则相反,最大值出现在清晨或夜间,最小值出现在午后。

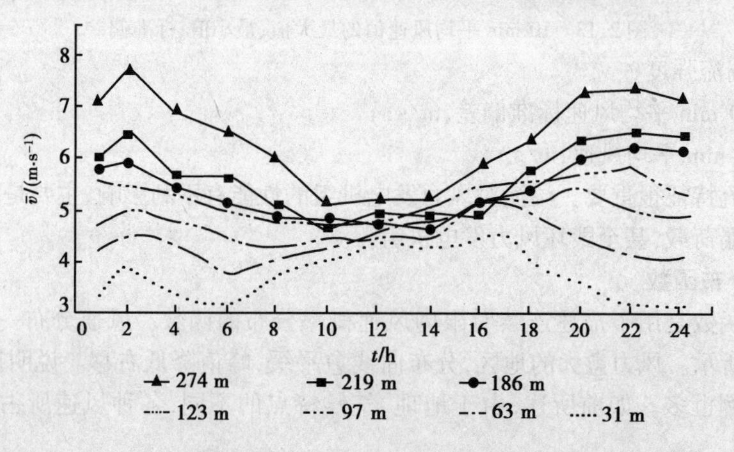


图 2.15 平均风速的日变化

平均风速日变化的原因主要是太阳辐射的日变化而造成的地面热力不均匀。日出后,地面热力不均匀性渐趋明显,地面温度高于空气温度,气流上下发生对流,进行动量交换,上层动量向下传递,使上层风速减小,下层风速增加;入夜后,则相反。在高、低层中间则有一个过渡层,那里风速变化不明显,一般过渡层在 50 ~ 150 m 高度范围。平均风速日变化在夏季无云时要增强,而在冬季多云时则要减弱。

2)平均风速月变化

有些地区,在一个月中,有时也会发生周期为1天至几天的平均风速变化。其原因是热带气旋和热带波动的影响所造成的。图2.16是位于中纬度的日平均风速变化曲线。由图可知,在一个月中平均风速变化有几个不同的时间周期,但是每10天左右有一次强风是很显著的。每个地区日平均风速随时间的变化虽有一定的规律,但是各个地区的变化规律不尽相同,很难找出普适性的规律。

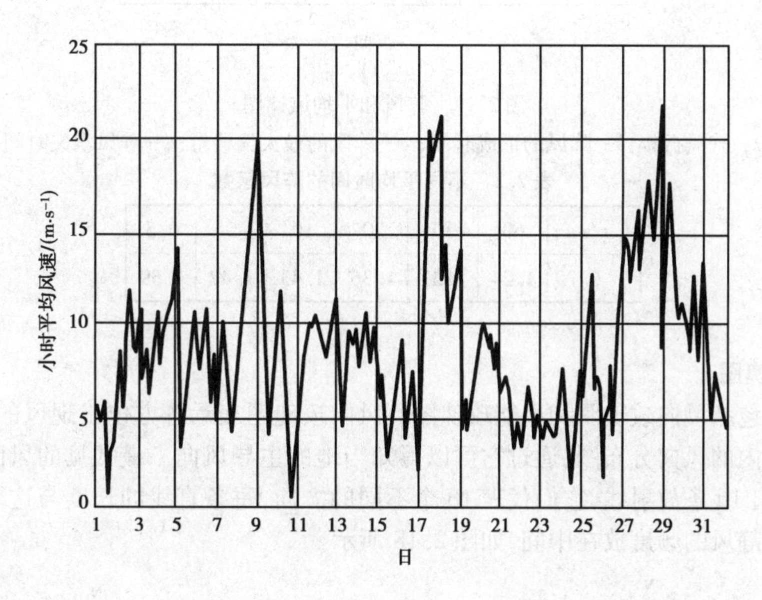


图2.16　日平均风速变化曲线

3)平均风速季度变化

全球很多地区的平均风速随季度变化。平均风速随季度变化的大小取决于纬度和地貌特征,通常在北半球中高纬度大陆地区,由于冬季有利于高压形成,夏季有利于低压形成,因此,冬季平均风速要大一些,夏季平均风速要小一些。我国大部分地区,最大风速多在春季的三、四月,最小风速则多在夏季的七、八月。

**(7)阵风**

通常自然风是一种平均风速与瞬间激烈变动的湍流相重合的风。紊乱的气流所产生的瞬时高峰风速也称阵风风速。图2.17表示了阵风和平均风速的关系。

对于风速不仅只考虑其最大最小数值的统计,还要考虑随时间的变化或阵风的变化,在气象学中常用阵风系数来表示阵风的变化,即最大风速对于平均风速的比值以及阵风时间来描述。阵风的大小取决于平均时间、采样速率,如采样频率、平滑性、风杯常数或预平均值等(表2.2),阵风测量没有统一的规定,无法相互比较。

在风能计算中,阵风的考虑只限于风速的最大值,对于载荷计算和控制设计时则主要考虑阵风随时间的变化过程。用几分钟的平均时间来确定阵风没有实际意义。阵风系数必须在阵风之前确定下来。平均时间的长短取决于阵风的大小,对它应进行测试。阵风对风力机的影响还应考虑风力机的大小。

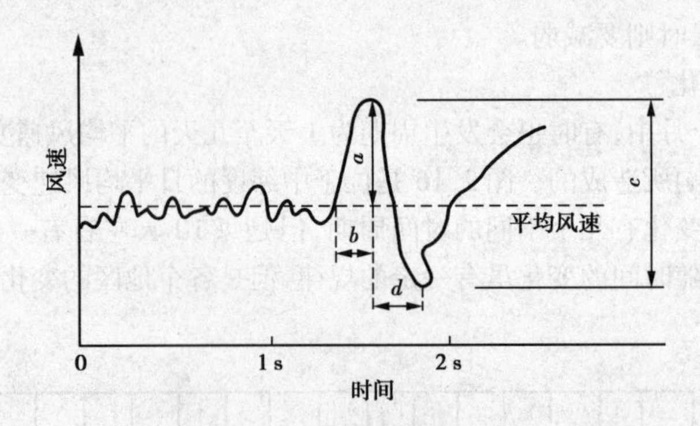


图 2. 17　阵风和平均风速图

$a$—阵风振幅；$b$—阵风的形成时间；$c$—阵风的最大偏移量；$d$—阵风消失时间

**表 2. 2　不同平均时间的阵风系数**

| $t$/s | 60 | 30 | 20 | 10 | 5 | 0. 5 |
|---|---|---|---|---|---|---|
| $G$ | 1. 24 | 1. 33 | 1. 36 | 1. 43 | 1. 47 | 1. 59 |

**(8)风玫瑰图**

风玫瑰图包括风向玫瑰图和风能玫瑰图。风向玫瑰图表示各方位出现风的频率，是给定地点一段时间内的风向分布图，通过它可以得知当地的主导风向。最常见的风向玫瑰图是一个圆，圆上引出 16 条放射线，它们代表 16 个不同的方向，每条直线的长度与这个方向的风的频度成正比。静风的频度放在中间，如图 2. 18 所示。

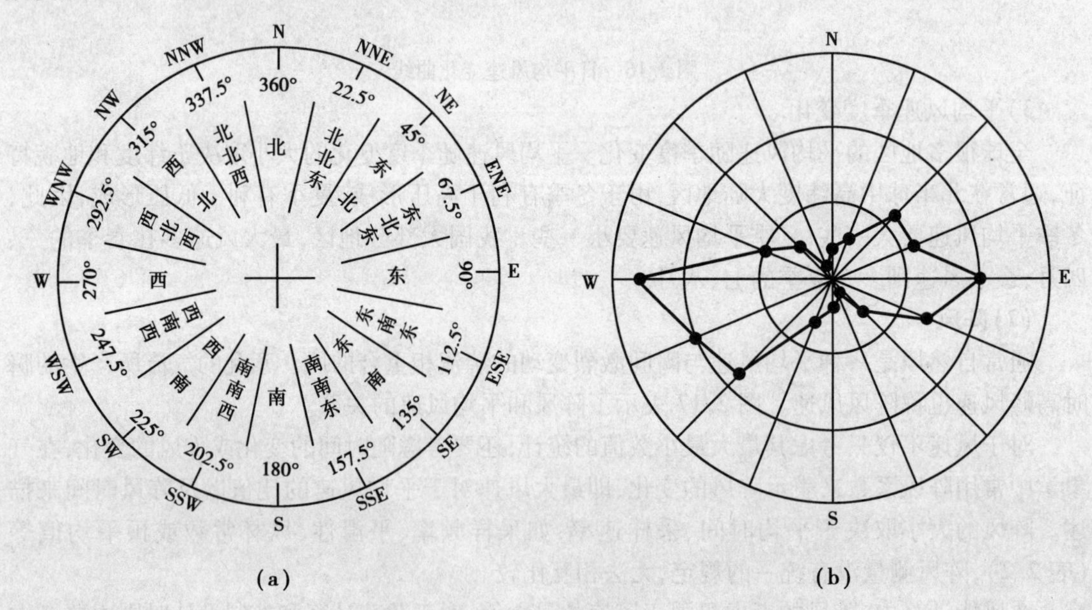


图 2. 18　风向玫瑰图

(a)风向的 16 个方位；(b)风向玫瑰示意图

风能玫瑰图表示各方位出现的风能频率，如图 2. 19 所示。组建风电场时需要绘制各个测量高度的风向玫瑰图和风能玫瑰图，而后者比前者对风机排布的权重更大，排布风机时要和风能主方向垂直。

### 2.3.2　风力等级

风力等级是根据风对地面(或海面)物体的影响程度来定的。在气象服务中,常用风力等级来表示风速的大小。远在15世纪时,人们为通商、寻宝、探险,经常组织大批人员扬帆远航。为了正确判断风的大小,以便决定起航或抛锚,依据1805年英国学者蒲福划分的标准,将风力分为13个等级(0~12级)。我国唐代天文学家李淳风,在《乙巳占》这本书中,定出了8级风力标准。到19世纪末,交通运输工具已由地面发展到空中,对风级的要求不再以现象的表现为满足,而需要知道它具体的数值,便开始根据风速来划分风的等级。

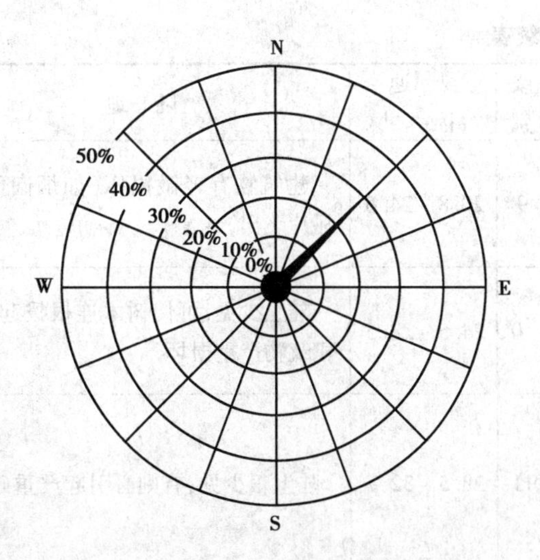


图2.19　风能玫瑰图

1946年以后,风力等级增加到18个(0~17级)。我国天气预报中一般采用13等级分法,即"蒲福风级",在没有风速计时可以根据它来粗略估计风速,见表2.3。各级风还有相应的称呼:零级称静风,1级称软风,2级称轻风,3级称微风,4级称和风,5级称清劲风,6级称强风,7级称疾风,8级称大风,9级称烈风,10级称狂风,11级称暴风,12级以上的称飓风。风力平均达6级以上就会造成危害,因此,风力达6级时,气象台就开始发布大风警报。

表2.3　气象风力等级表

| 级别 | 风速 /(m·s$^{-1}$) | 陆地 | 海洋 | 浪高 /m |
| --- | --- | --- | --- | --- |
| 0 | <0.3 | 静烟直上 | — | — |
| 1 | 0.3~1.6 | 烟能表示风向,树叶略有摇动 | 出现鱼鳞似的微波,但不构成浪 | 0.1 |
| 2 | 1.6~3.4 | 人的脸部感到有风,树叶微响,风标能转动 | 小波浪清晰,出现浪花,但并不翻滚 | 0.2 |
| 3 | 3.4~5.5 | 树叶和细树枝摇动不息,旌旗展开 | 小波浪增大,浪花开始翻滚,水泡透明像玻璃,并且到处出现白浪 | 0.6 |
| 4 | 5.5~8.0 | 沙尘风扬,纸片飘起,小树枝摇动 | 小波浪增长,白浪增多 | 1 |
| 5 | 8.0~10.8 | 有树叶的灌木摇动,池塘内的水面起小波浪 | 波浪中等,浪延伸更清楚,白浪更多(有时出现飞沫) | 2 |
| 6 | 10.8~13.9 | 大树枝摇动,电线发出响声,举伞困难 | 开始产生大的波浪,到处呈现白沫,浪花的范围更大(飞沫更多) | 3 |
| 7 | 13.9~17.2 | 整个树木摇动,人迎风行走不便 | 浪大,浪翻滚,白沫像带子一样随风飘动 | 4 |
| 8 | 17.2~20.8 | 小的树枝折断,迎风行走很困难 | 波浪加大变长,浪花顶端出现水雾,泡沫像带子一样清楚地随风飘动 | 5.5 |

续表

| 级别 | 风速/(m·s⁻¹) | 陆地 | 海洋 | 浪高/m |
| --- | --- | --- | --- | --- |
| 9 | 20.8~24.5 | 建筑物有轻微损坏(如烟囱倒塌,瓦片飞出) | 出现大的波浪,泡沫呈粗的带子随风飘动,浪前倾,翻滚、倒卷,飞沫挡住视线 | 7 |
| 10 | 24.5~28.5 | 陆上少见,可使树木连根拔起或将建筑物严重损坏 | 浪变长,形成更大的小波浪,大块的泡沫像白色带子随风飘动,整个海面呈白色,波浪翻滚 | 9 |
| 11 | 28.5~32.7 | 陆上很少见,有则必引起严重破坏 | 浪大高如山(中小船舶有时被波浪挡住而看不见),海面全被随风流动的泡沫覆盖,浪花顶端刮起水雾,视线受到阻挡 | 11.5 |
| 12 | 32.7以上 | — | 空气里充满水泡和飞沫,海面变成一片白色,能见度严重受到影响 | 14 |

### 2.3.3 地貌地形对风特性的影响

由于障碍物和地形变化影响地面粗糙度,风速的平均扰动及风廓线对风的结构都有很大的影响。这种影响有可能是好作用(如山谷风的加速),也有可能是坏作用(尾流,通过障碍物有很大的风扰动)。所以在风电场选址时,要充分考虑这些因素。

**(1)障碍物影响**

一般很少有完全平整的环境,没有一个障碍物,实际必须要对影响风资源的因素加以分析。一个障碍物(树、房屋等)在它附近产生很强的涡流,然后逐渐在下风处向远处减弱。产生涡流的延伸长度与相对于风的障碍物宽度有关。作为法则,宽度 $b$ 与高度 $Z_H$ 的比值为

$$b/Z_H \leqslant 5 \tag{2.16}$$

湍流区可达其高度的20倍,宽度比越小,减弱得越快;宽度比越大,湍流区越长。极端情况$b \gg Z_H$,湍流区长度可达35倍的 $Z_H$。湍流区高度上的影响约为障碍物高度的2倍。当风力机叶片扫风最低点是3倍的 $Z_H$ 时,障碍物在高度上的影响可忽略。如果风力机前有较多的障碍物,地面影响就必须加以考虑,如图2.20所示。平均风速由于障碍物的多少和大小而相应变化,这种情况可以修正地面粗糙度 $z_0$。

**(2)地形影响**

地形对大气边界层风特性的影响比地表面粗糙度的影响还要重要。我国70%的陆地是山区。在山区局地环流的影响使流经山区的气流改变方向,所以,在山区即使相邻的两地,风向也往往会有很大的差别。一般气象台站都设在空旷平坦地带,因此,在山区应用气象数据时,必须考虑地形对风特性的影响。

地形可分为两类。一类是隆升地形,如山脊、山丘和山崖等,另一类是低凹地形,如山谷、盆地、山隘和河谷等。它们对风特性有不同程度的影响。由于地形复杂,在同一天气系统下,各种不同地形下的风速不同,就是在同一地形下,其不同部位风速也各异。

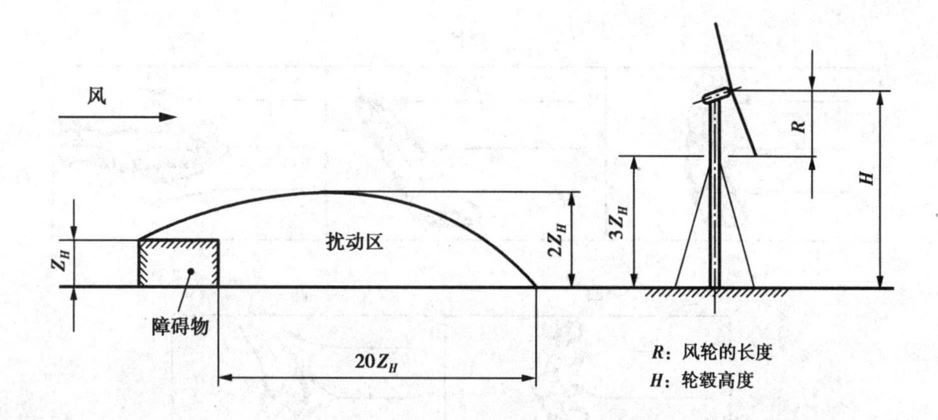


图2.20　障碍物对风力发电机的影响

1)隆升地形影响

山脊是典型的隆升地形,指高出周围地形约600 m以下伸长的山丘,山脊顶上很少或没有平坦的地区。山脊能使风加速,加速的大小和山脊与盛行风的相对位置、山脊迎风侧形状以及山脊横截面形状有关。当山脊与盛行风向正交时,气流在脊峰加速最大,在山区的背风侧形成湍流区;当迎风侧山脊为凹形时,产生狭管作用使气流加速增强,当迎风侧山脊为凸形时,气流绕山脊偏移,使气流加速减弱,如图2.21所示。当山脊横截面形状为三角形时,山脊的加速作用最大;当山脊横截面形状为钝形时,山脊的加速作用最差;平顶山脊有很强的风切变区,坡度对风的加速作用非常明显,如图2.21(b)所示。

山丘是指高度为150~600 m,不与任何山脊相连,长度小于10倍高度的山地。气流绕过山丘时,气流加速不如山脊明显,最大加速区在与盛行风向垂直的山丘两侧。

山崖是指长度为高度10倍以上的悬崖陡坡,它使气流迎面越过而不是绕过,产生分离,如图2.22所示。山崖对气流影响的因素包括迎风面和背风面的坡度、高度、迎风面凹凸形状和迎风面粗糙度等。

2)低凹地形影响

山谷是典型的低凹地形。山谷除了有山谷风外,其风特性还取决于山谷与盛行风向的相对位置,山谷底面向下倾斜的程度,周围山脊的长度、宽度、高度,山谷宽狭的不规则性和山谷的表面粗糙度。一般与盛行风向平行的较宽的山谷,或山区向下延伸较大的山谷有较大的风速。

山隘是高山中的底洼段或山间隘路,高地形使气流流经山隘时产生狭管效应而加速,如图2.23所示。

河谷和山隘的风特性相似,但由于它很狭,因此有很强的风切变和湍流区。

盆地是四周为较高地形的洼地,较大而浅的盆地在温暖的月份里也会出现以昼夜为周期的风,一般夜间流入的平均风速为4~8 m/s,最大可达10 m/s以上,而白天流出的平均风速为2~6 m/s。

根据气象部门的考察资料,统计出了不同地形条件对风速的影响,见表2.4。

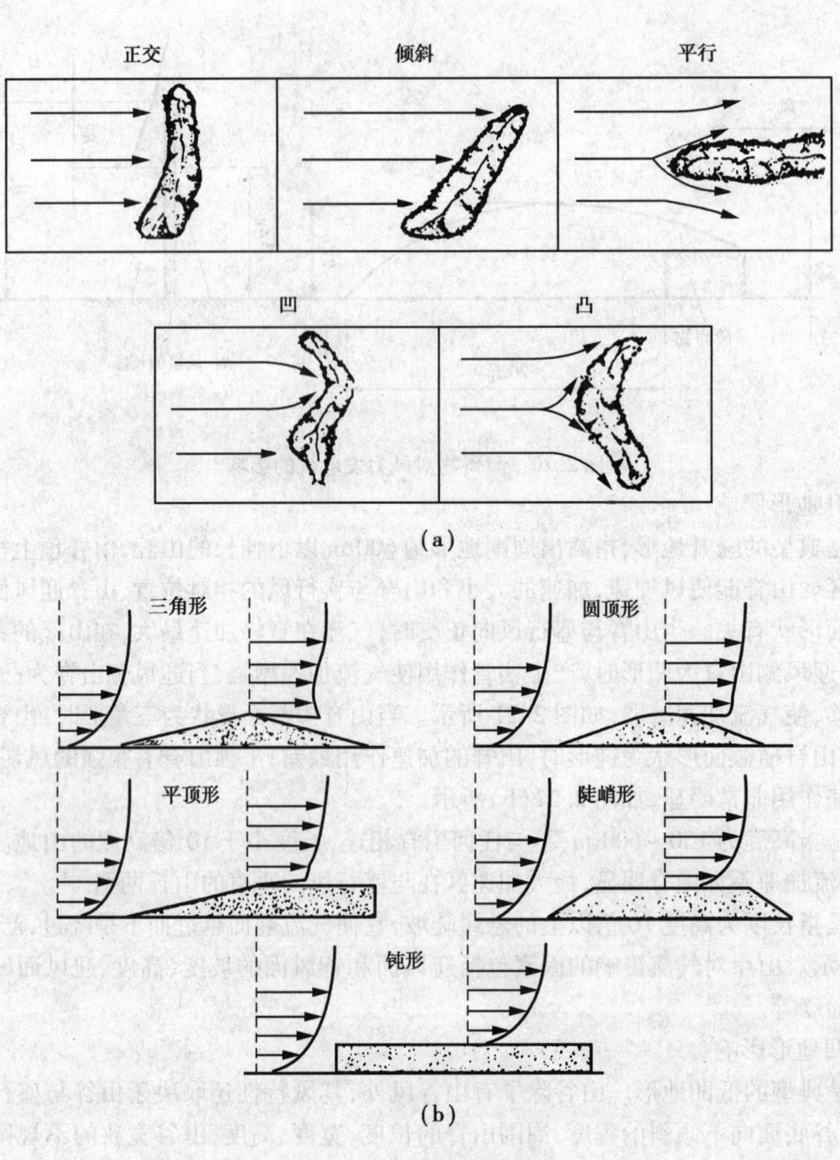


图 2.21 山脊对风特性的影响

(a)山脊迎风侧形状对风特性的影响;(b)山脊横截面形状对风特性的影响

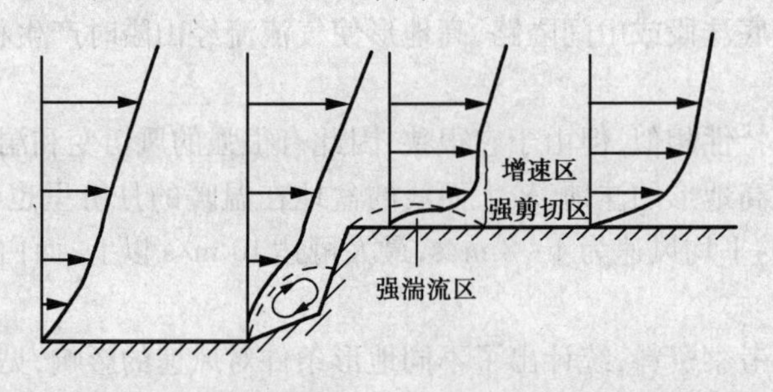


图 2.22 山崖对风特性的影响

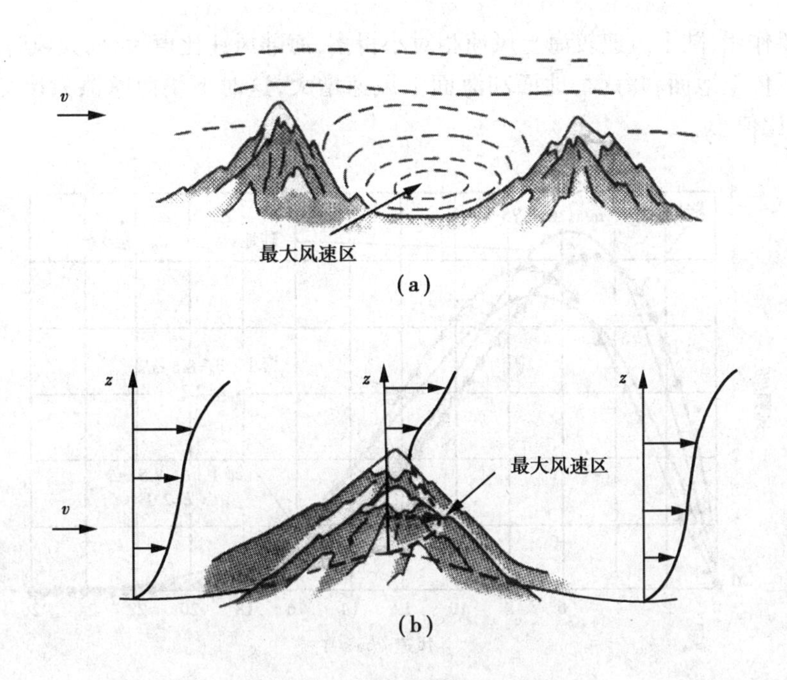


图2.23　山隘对风特性的影响

**表2.4　不同地形与平坦地面风速比值**

| 不同地形 | 平地平均风速/(m·s$^{-1}$) | |
|---|---|---|
| | 3~5 | 6~8 |
| 山间盆地 | 0.95~0.85 | 0.85~0.70 |
| 弯曲河谷 | 0.80~0.70 | 0.70~0.60 |
| 山脊背风坡 | 0.90~0.80 | 0.80~0.70 |
| 山脊迎风坡 | 1.10~1.20 | 1.10 |
| 峡谷口或山口 | 1.30~1.40 | 1.20 |

3)海面影响

由于海上油井、近海工程和海上风电场等的需要,对海面风特性的研究也越来越重要。海上风特性与陆地风特性相比,有明显的区别,图2.24给出了海上风速分布与陆地风速分布的比较,图2.25给出了海上风速廓线与陆地风速廓线的比较。比较结果表明:

①在海上年平均风速与威布尔分布形状系数$k$值要比陆地大。

②由于海面粗糙度低,因此,海面摩擦阻力小。在气压、梯度力相同的条件下,平均风速随高度的变化比较平缓。

③海面粗糙度低,海上的大气湍流强度也低,在大气中性状态下,当风速为15 m/s时,湍流强度为7%~9%,因此,海上的阵风系数比陆地要小。

④海上的风向比较稳定。

表2.5给出了根据海陆两个气象站测量的平均风速比值。由表2.5可知,风速随着离海岸距离的增加而增大。表中给出的比值仅适用于小风,大风时比值要减小。小风时,下垫面的

摩擦力起主要作用,陆上风速较海上风速相对小得多,海陆风速比值大;而大风时,强烈的交换使高空动量下传至地面和海面,地面和海面上风速增大,这时下垫面摩擦力比交换的作用要小,海陆风速比值小。

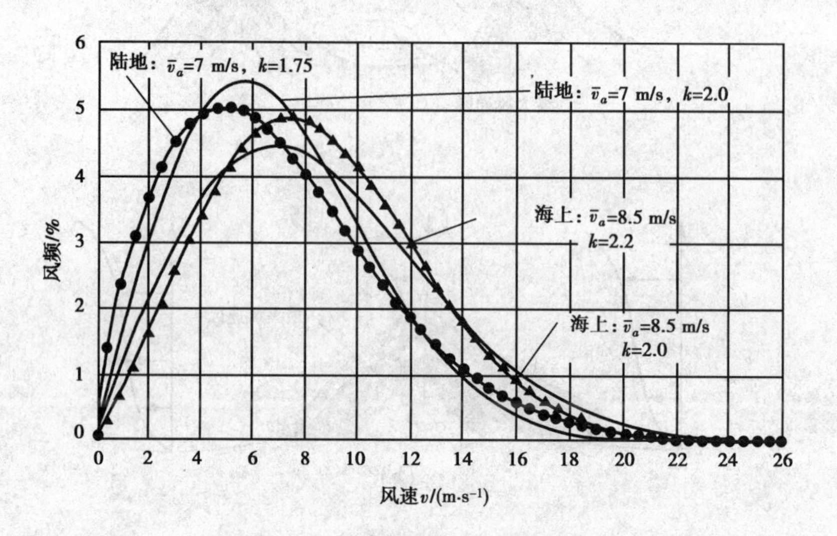


图 2.24　海面对平均风速概率分布曲线的影响

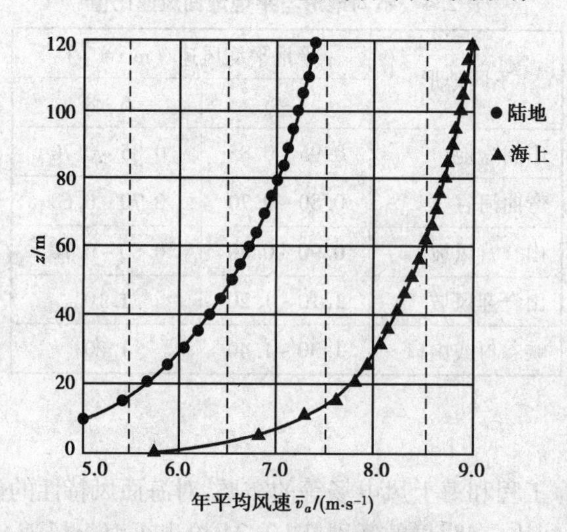


图 2.25　海面对风速廓线的影响

表 2.5　海上与陆地平均风速比值

| 离海岸距离/km | 年平均风速/(m·s$^{-1}$) | |
|---|---|---|
| | 4 ~ 6 | 7 ~ 9 |
| 25 ~ 30 | 1.4 ~ 1.5 | 1.2 |
| 30 ~ 50 | 1.5 ~ 1.6 | 1.4 |
| >50 | 1.6 ~ 1.7 | 1.5 |

## 2.4 我国的风能资源分布特点

### 2.4.1 风能的区划指标体系

风能资源潜力的多少,是风能利用的关键。划分风能区划的目的,是了解各地风能资源的差异,以便合理地开发利用。风能分布具有明显的地域性规律,这种规律反映了大型天气系统的活动和地形作用的综合影响。

国家气象局发布的我国风能三级区划指标体系如下:

**(1)第一级区划指标**

第一级区划选用能反映风能资源多少的指标,即利用年有效风能密度和年平均风速≥3 m/s风的年累积小时数的多少将我国分为4个区,见表2.6。

表2.6 风能区划指标

| 风能指标 | 丰富区 | 较丰富区 | 可利用区 | 欠缺区 |
|---|---|---|---|---|
| 年有效风能密度/($W \cdot m^{-2}$) | >200 | 200~150 | <150~50 | <50 |
| 平均风速/($m \cdot s^{-1}$) | 6.91 | 6.91~6.28 | <6.28~4.36 | <4.36 |
| ≥3 m/s 年累计小时数/h | >5 000 | 5 000~4 000 | 4 000~2 000 | <2 000 |

1)风能丰富区:考虑有效风能密度的大小和全年有效累积小时数,年平均有效风能密度大于200 $W/m^2$、3~20 m/s 风速的年累积小时数大于5 000 h 的划为风能丰富区,用“Ⅰ”表示。

2)风能较丰富区,年平均有效风能密度150~200 $W/m^2$、3~20 m/s 风速的年累积小时数在3 000~5 000 h 的划为风能较丰富区,用“Ⅱ”表示。

3)风能可利用区,年平均有效风能密度50~150 $W/m^2$、3~20 m/s 风速的年累积小时数在2 000~3 000 h 的划为风能可利用区,用“Ⅲ”表示。

4)风能贫乏区,年平均有效风能密度50 $W/m^2$ 以下、3~20 m/s 风速的年累积小时数在2 000 h以下的划为风能贫乏区,用“Ⅳ”表示。代表这四个区的罗马数字后面的英文字母表示各个地理区域。

**(2)第二级区划指标**

主要考虑一年四季中各季风能密度和有效风力出现小时数的分配情况。

**(3)第三级区划指标**

选用风力机最大设计风速时,一般取当地的最大风速。在此风速下,要求风力机能抵抗垂直于风的平面上所受到的压强,使风机保持稳定、安全,不致产生倾斜或被破坏。由于风力机寿命一般为20~30年,为了安全,取30年一遇的最大风速值作为最大设计风速。

### 2.4.2 我国的风能资源分区

我国幅员辽阔,海岸线长,风能资源比较丰富。据国家气象局估算,全国风能密度为

100 W/m$^2$,风能资源总储量约 1.6×10$^5$ MW,特别是东南沿海及附近岛屿、内蒙古和甘肃走廊、东北、西北、华北和青藏高原等部分地区,每年风速在 3 m/s 以上的时间约 4 000 h,一些地区年平均风速可达 6~7 m/s 以上,具有很大的开发利用价值。有关专家根据全国有效风能密度、有效风力出现时间的百分率,以及大于等于 3 m/s 和 6 m/s 风速的全年累积小时数,将我国风能资源划分为如下几个区域。

**(1)东南沿海及其岛屿,为我国最大风能资源区,风能丰富区**

有效风能密度大于等于 200 W/m$^2$ 的等值线平行于海岸线,沿海岛屿的风能密度在 300 W/m$^2$以上,有效风力出现时间百分率达 80%~90%,大于等于 8 m/s 的风速全年出现时间7 000~8 000 h,大于等于 6 m/s 的风速也有 4 000 h 左右。但从这一地区向内陆,则丘陵连绵,冬半年强大冷空气南下,很难长驱直下,夏半年台风在离海岸 50 km 时风速便减少到68%。所以,东南沿海仅在由海岸向内陆几十千米的地方有较大的风能,再向内陆则风能锐减。在不到 100 km 的地带,风能密度降至 50 W/m$^2$ 以下,反而是全国风能最小区。但在福建的台山、平潭和浙江的南麂、大陈、嵊泗等沿海岛屿上,风能都很大。其中台山风能密度为 534.4 W/m$^2$,有效风力出现时间百分率为90%,大于等于 3 m/s 的风速全年累积出现7 905 h。换言之,平均每天大于等于 3 m/s 的风速有 21.3 h,是我国平地上有记录的风能资源最大的地方之一。

**(2)内蒙古和甘肃北部,为我国次大风能资源区,属于风能丰富区**

这些地区终年在西风带控制之下,而且又是冷空气入侵首当其冲的地方,风能密度为 200~300 W/m$^2$,有效风力出现时间百分率为70%左右,大于等于 3 m/s 的风速全年有 5 000 h 以上,大于等于 6 m/s 的风速在 2 000 h 以上,从北向南逐渐减少,但不像东南沿海梯度那么大。风能资源最大的虎勒盖地区,大于等于 3 m/s 和 6 m/s 的风速的累积时数,分别可达 7 659 h和 4 095 h。这一地区的风能密度较东南沿海为小,但分布范围较广,是我国连成一片的最大风能资源区。

**(3)黑龙江和吉林东部以及辽东半岛沿海,风能丰富区**

风能密度在 200 W/m$^2$ 以上,大于等于 3 m/s 和 6 m/s 的风速全年累积时数分别为 5 000~7 000 h 和 3 000 h。

**(4)青藏高原、三北地区的北部和沿海,风能较丰富区**

风能密度为 150~200 W/m$^2$,大于等于 3 m/s 的风速全年累积为 4 000~5 000 h,大于等于 6 m/s 风速全年累积为 3 000 h 以上。青藏高原大于等于 3 m/s 的风速全年累积可达 6 500 h,但由于青藏高原海拔高,空气密度较小,所以风能密度相对较小,在 4 000 m 的高度,空气密度大致为地面的 67%。也就是说,同样是 8 m/s 的风速,在平地为 313.6 W/m$^2$,而在 4 000 m的高度却只有 209.3 W/m$^2$。如果仅按大于等于 3 m/s 和 6 m/s 的风速的出现小时数计算,青藏高原应属于最大区,而实际上这里的风能却远较东南沿海岛屿为小。从三北北部到沿海,几乎连成一片,包围着我国内地。大陆上的风能可利用区,也基本上同这一地区的界限相一致。

**(5)云贵川,甘肃、陕西南部,河南、湖南西部,福建、广东、广西的山区,以及塔里木盆地,为我国风能贫乏区**

有效风能密度在 50 W/m$^2$ 以下,可利用的风力仅有 20%左右,大于等于 3 m/s 的风速全年累积时数在 2 000 h 以下,大于等于 6 m/s 的风速在 150 h 以下。在这一地区中,尤以四川盆地和西双版纳地区风能最小,这里全年静风频率在60%以上,如绵阳为67%,巴中为60%,阿坝为67%,恩施为75%,德格为63%,耿马孟定为72%,景洪为79%。大于等于3 m/s的风速全年累积仅300 h,大于等于6 m/s的风速仅20 h。因此,这一地区除高山顶和峡谷等特殊地形外,风能潜力很低,无利用价值。

**(6)在(4)和(5)地区以外的广大地区,为风能季节利用区**

有的在冬、春季可以利用,有的在夏、秋季可以利用。这一地区,风能密度为50～100 W/m$^2$,可利用风力为30%～40%,大于等于3 m/s的风速全年累积在2 000～4 000 h,大于等于6 m/s的风速在1 000 h左右。

# 第3章 风力发电机组

## 3.1 风力发电机组的基本类型

空气流动形成了风，而空气的流动是由地球自转和地球纬度温差形成的。流动的空气所具有的动能称作风能。风力发电利用风能来发电，而风力发电机组是将风能转化为电能的机械设备。风力机经过2 000年的发展过程，现在已有很多种型式，如图3.1所示。其中有的是老式风力机，现在不再使用，有的是现代风力机，正为人们广泛利用，有的正在研究之中。广义的风力机还包括那些利用风力产生平移运动的装置，如风帆船和我国古代的加帆手推车等。

风电机组技术的发展经历了从多种结构形式逐步向少数几种过渡的过程。20世纪80年代初期，市场上有主轴为水平的和垂直的，上风向式和下风向式的机型，风轮叶片数有三个、两个，甚至一个的，叶片材料有木头的和玻璃钢的，如图3.1所示。由于水平轴、上风向、三叶片的机型效率高，用料少，宜于大型化，单位成本逐年随量下降，已成为风电市场的主流机型，以下分类基本针对这种主流机型。下面从结构形式和空间布置等不同角度分析风力发电机的分类。

**(1)主轴与水平面的相对位置**

按主轴与水平面的相对位置，分为水平轴风力机与垂直轴风力机。

1)水平轴风力机

水平轴风力机是目前国内外广泛采用的一种结构型式，风轮的旋转轴与气流方向和地面平行，如图3.1所示，主要的优点是风轮可以架设到离地面较高的地方，从而减少了地面扰动对风轮动态特性的影响。它的主要机械部件都在机舱中，如主轴、齿轮箱、发电机、液压系统及调向装置等。

水平轴风力机的优点：

①由于风轮架设在离地面较高的地方，随着高度的增加，发电量增高。

②叶片角度可以调节功率，直到顺桨(即变桨距)，或采用失速调节。

③风轮叶片的翼型可以进行空气动力最佳设计，达到较高的风能利用效率。

④启动风速低，可自启动。

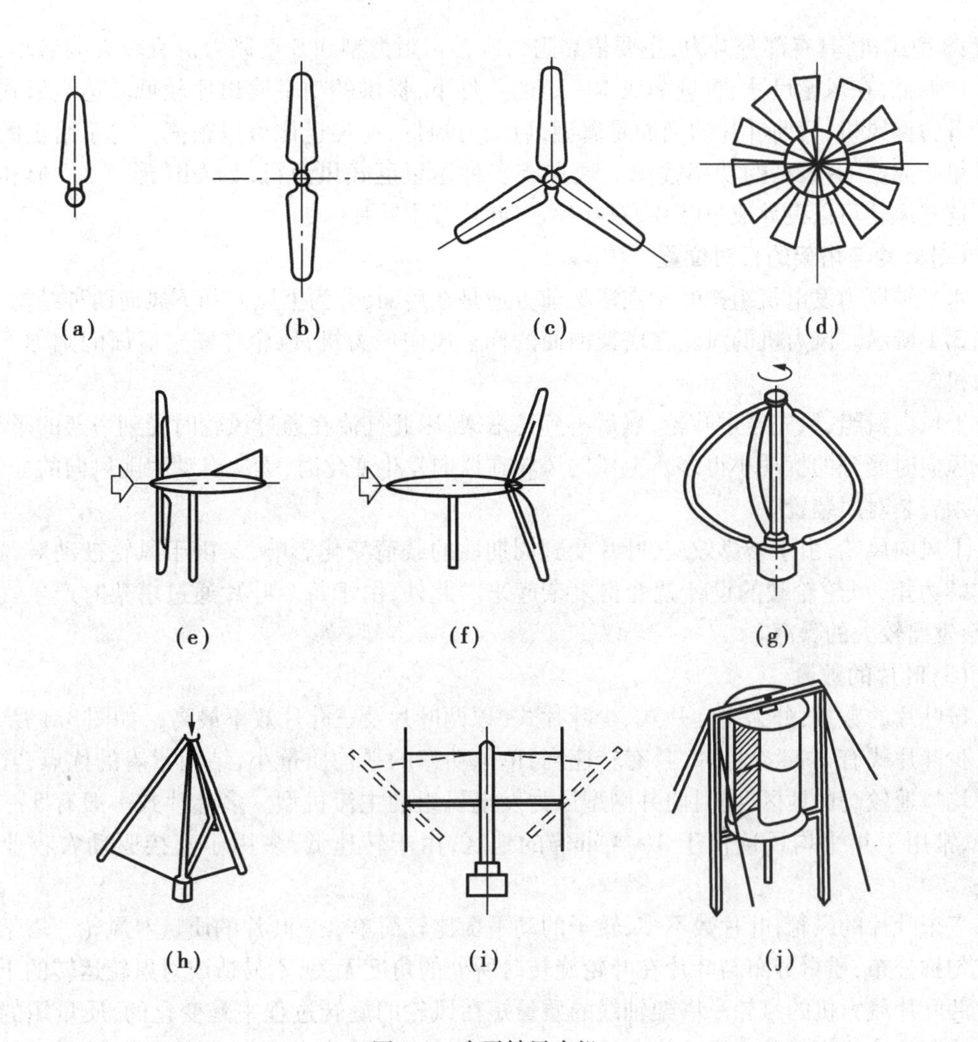


图3.1　水平轴风力机

(a)单叶片式;(b)二叶片式;(c)三叶片式;(d)多叶片式;(e)上风向型

(f)下风向型垂直轴风力机;(g)Φ型;(h)△型;(i)可变几何型;(j)S型

水平轴风力机的缺点:

①主要机械部件在高空中安装,拆卸大型部件时不方便。

②与垂直轴风力机比较,翼型设计及风轮制造较为复杂。

③需要对风装置即调向装置,而垂直轴风力机不需要对风装置。

④质量大,材料消耗多,造价较高。

2)垂直轴风力机

垂直轴风力机,风轮的旋转轴垂直于地面或气流方向,如图3.1所示。垂直轴风力机不能自行启动;可以吸收来自任意方向风的能量,在风向改变时无需对风,不需要调向机构(即对风跟踪系统),使结构设计简化;齿轮箱和发电机可以安装在地面上,维护方便;最大功率系数 $C_p$ 值较低,要在相对较低的尖速比 $\lambda$ 值下运行;大型垂直轴风力机的气弹性问题和机械震动问题较为复杂。

垂直轴风力机有阻力型的,也有升力型的。其中利用平板和杯子做成风轮的,属于纯阻力装置;S 型风机,具有部分升力,主要依靠阻力旋转。阻力型和 S 型风力机有较大的启动力矩,尖速比偏低,在风轮尺寸、重量和成本一定的条件下,提供的功率输出比较低。达里厄式风力机是升力型风机,弯曲叶片的剖面是翼型,启动力矩低,但尖速比可以很高。对于给定的风力机重量和成本,有较高的功率输出。现在有多种达里厄式风力机,如"Φ"形、"△"形和菱形等。这些风轮可以设计成单叶片、双叶片、三叶片或多叶片。

**(2)叶轮与塔架的相对位置**

水平轴风力发电机组按叶轮在塔架前方还是在后面,分为上风向和下风向两种结构形式,如图 3.1 所示。风力机的风轮在塔架前面的称上风向风力机,风轮在塔架后面的则称下风向风力机。

上风向机组,风先通过叶轮,然后再到达塔架,因此气流在通过风轮时受到塔架的影响,要比下风向时受到的扰动小得多。上风向风轮在风向发生变化时,无法自动跟随风向的变化,机组必须安装对风装置。

下风向风轮,由于塔影效应,叶片受到周期性的载荷变化影响,又由于风轮被动对风产生的陀螺力矩,风轮轮毂的设计就变得复杂起来。此外,由于每个叶片通过塔架时产生气流扰动,会发出较大的噪声。

**(3)叶片的数量**

按叶片的数量,分为多叶片式、少叶片式(以两叶片及三叶片效率最高),如图 3.1 所示。

少叶片式有 2 ~4 个叶片,具有转速高,单位功率的平均质量小,结构紧凑的优点,常用在年平均风速较高的地区,是目前并网型风力发电机组的主流机型。多叶片式一般有 5 ~24 个叶片,常用于年平均风速低于 3 ~4 m/s 的地区,由于转速低,多用于直接驱动农牧业机械设备。

三个叶片的风轮,叶片数不多,转子的动平衡比较简单。三叶片的质量对风轮—塔架轴线形成匀称分布,质量分布与叶片在叶轮旋转时所处的角度无关,不易造成对风轮运转的干扰。

两叶片风力机的风轮—塔架轴线的质量矩在风轮的旋转过程中是变化的,质量矩的变化与叶片所处的位置有关。当叶片在垂直位置时,风轮—塔架轴线的质量矩很小;当叶片转到水平位置时,质量矩相对塔架平行,而且很大,风轮会产生干扰力。

单叶片风轮的转速最高,但动态不平衡问题很突出,风轮机舱、塔架产生的震动很大。单叶片风轮必须在转子的动平衡、震动控制方面增加一笔额外费用。由于叶片上的气流相对速度很高,会产生较大的噪声。

**(4)叶片的工作原理**

按叶片的工作原理,可分为升力型风力机和阻力型风力机。

升力型风力机叶轮所受的作用力是在叶片上与相对风速垂直的升力,阻力型风力机的叶轮所受的作用力是风的作用力中与叶面垂直的分量(阻力)。对于水平轴风力机来说,叶片选用升力型设计方式,旋转速度快,阻力型叶片旋转速度慢。对于风力发电,多采用升力型水平轴风力机的设计方案。

**(5)风力发电机组的容量**

风力发电机按装机容量分类,可以分为小型、中型、大型、兆瓦级系列,小型风力发电机容量为 0.1 ~1 kW,中型风力发电机为 1 ~100 kW,大型风力发电机为 100 ~1 000 kW,兆瓦级风力发电机为 1 000 kW 以上的机型。

**(6)风力发电机组的供电方式**

按风力发电机的供电方式,可分为独立运行风力机和并网运行风力机。

独立运行就是不与电网相连,单独向家庭或村落供电,风力发电作为补充能源来利用。为了保证供电的连续性,可用蓄电池储能或者与柴油机并联运行,也称为离网型风力发电机组。并网发电是将风力发电系统并入大电网,使得电网上的用户都能享受到绿色能源。

**(7)功率调节方式**

按功率调节方式的不同,可分为定桨距失速型、变桨距型、主动失速型和独立变桨型风力发电机组。通常定速机型采用定桨距控制方式,变速机型选用变桨距、主动失速和独立变桨控制方式。

1)定桨距失速型风力机(带叶尖刹车)

定桨距失速型确切地说应该是固定桨距失速调节方式,即机组在安装时根据当地风资源情况,确定一个桨矩角度(一般 -4°~4°),按照这个角度安装叶片。风轮在运行时叶片的角度就不再改变了,如果感到发电量明显减小或经常过功率,可以人工调节叶片的安装角度。

2)变桨距型风力机

变桨距型风力机指整个叶片绕叶片中心轴旋转,使叶片攻角在一定范围内(一般0°~90°)变化,以便调节输出功率不超过设计容许值。在机组出现故障时,需要紧急停机,一般应先使叶片顺桨,这样机组结构受力小,可以保证机组运行的安全可靠性。变桨距叶片一般叶宽小,叶片轻,机头质量比失速机组小,不需要很大的刹车,启动性能好。

3)主动失速型风力机

主动失速型风力机将定桨距失速调节与变桨距调节两种设计方式相结合,充分吸取了被动失速和桨距调节的优点,桨叶设计采用失速特性,调节系统采用变桨距调节。当风力机发出的功率超过额定功率后,桨距角主动向失速方向调节,即把桨距角向负的方向调节,将功率调整在额定值附近,限制机组的最大功率输出。随着风速的不断变化,桨叶仅需要微调维持失速状态。制动刹车时,桨叶调节相当于气动刹车,很大程度上减少了机械刹车对传动系统的冲击。

4)独立变桨控制风力机

随着风力机的发展,兆瓦级风力机已经成为市场上的主流机型,国外的海上风电场已广泛采用2~5 MW的风力发电机组。目前的变桨距风力机大多采用三个桨叶统一控制的方式,即三个桨叶变换是一致的。但由于兆瓦级风力机叶片比较大,一般长几十米甚至上百米,所以扫风面上的风速并不均匀,由此会产生叶片的扭矩波动,并影响到风力机传动机构的机械应力及疲劳寿命;此外,由于叶片尺寸较大,每个叶片有十几吨甚至几十吨,叶片运行在不同位置,受力状况也是不一样的,故叶片重力对风轮力矩的影响也是不能忽略的。通过对三个叶片进行独立控制,可以大大减小风力机叶片负载的波动及转矩的波动,进而减小传动机构与齿轮箱的疲劳度,减小塔架的震动,输出功率基本恒定在额定功率附近。

**(8)发电机的转速及并网方式**

按风力机选配发电机类型、转速及并网方式的不同,可分为定速机型和变速机型。定速机型采用鼠笼式异步发电机、直接并网的机组为主流机型。变速机型根据选用的变速电机不同,具有不同的变速调节方式。目前的主流机型有:双馈感应发电机和直驱型同步发电机。

1)定速风力机

定速风力机通常采用失速控制的桨叶控制方式,使用直接与电网相连的异步感应电机。由于风能的随机性,驱动异步发电机的风力机低于额定风速运行的时间约占全年运行时间的60%~70%。为了充分利用低风速时的风能,增加发电量,广泛应用双速异步发电机,设计成4极和6极绕组。在低速运转时,双速异步发电机的效率比单速异步发电机高,滑差损耗小,当风力发电机组在低风速段运行时,不仅桨叶具有较高的气动效率,发电机效率也能保持在较高水平。

2)变速风力机

变速风力机通常配备变桨距的功率调节方式。风力机必须有一套控制系统用来调节、限制转速和功率。调速与功率调节装置的首要任务是使风力机在大风、运行发生故障和过载荷时得到保护;其次,使风电机组能在启动时顺利切入运行,并在风速有较大幅值变化和波动的情形下,使风力机运行在其最佳功率系数所对应的叶尖速比值附近,以保持较高的风能利用率;最后保证并网发电时,输出功率无波动,电能质量符合公共电网的要求。

变速恒频调节方式是目前公认的最优化调节方式,也是未来风电技术发展的主要方向。变速恒频的优点是大范围内调节运行转速,来适应因风速变化而引起的风力机功率的变化,可以最大限度吸收风能,效率较高;控制系统采取的控制手段可以较好地调节机组的有功功率、无功功率。

**(9)机械形式**

按风力发电机组的结构设计中是否包括齿轮箱,可分为有齿轮箱的风力机、无齿轮箱的风力机(直驱型)和混合驱动型风力机(也称作半直驱型风力机)。

由于叶尖速度的限制,风轮旋转速度一般都较慢。风轮直径在100 m以上时,风轮转速在15 r/min或更低;风轮直径在8 m以下的风力机,风轮转速约为200 r/min或更高。为了使发电机不太重,且极对数少,发电机转速为1 500~3 000 r/min,因此需要在风轮与发电机之间设置增速齿轮箱,把转速提高,达到发电机的转速。

无齿轮箱的风力发电机组称作直驱型风力发电机组,这种机组采用多极同步电机与叶轮直接连接进行驱动的方式,免去齿轮箱这一传统部件,具有低噪声、提高机组寿命、减小机组体积、降低运行维护成本、低风速时效率高等多种优点。与有齿轮箱的风力发电机组相比,简化了结构,降低了噪声,提高了可靠性。但是随着机组容量的增大,直驱型机组面临的主要问题是尺寸和重量增大带来的运输和吊装问题。

混合驱动型风力发电机组采用一级齿轮进行传动,齿轮箱结构简单可靠,效率高。由于增加了电机转速,电机尺寸和重量比一般直驱机组的电机尺寸和重量都要小很多,因此这种类型的机组既具有直驱机组的优势,又具有较小的尺寸和重量,逐渐成为3 MW以上的大型机组设计开发的一种趋势。半直驱的主要技术特点是传动系统紧凑,主轴轴承、单级齿轮箱和中速发电机是一个整体,外形结构尺寸和机舱重量降低。

**(10)主轴、齿轮箱和发电机的相对位置**

按主轴、齿轮箱和发电机的相对位置,可分为紧凑型和长轴布置型。

1)紧凑型

紧凑型风力机的风轮直接与齿轮箱低速轴连接,齿轮箱高速轴输出端通过弹性联轴节与发电机连接,发电机与齿轮箱外壳连接,如图3.2所示。这种结构的齿轮箱是专门设计的,由于结构紧凑,可以节省材料和相应的费用。作用在风轮和发电机上的力,都是通过齿轮箱壳体传递到主框架上的。紧凑型风力机的结构主轴与发电机轴在同一平面内,在齿轮箱损坏拆下时,需将风轮、发电机都拆下来,拆卸麻烦。

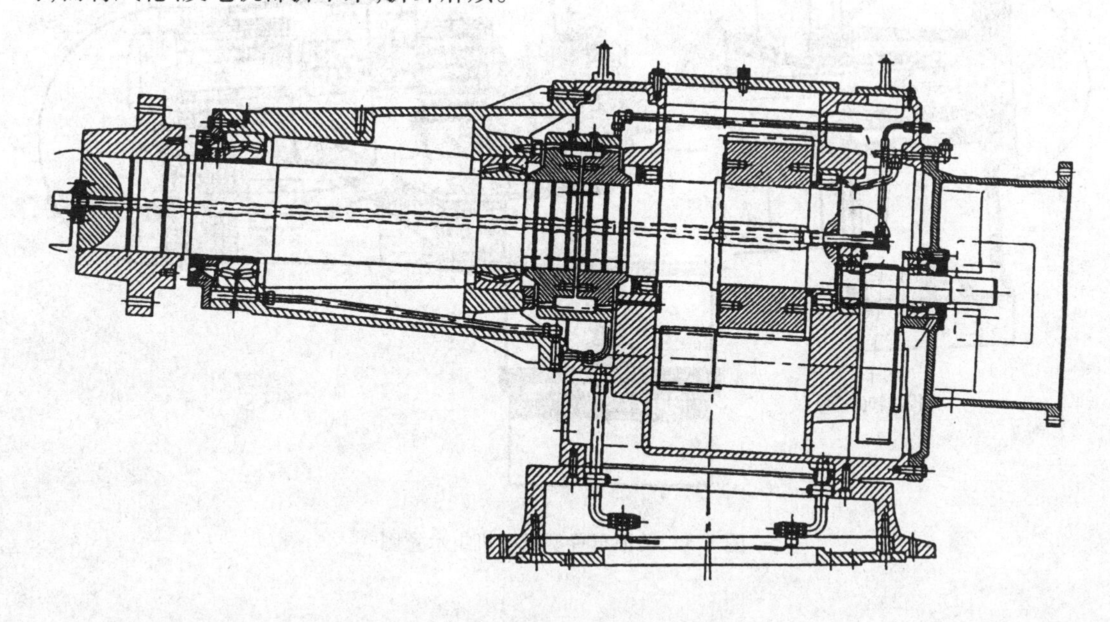

图3.2　紧凑型风力发电机示意图

2)长轴布置型

长轴布置型风力机的风轮通过固定在机舱主框架的主轴,与齿轮箱低速轴连接。长轴布置型风力机的主轴是单独的,由单独的轴承支撑。这种结构的优点是风轮没有直接作用在齿轮箱的低速轴上,齿轮箱可以采用标准结构,减少了齿轮箱低速轴受到的复杂力矩,降低了费用,减少了齿轮箱受损坏的可能性。刹车安装在高速轴上,减少了由于低速轴刹车造成的齿轮箱损害。长轴布置型风电机组示意图如图3.3所示。

**(11)塔架结构**

塔架在风力发电机组中主要起支撑作用,同时吸收机组震动。按塔架的结构和材料的不同,主要分为塔筒式风力机和桁架式风力机。

1)塔筒式风力机

国内及国外绝大多数风力发电机组采用塔筒式结构,这种结构的优点是刚性好,冬季人员登塔安全,连接部分的螺栓与桁架式塔相比要少得多,维护工作量少,便于安装和调整。

2)桁架式风力机

桁架式采用类似电力塔的结构型式。这种结构风阻小,便于运输。但组装复杂,需要每年对塔架上的螺栓进行紧固,工作量很大,而且冬季爬塔架的条件恶劣。在我国,这种结构的机型更适于南方海岛使用,特别是阵风大、风向不稳定的风场,桁架塔更能吸收机组运行中产生的扭矩和震动。

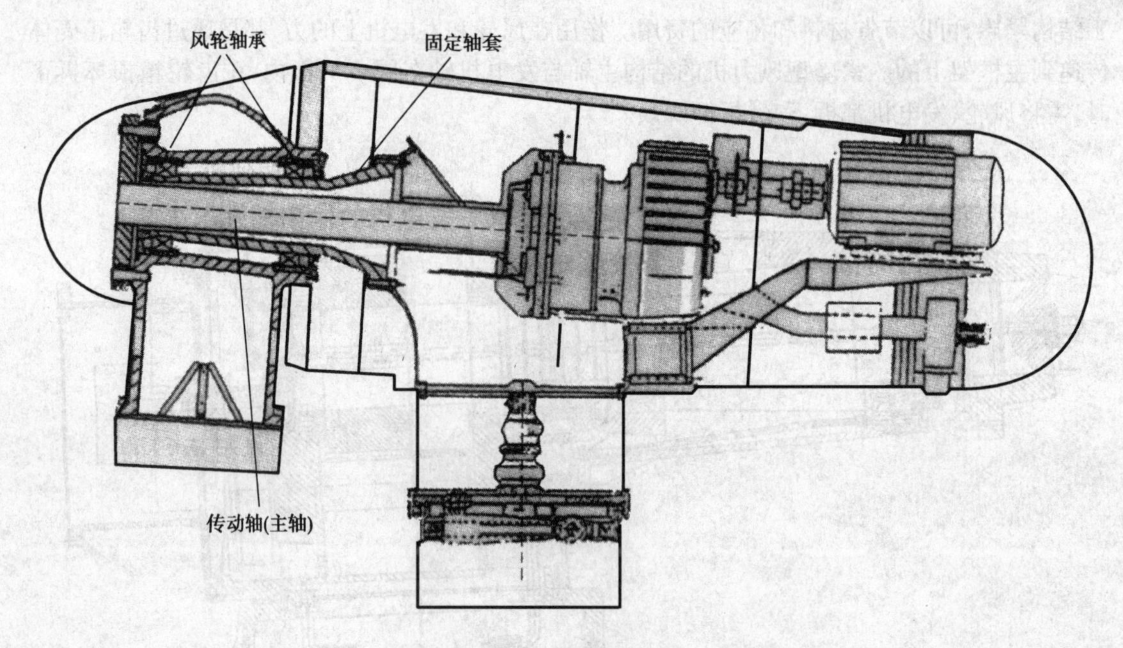


图 3.3　长轴布置型风电机组示意图

## 3.2　水平轴风力机的基本构成

风力机的主要部件是风能接收装置。一般说来,凡在气流中产生不对称力的物理构成都能成为风能接收装置,通过旋转、平移或摆动运动而发出机械功。无论何种类型的风力机,都是由风能接收装置、控制机构、传动和支承部件等组成的。近代风力机还包括发电、蓄能等配套系统。目前,水平轴、上风向、三桨叶型、用于并网发电的风力机是当今普遍应用、推广的机型,如图 3.4 和图 3.5 所示,在机械结构、功率控制和制动系统等方面具有多种选择方案。下面详细介绍典型的水平轴风力机的叶片、轮毂、机舱、齿轮箱、发电机和塔架。

### 3.2.1　叶片

叶片是风力机的关键部件。风力机正常运转时,叶片必须承受风载荷和离心力,由于叶片细长而且又重又大,受不断变化的流动空气影响,在地球应力场中运动,其所受重力弯矩的变化相当复杂,当狂风袭来,风轮迎风静止时,叶片又必须经受住最猛烈的风暴。

叶片是风力机主要构成部分,当今 95% 以上的叶片都采用玻璃钢复合材料,重量轻、耐腐蚀、抗疲劳。叶片的技术含量高,属于风力机的关键部件,大型风力机的叶片往往由专业厂家制造。

**(1) 叶片的材料**

用于制造叶片的材料必须强度高、重量轻,在恶劣气象条件下物理、化学性能稳定。实践中,叶片用铝合金、不锈钢、玻璃纤维树脂基复合材料、碳纤维树脂基复合材料、木材等制成。

木制叶片用于小型风力机,对于中型机型可使用黏结剂黏合的胶合板(图 3.6)。木制叶片必须绝对防水,为此,可在木材上涂敷玻璃纤维树脂或清漆。低速风力机的叶片多用镀锌铁板制成。

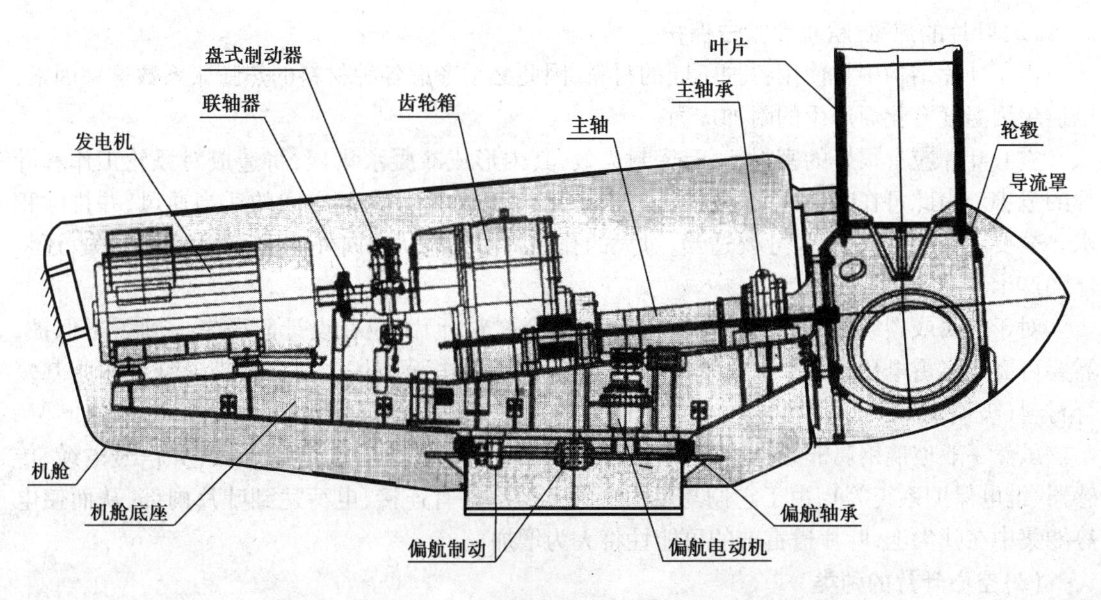


图3.4　典型的水平轴定桨距定速风力发电机组结构图

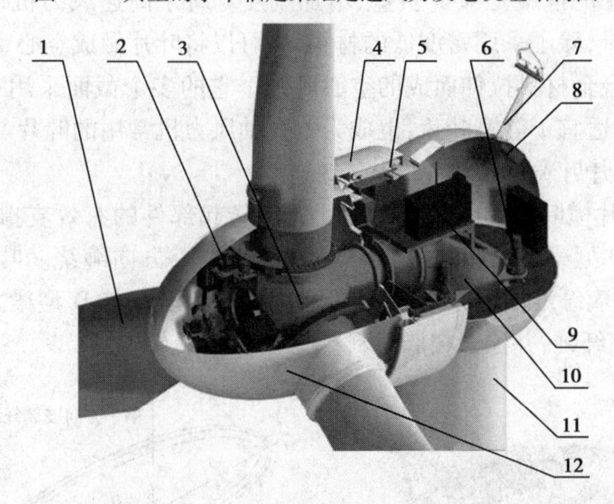


图3.5　典型的水平轴直驱式变桨变速风力发电机组的基本结构

1—叶片　2—变桨机构　3—轮毂　4—发电机转子　5—发电机定子　6—偏航驱动

7—测风系统　8—辅助提升机　9—机舱控制柜　10—机舱底座　11—塔架　12—导流罩

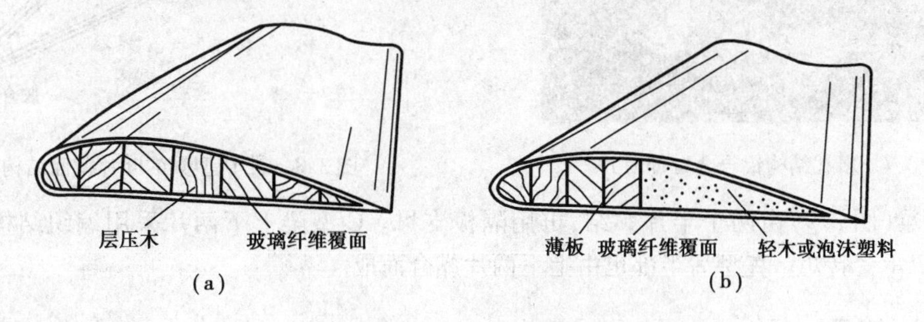


图3.6　木制叶片的构造

(a)层压木料叶片;(b)薄木板与其他材料的复合

(2)叶片的热胀、积水和雷击保护

由于叶片结构中常使用各种不同的材料,因此必须考虑各种材料的热膨胀系数这一因素,以避免因温度变化而产生的附加应力。

空心叶片应有很好的密封,一旦密封失效,其内形成冷凝水集聚,将造成对风轮工作和叶片的危害。为此可在叶尖、叶根各预开一个小孔,以建立叶片内部空间的适当通风,并排除积水。需要注意的是,小孔尺寸要适当,过大的孔径将使气流从内向外流动,产生功率损失,还将伴随产生噪声。

对于金属或碳纤维(半导体材料)树脂基复合材料叶片,应在设计阶段考虑到雷击保护,需要可靠地将雷电从轮毂上引导下来,以避免叶片因雷击而破坏。大多数玻璃纤维树脂基复合材料(玻璃钢)的叶片很少会受到雷电的影响。

虽然一般玻璃钢属非导电体,但若这种材料制成的叶片内存在电的导体(如信号电缆、传感器、继电保护系统等),由于它们与风力机的其他部件有连接,电荷达到叶片内部,从而使电势能集中在叶尖上,叶片遭雷击的可能性将大为增加。

(3)空心叶片的种类

提高叶片固有频率的措施是减少质量、增加刚度。对于高速风力机来说,这是追求的目标。为了减少叶片质量,除了采用密度低的材料,还可以将叶片做成空心、薄壁结构。

图3.7所示为铝合金材料拉伸而成的空心叶片。它的多个截面采用一个模具挤压成型,可简化制造工艺,因而适宜于等宽叶片,也成为垂直轴风力机常用的叶片。由于受压力机功率的限制,铝合金拉伸叶片叶宽最多达40 cm左右。

带D型结构的叶片横断面如图3.8所示。翼型隆起部件的有效支撑可使叶片的尾缘处无需再设置加强筋。D型梁底层用玻璃(或碳)纤维以单一方向缠绕。叶片断面的后半部由两片组成,其内表面玻璃纤维铺敷方向为45°,两片相互间以及与D型梁之间黏结后,外表面再以45°方向铺敷玻璃纤维,并涂敷树脂材料。

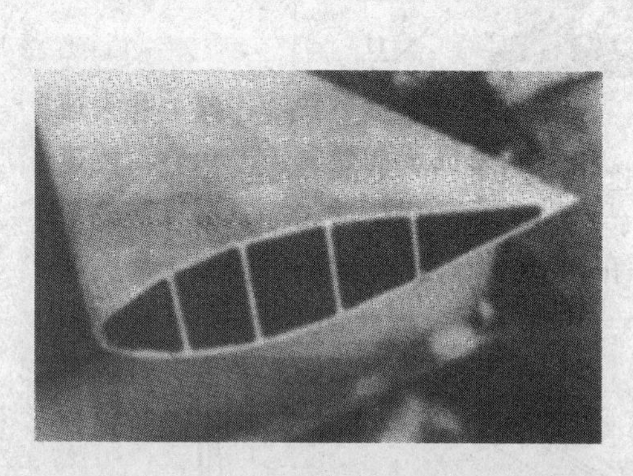

图3.7 多孔结构铝合金拉伸叶片

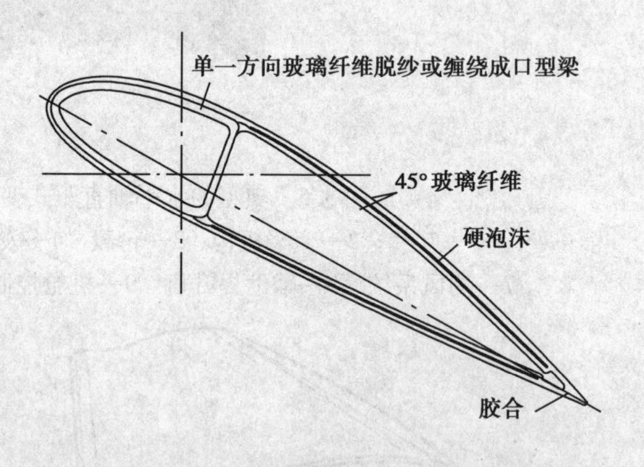


图3.8 带D型梁的叶片截面结构

C型梁(图3.9)由两个半片黏结,再用隔板支撑。C型梁上下两片采用编织结构,纤维45°交叉以承受转矩。翼型后半部也由上下两片黏合而成。

## 3.2.2 轮毂

轮毂的作用是连接叶片和低速轴,要求能承受大的、复杂的载荷,中小型风力机常采用铰链式轮毂,兆瓦级风力机多采用固定式轮毂,刚性连接。

风轮轮毂是连接叶片与风轮转轴的部件,用于传递风轮的力和力矩到后面的机构。轮毂通常由球墨铸铁制成。使用球墨铸铁的主要原因是轮毂的复杂形状要求使用浇铸工艺,以方便其成型与加工。此外,球墨铸铁有较好的抗疲劳性能。比较典型的轮毂结构有以下三种:

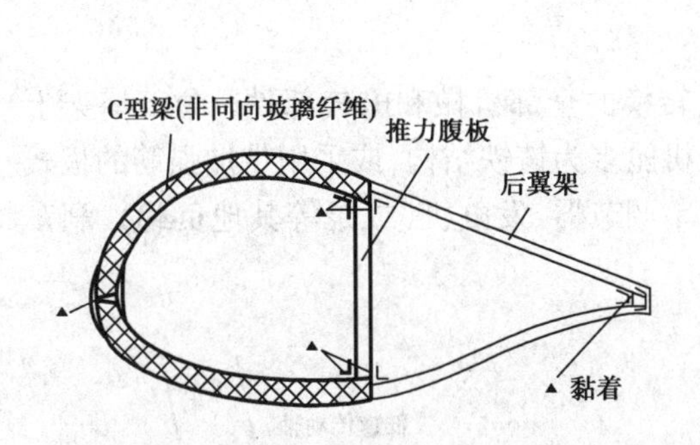


图3.9　带C型梁的叶片结构

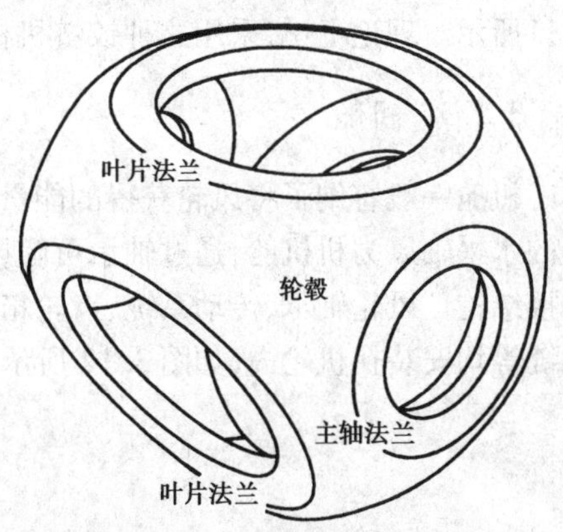


图3.10　风力机固定式轮毂

(1)固定式轮毂

三叶片风轮大多采用固定式轮毂,悬臂叶片和主轴都固定在这种无铰链部件上(图3.10)。它的主轴轴线与叶片长度方向的夹角固定不变。制造成本低、维护少,不存在铰链式轮毂中的磨损问题。但叶片上的全部力和力矩都将经轮毂传递至其后续部件。

(2)叶片之间相对固定的铰链式轮毂

如图3.11所示,铰链轴线通过叶轮的质心。这种铰链使两叶片之间固定连接,它们的轴向相对位置不变,但可绕铰链轴沿风轮俯仰方向(拍向)在设计位置作±(5°~10°)的摆动(类似跷跷板)。当来流速度在叶轮扫掠面上下有差别或阵风出现时,叶片上的载荷使得叶片离开设计位置,若位于上部的叶片向前,则下方的叶片将要向后。由于两叶片在旋转过程中驱动力矩的变化很大,因此叶轮会产生很高的噪声。

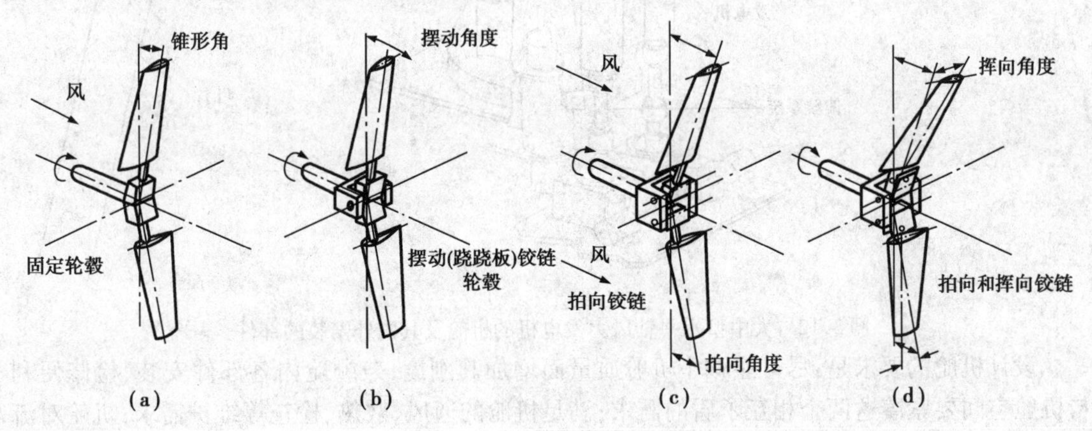


图3.11　不同形式的铰链式轮毂

叶片的悬挂角度也与风轮转速有关,转速越低,角度越大。具有这种铰链式轮毂的风轮具有阻尼器的作用。当来流速度变化时,叶片偏离原悬挂角度,其安装角也发生变化,一个叶片因安装角的变化升力下降,另一片升力提高,从而产生反抗风况变化的阻尼作用。

**(3)各叶片自由的铰链式轮毂**

每个叶片互不依赖,在外力作用下叶片可单独作调整运动。这种调整不但可做成仅具有拍向锥角改变的形式,还可做成拍向、挥向(风轮扫风面方向)角度均可以变化的形式,如图3.11所示。理论上说,采用这种铰链机构的风轮可保持恒速运行。

### 3.2.3 机舱

机舱一般容纳了将风轮获得的能量进行传递、转换的全部机械和电气部件。位于塔架上面的水平轴风力机机舱,通过轴承可随风向旋转。机舱多为铸铁结构,或采用带加强筋的板式焊接结构。风轮轴承、传动系统、齿轮箱、转速与功率调节器、发电机(或泵等其他负载)、刹车系统等均安装在机舱内,如图3.12所示。

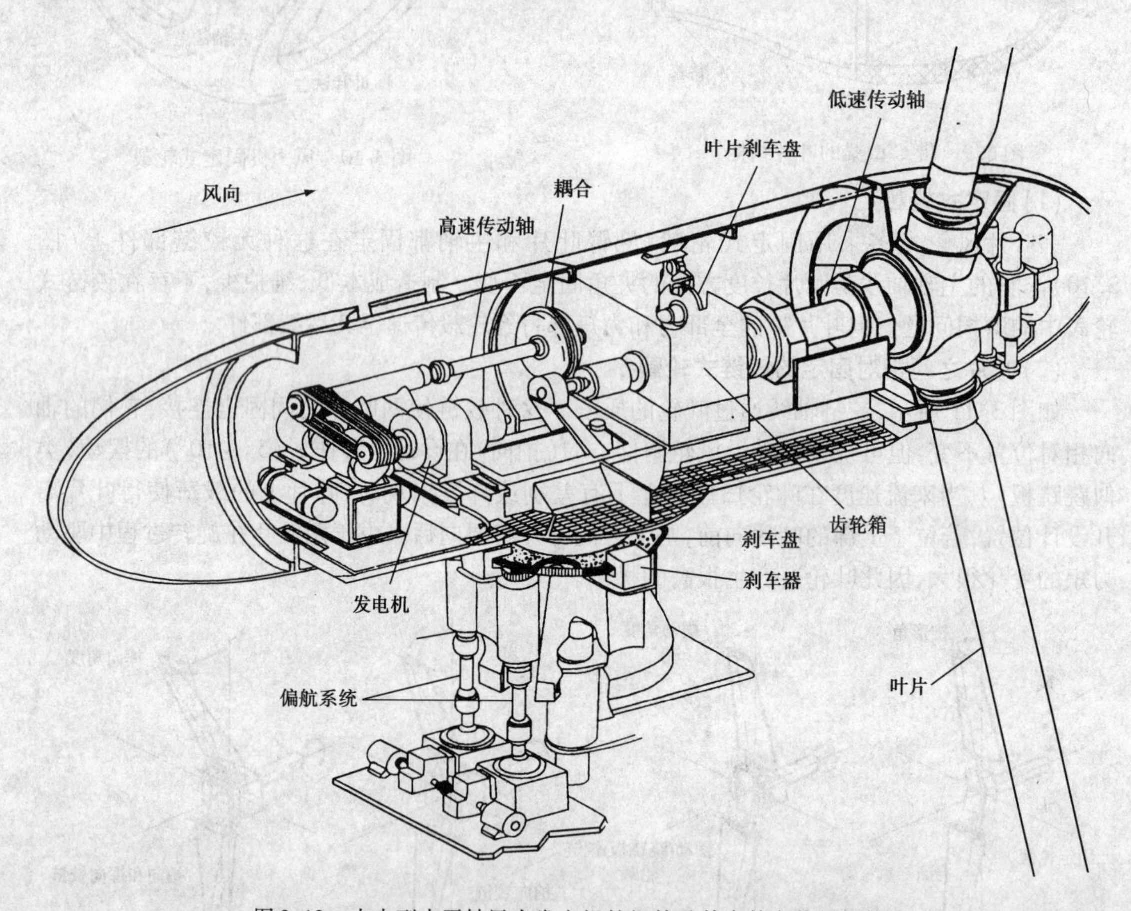


图3.12 大中型水平轴风力发电机的机舱及其内外安装的部件

设计机舱的要求是:尽可能减小机舱质量而增加其刚度;兼顾舱内各部件安装、检修便利与机舱空间要紧凑这两个相互矛盾的需求;满足机舱的通风、散热、检查等维护需求;机舱对流动空气的阻力要小,以及考虑制造成本等因素。

机舱装配时需要注意的是:从风轮到发电机各部件之间的联轴节要精确对中。由于所有的力、力矩、震动通过风轮传动装置作用在机舱结构上,反过来机舱结构的弱性变形又作为相应的耦合增载施加在主轴、轴承、机壳上。为减少这些载荷，建议使用弹性联轴节。联轴节既要承受风力机正常运行时所传递的力矩，也要承受机械刹车的刹车力矩。

### 3.2.4　齿轮箱

在有齿轮箱的风力发电机组中，齿轮箱是一个重要的机械部件。由于叶轮的转速很低，远远达不到发电机发电所要求的转速，必须通过齿轮箱齿轮副的增速作用来实现，将叶轮在风力作用下所产生的动力传递给发电机并使其得到相应的转速。故也将齿轮箱称为增速箱。

风力机的设计过程中，一般对齿轮箱、发电机都不作详细的设计，只是计算出所需的功率、工作转速及型号，向有关的厂家去选购。最好是确定为已有的定型产品，可取得最经济的效果；否则就需要自己设计或委托有关厂家设计，然后试制生产。小型风力机的简单齿轮箱可自行设计。

风力发电机组齿轮箱的种类很多，按照传统类型可分为圆柱齿轮箱、行星齿轮箱以及它们互相组合起来的齿轮箱；按照传动的级数可分为单级和多级齿轮箱；按照传动系统的布置形式又可分为展开式、分流式和同轴式以及混合式；等等。水平轴风力机常采用单级或多级定轴线直齿齿轮（图3.13）或行星齿轮增速器（图3.14）。采用直齿齿轮增速器，风轮轴相对于高速轴要平移一定距离，因而使机舱变宽。行星齿轮箱很紧凑，驱动轴与输出轴是同轴线的，因此，当叶片需要变距控制（叶片安装角变化调整）时，通过齿轮箱到轮毂，控制动作不容易实现。

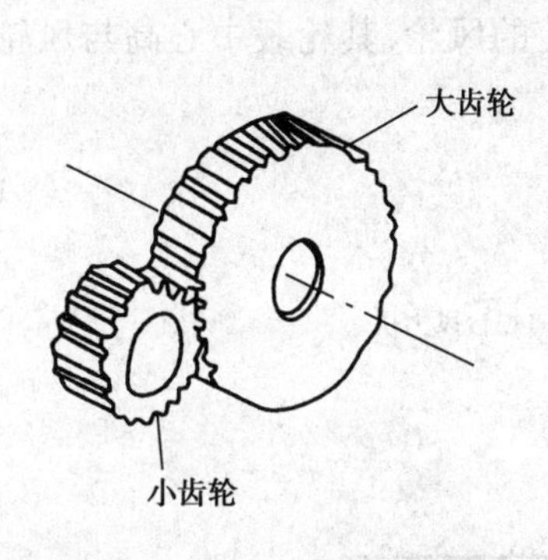


图3.13　定轴线齿轮传动

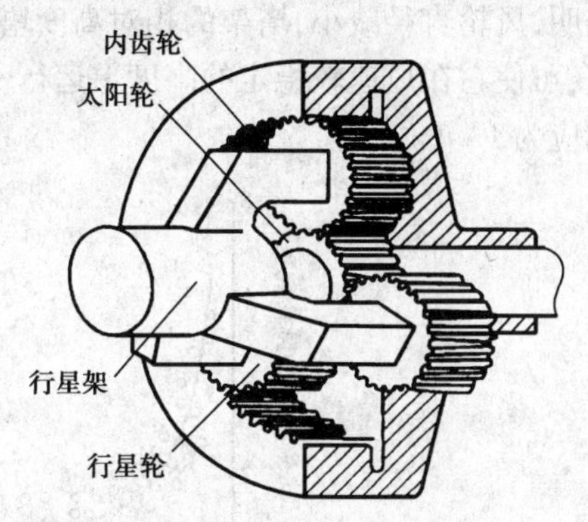


图3.14　行星齿轮传动

根据机组的总体布置要求，有时将与风轮轮毂直接相连的传动轴（俗称大轴）和齿轮箱的输入轴合为一体，其轴端的形式是法兰盘连接结构。也有将大轴与齿轮箱分别布置，其间利用胀紧套装置或联轴节连接的结构。为了增加机组的制动能力，常常在齿轮箱的输入端或输出端设置刹车装置，配合叶尖制动（定桨距风轮）或变桨距制动装置，共同对机组传动系统进行联合制动。由于机组安装在高山、荒野、海滩、海岛等风口处，受无规律的变向变载荷的风力作用以及强阵风的冲击，常年经受酷暑、严寒和极端温差的影响，加之所处自然环境交通不便，齿轮箱安装在塔顶的狭小空间内，一旦出现故障，修复非常困难，故对其可靠性和使用寿命都提出了比一般机械高得多的要求。例如：对构件材料的要求，除了满足常规状态下机械性能外，还应该具有低温状态下抗冷脆性特性；应保证齿轮箱平稳工作，防止震动和冲击；保证充分的润滑条件；等等。对冬夏温差巨大的地区，要配置合适的加热和冷却装置。还要设置监控点，对运转和润滑状态进行遥控。不同形式的风力发电机组有不一样的要求，齿轮箱的布置形式以及结构也因此而异。以水平轴风力发电机组用固定平行轴齿轮传动和行星齿轮传动为代表结构。

### 3.2.5 塔架

水平轴风力机的塔架设计应考虑塔架的静动态特性、与机舱的连接、运输和安装方法、基础设计施工等问题。塔架的寿命与其自身质量大小、结构刚度和材料的疲劳特性有关。塔架从结构上可分为桁架式和塔筒式。桁架式塔架在早期风力发电机组中大量使用,其主要优点为制造简单、成本低、运输方便,但其主要缺点为通向塔顶的上下梯子不好安排,安全性差。塔筒式塔架在当前风力发电机组中大量采用,优点是美观大方,上下塔架安全可靠。

塔架以结构材料可分为钢结构塔架和钢筋混凝土塔架。钢筋混凝土塔架在早期风力发电机组中大量被应用,后来由于风力发电机组大批量生产,被钢结构塔架所取代。近年来随着风力发电机组容量的增加,塔架的体积增大,使得塔架运输出现困难,又有以钢筋混凝土塔架取代钢结构塔架的趋势。

**(1)塔架高度**

塔架高度主要依据风轮直径确定,但还要考虑安装地点附近的障碍物情况、风力机功率收益与塔架费用提高的比值(塔架增高,风速提高,风力机功率增加,但塔架费用也相应提高)以及安装运输问题。图3.15给出由113台风力机统计得到的塔架高度与风轮直径的关系。图中表明,风轮直径减小,塔架的相对高度增加。小风力机受周围环境的影响较大,塔架相对高一些,可使它在风速较稳定的高度上运行。直径25 m以上的风轮,其轮毂中心高与风轮直径的比应为1∶1。

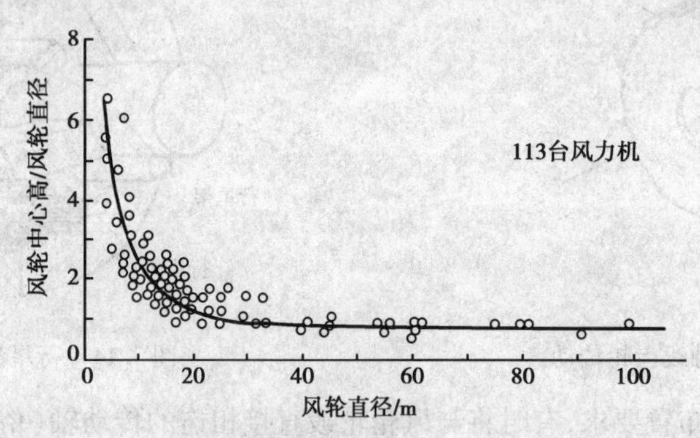


图3.15 塔架高度与风轮直径的关系

随着塔架高度的增加,风力机的安装费用会有很大的提高,对于兆瓦级风力机更是如此。吊车要把100 t的质量吊到高60 m,不仅安装困难,费用也必然会大大增加。

**(2)塔架静动态特性的影响因素**

在静动态特性的考虑因素中,桁架结构的塔架重量较轻,而塔筒式塔架则要重得多。图3.16给出几种形式塔架的材料、刚性、质量、一阶固有频率的情况。钢结构塔架虽质量大,但其基础结构简单,占地少,安装和基础费用不是很高。由于塔架承受的弯矩由上至下增加,因此塔架横截面面积自下而上逐渐减小,以减少塔架自身的质量。

风轮转动引起塔架受迫振动的模态是复杂的:由于叶轮转子残余的旋转不平衡质量产生的塔架以每秒转数 $n$ 为频率的振动;由于塔影、不对称空气来流、风剪切力、尾流等造成的频率

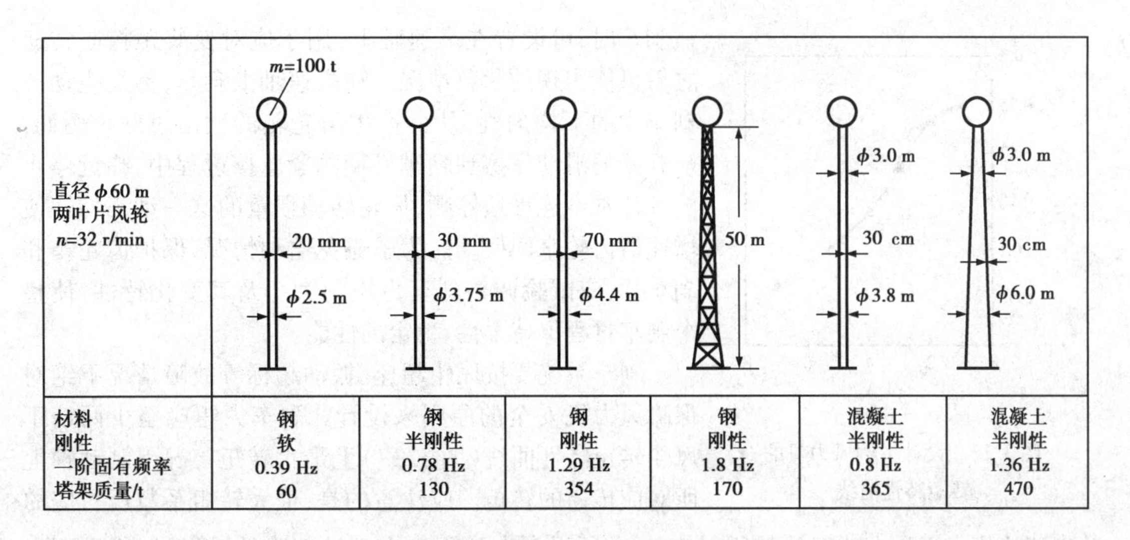


| 材料<br>刚性<br>一阶固有频率<br>塔架质量/t | 钢<br>软<br>0.39 Hz<br>60 | 钢<br>半刚性<br>0.78 Hz<br>130 | 钢<br>刚性<br>1.29 Hz<br>354 | 钢<br>刚性<br>1.8 Hz<br>170 | 混凝土<br>半刚性<br>0.8 Hz<br>365 | 混凝土<br>半刚性<br>1.36 Hz<br>470 |
|---|---|---|---|---|---|---|

图 3.16 不同的塔架自身质量和刚性的对比

为 $z_n$ 的振动（$z$ 为叶片数）。塔架的一阶固有频率与受迫振动频率 $n$、$z_n$ 值的差别必须超过这些值的 20% 以上，以避免共振，还必须注意避免高次共振。

事实上，塔顶安装的风轮、齿轮箱、发电机等集中质量已和塔架构成了一个系统，并且机头集中质量又处于塔架悬臂梁的顶端，因而对系统固有频率的影响很大。如果塔架—机头系统的固有频率大于 $z_n$，称为“刚性塔”；介于 $n$ 与 $z_n$ 之间的为“半刚性塔”；系统固有频率低于 $n$ 的是“柔塔”。塔架的刚性越大，重量和成本就越高。目前，大型风力机多采用“半刚性塔”和“柔塔”。

恒定转速的风力机由设计来保证塔架—机头系统固有频率的取值在转速激励的受迫振动频率之外。变转速风轮可在较大的转速变化范围内输出功率，但不容许在系统自振频率的共振区较长期地运行，转速应尽快穿过共振区。对于刚性塔架，在风轮发生超速现象时，转速的叶片数倍频冲击也不能与塔架产生共振。

当叶片与轮毂之间采用非刚性连接时，对塔架振动的影响可以减小。尤其在叶片与轮毂采用铰接（变锥度）或风轮叶片能在旋转平面前后 5°范围内摆动时，这样的结构设计能减轻由阵风或风的切变在风轮轴和塔架上引起的震动疲劳，但缺点是构造复杂。

### 3.2.6 刹车装置

#### (1) 机械刹车

机械刹车一般有两种类型：一种是运行刹车，在正常情况下经常性使用的刹车，如失速型风力机在切出时，要使风轮从转动的状态静止下来，就需要这样的机械刹车；另一种是紧急刹车，只是用于突发的故障，平常很少使用。机械刹车一般采用刹车片结构，它的设置点可以在齿轮箱高速轴或低速轴上作出选择。

刹车设在低速轴时，制动功能直接作用在风轮上，可靠性高，刹车力矩不会变成齿轮箱的载荷。但一定的制动功率下，低速轴刹车，刹车力矩很大；而且在风轮轴承与低速轴前端轴承合二而一的齿轮箱中，低速轴上设置刹车，在结构布置方面较为困难。

高速轴上刹车的优缺点则与低速轴上的情形相反。

失速型风力机常用机械刹车，出于可靠性考虑，刹车装在低速轴上；变桨距风力机使用机

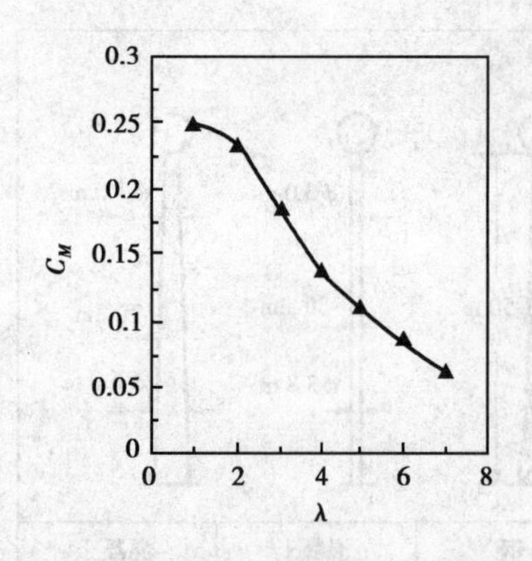


图 3.17　设计举例风力机的转矩特性曲线

械刹车时,可设置在高速轴上,用于应对变桨距控制转速之后可能出现的紧急情况。在高速轴上刹车,易发生动态刹车中的不均匀性,从而产生齿轮箱的冲击过载。例如,从开始的滑动摩擦到刹车后期的紧摩擦过程中,临近停止的叶片常不连贯地停顿,风轮转动惯量的这一动态特性使增速器齿轮来回摆动。为了避免这种情况,保护齿轮箱和刹车片,应试验调整刹车力矩的大小及其变化特性,使整个刹车过程保持柔性、稳定的性能。

刹车系统要按风轮超速、振动超标等故障情况下绝对保障风力机安全的原则来设计。刹车力矩应至少两倍于风轮转矩特性曲线(图 3.17)上最大转矩工况下制动轴上所对应传递的转矩。应注意的是,最大转矩系数所对应的叶尖速比值小于最大功率系数所对应的 λ,所以刹车过程中由于转速降低,风轮转矩反而会提高。

机械刹车的设计还应考虑到刹车片的散热、维护的方便性以及减小刹车过程中装置对临近轴承的作用力等问题。

**(2)空气动力刹车**

空气动力刹车作为机械刹车的补充,是风力机的第二个安全系统。与机械刹车相比,空气动力刹车并不能使风轮完全静止下来,只是使其转速限定在允许的范围内,在失速型风力机的设计方案中常采用空气动力刹车。空气动力刹车安装在叶片上,它通过叶片形状的改变使通过风轮的气流受阻,如叶片的叶尖部分旋转 80°~90°以产生阻力(图 3.18),或在叶片的上面或下面加装阻流板达到制动的目的(图 3.19)。

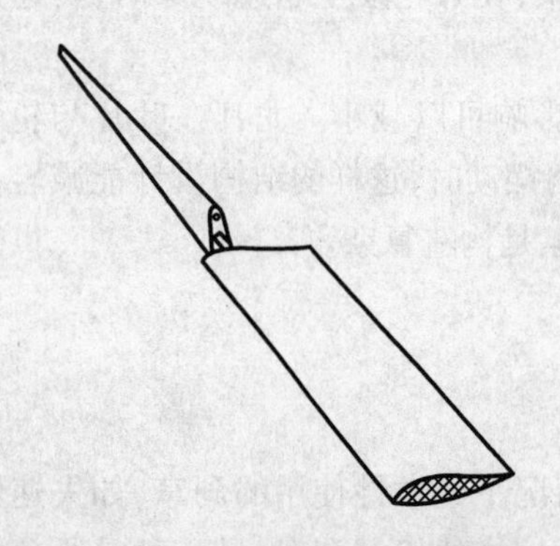

图 3.18　带有叶尖扰流器的叶片

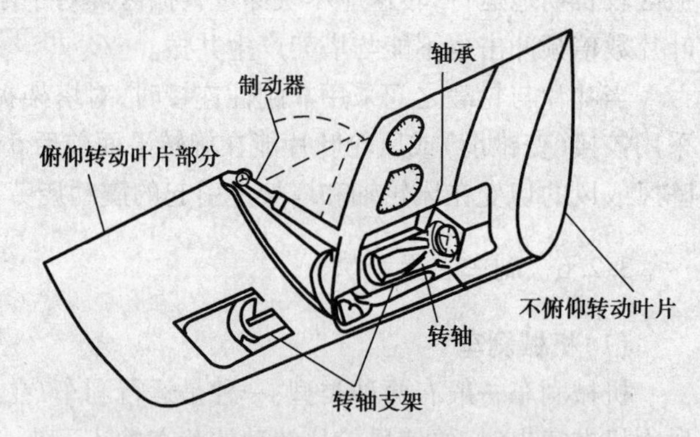


图 3.19　阻流片空气动力刹车装置(一)

图 3.18 所示,使叶尖扰流器复位的动力是风力机组中的液压系统,液压系统提供的压力油通过旋转接头进入。当风力机正常运行时,在液压系统的作用下,叶尖扰流器与桨叶主体部分精密地合为一体,组成完整的桨叶。当风力机需要脱网停机时,液压系统按控制指令将扰流器释放并使之旋转 80°~90°形成阻尼板,由于叶尖部分位于距离轴最远点,整个叶片作为一个长的杠杆,使扰流器产生的气动阻力相当高,足以使风力机在几乎没有任何磨损的情况下迅速减速,这一过程即为桨叶空气动力刹车。叶尖扰流器是风力发电机组的主要制动器,每次制

动时都是它起主要作用。

由于液压力的释放,叶尖扰流器才得以脱离叶片主体转动到制动位置,所以除了控制系统的正常指令外,液压系统故障引起油路失去压力,也将导致扰流器展开而使风轮停止运行。因此叶尖扰流器刹车也是液压系统失效时的保护装置。

阻流片空气动力刹车装置(图3.20)是在叶尖的正背两个表面各设置一个翼片与其铰接,并以弹簧与其相连。正常情况下,翼片保持在其长度方向与铰接位置处叶片叶素翼型长度方向一致的位置。当风轮因风速过大而超速时,利用翼片两头质量的差别,在旋转中受离心力的不同,从而产生克服弹簧张力的使翼片绕铰接轴的转动,翼片成为扰流器,起到制动作用。阻流片空气动力刹车装置主要运用在中小型水平轴风力机上。

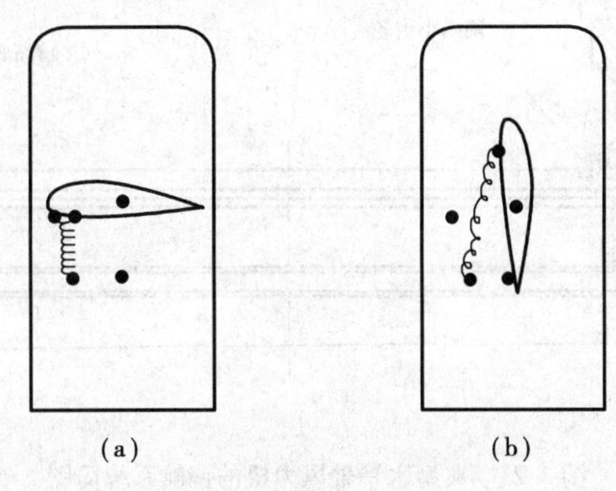


图3.20　阻流片空气动力刹车装置(二)

(a)正常位置;(b)制动位置

### 3.2.7　偏航系统

偏航系统是水平轴式风力发电机组必不可少的组成系统之一。偏航系统的主要作用有两个:其一是与风力发电机组的控制系统相互配合,使风力发电机组的风轮始终处于迎风状态,充分利用风能,提高风力发电机组的发电效率;其二是提供必要的锁紧力矩,以保障风力发电机组的安全运行。风力发电机组的偏航系统一般分为主动偏航系统和被动偏航系统。被动偏航指的是依靠风力通过相关机构完成机组风轮对风动作的偏航方式,常见的有尾舵、舵轮和下风向三种;主动偏航指的是采用电力或液压拖动来完成对风动作的偏航方式,常见的有齿轮驱动和滑动两种形式。对于上风向并网型风力发电机组来说,通常都采用主动偏航的齿轮驱动形式。

风力机的偏航系统是一个随动系统。当安装在风向标里的光敏风向传感器最终以电位信号输出风轮轴线与风向的角度关系时,控制系统经过一段时间的确认后,会控制偏航电动机将风轮调整到与风向一致的方位。

**(1)偏航系统基本组成**

偏航系统一般由偏航轴承、偏航驱动装置、偏航制动器、偏航计数器、扭缆保护装置、偏航液压回路等部分组成。偏航系统的一般组成结构,如图3.21所示。风力机的机舱安装在旋转支座上,旋转支座的内齿环与风力发电机塔架用螺栓紧固相连,而外齿环则与机舱固定。调向由与内齿环啮合的调向减速器驱动。调向齿轮啮合简单,造价较蜗轮蜗杆便宜,但其齿间间隙比蜗杆机构大,并且齿轮直径越大,在完全相同的间隙下,角度间隙就越大,造成机舱相对于塔架来回旋转时产生附加载荷，使磨损加快，特别是在单叶片或双叶片风轮上损害更为严重。一般在机舱底盘采用一个或多个盘式刹车装置，以塔架顶部法兰为刹车盘，当对风位置达到后，使偏航机构刹住。

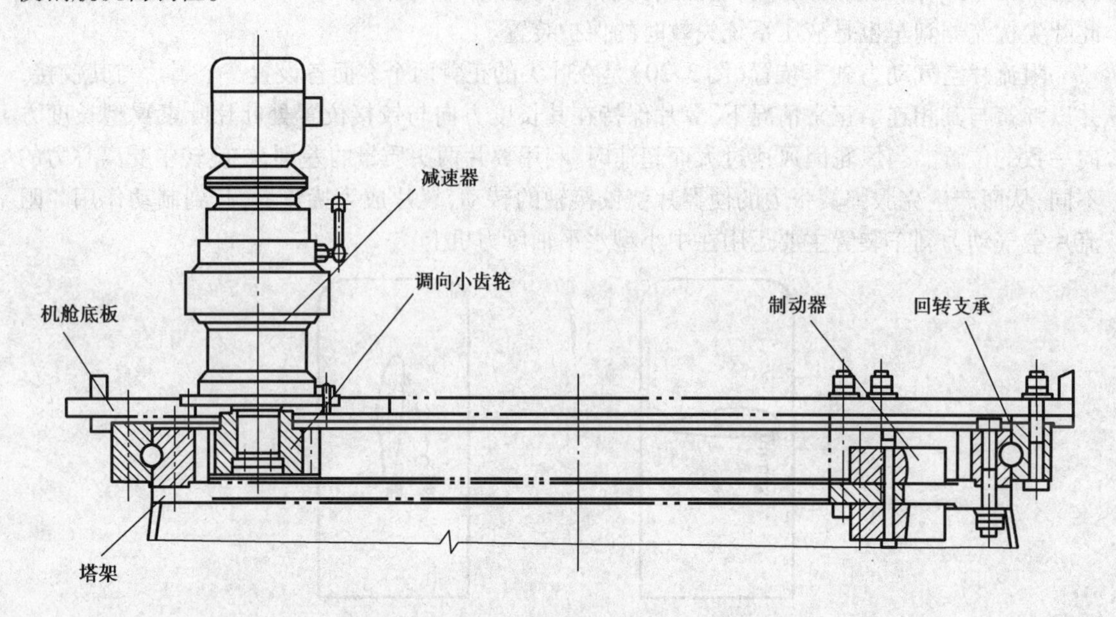


图 3.21　典型水平轴风力机的偏航系统简图

偏航计数器是记录偏航系统旋转圈数的装置，当偏航系统旋转的圈数达到设计所规定的初级解缆和终极解缆圈数时，计数器则给控制系统发信号使机组自动进行解缆。计数器一般是一个带控制开关的蜗轮蜗杆装置或是与其相类似的程序。

扭缆保护装置是偏航系统必须具有的装置，是出于失效保护的目的而安装在偏航系统中的。它的作用是在偏航系统的偏航动作失效后，电缆的扭绞达到威胁机组安全运行的程度时触发该装置，使机组进行紧急停机。一般情况下，扭缆保护装置独立于控制系统，一旦保护装置被触发，机组必须进行紧急停机。扭缆保护装置一般由控制开关和触点机构组成，控制开关一般安装于机组的塔架内壁的支架上，触点机构一般安装于机组悬垂部分的电缆上。当机组悬垂部分的电缆扭绞到一定程度后，触点机构被提升或被松开而触发控制开关。

**(2)偏航控制过程**

偏航控制过程分自动对风偏航、侧风偏航、解缆偏航和手动偏航四个部分。其中手动偏航优先级最高。

自动对风偏航是在风机系统无故障，风速持续 10 分钟达到偏航风速，电网电压和频率无异常后执行的。首先采样一分钟的风向，通过一分钟内风向在某一方位的频率来判断现在风机是正好对风，还是需要顺时针偏航或逆时针偏航。开始偏航时先执行偏航制动，释放偏航刹车，然后执行顺/逆时针偏航。风向的采样值指示处于对风状态时，执行偏航制动。

侧风偏航过程在刹车系统有故障时执行。通过分析 Bonus 150 kW、Tacke 500 kW 及其他机型风机的运行记录，特别是小风机在风速很高时(25 m/s 以上)，停机后需要执行侧风偏航过程。但这样使偏航系统的负载很大，容易出现故障，因此在设计时取消了高风速的侧风保护。当刹车系统出现闸块磨损等故障时，执行侧风偏航过程。首先根据采样的风向，判断风机是正好处于侧风状态,还是需要顺时针偏航或逆时针偏航。开始偏航时先执行偏航制动,释放偏航刹车,然后执行顺/逆时针偏航。风向的采样值指示处于侧风状态时,执行偏航制动。侧风过程在故障信号清除时结束,返回自动偏航过程。

解缆偏航过程在收到顺/逆时针偏航位置开关信号时执行,表示风力机向一个方向偏航过多。不论正在执行对风偏航还是侧风偏航,中断后立即执行偏航制动,释放偏航刹车,再执行逆/顺时针偏航。当收到中间位置开关信号时执行偏航制动,返回自动偏航过程。

手动偏航级别最高。风力机的控制柜上设有手动偏航按钮,中央监控系统设有手动偏航的功能。只要收到手动偏航信号,风力机停止正在进行的偏航过程,执行手动偏航。当手动偏航信号消失时执行偏航制动,返回自动偏航过程。

## 3.3 风力发电机组设计基础

### 3.3.1 风力机的空气动力学基础

风力发电机组主要利用气动升力的风轮吸收风能。气动升力是由飞行器的机翼产生的一种力,如图3.22所示。从图可以看出,机翼翼型运动的气流方向有所变化,在上表面形成低压区,下表面形成高压区,产生向上的合力,并垂直于气流方向,如图3.23所示。在产生升力的同时也产生阻力,风速因此有所下降。

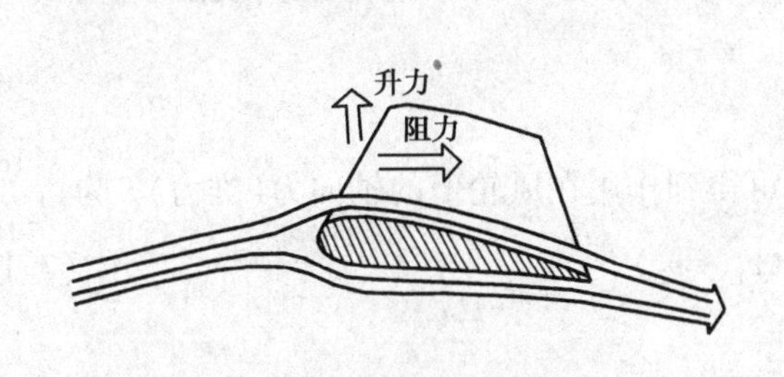


图3.22 机翼的气动升力

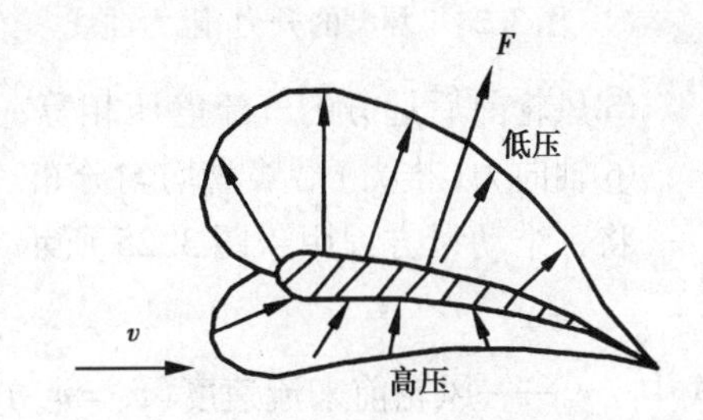


图3.23 机翼的气流变化

在此作一个升力和阻力实验。把一块板子从行驶的车中伸出,只抓住板子的一端,板子迎风边称作前缘。把前缘稍稍朝上,会感到一种向上的升力,如果前缘朝下一点,会感到一种朝下的力,在向上和向下的升力之间,有一个角度,不产生升力,称作零升力角。在零升力角时,会产生很小的阻力。阻力向后拉板子,使板子成90°,前缘向上,这时阻力已大大增加。如果车的速度很大,板子可能从手中吹走。为了说明升力和阻力是同时产生的,将板子的前缘从零升力角开始慢慢地向上转动,开始时升力增加,阻力也增加,但升力比阻力增加快得多;到某个角度之后,升力突然下降,但阻力继续增加。这时的攻角大约是20°,机翼(即现在实验的板子)已经失速。

试验中,在某些特定角度下,升力比阻力大得多,升力就是设计高速风力机的动力。翼型的高升力区、低阻力区对风力机设计是十分重要的,翼型的升力、阻力曲线如图3.24所示。

### 3.3.2 动量理论

动量理论描述作用在风轮上的力与来流速度之间的关系,研究风轮究竟能从风的动量中转换多少机械能。

**(1)风轮尾流不旋转时的动量理论**

首先研究一种理想情况,即不考虑风轮尾流的旋转,假设:

①气流是不可压缩的均匀定常流;

②风轮简化成一个桨盘;

③桨盘上没有摩擦力;

④风轮流动模型简化成一个单元流管(图3.25);

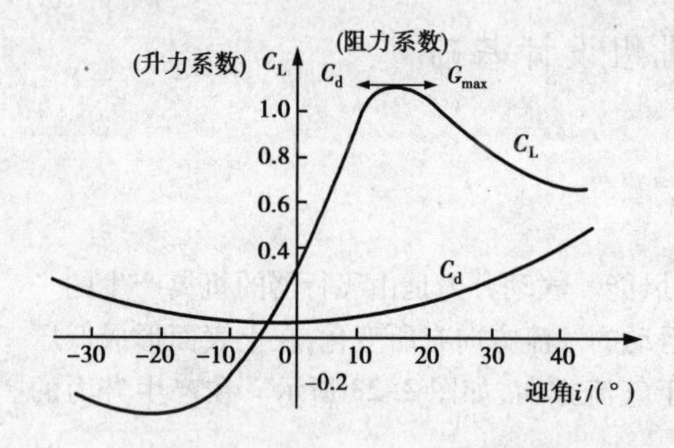


图3.24 翼型的升力、阻力曲线

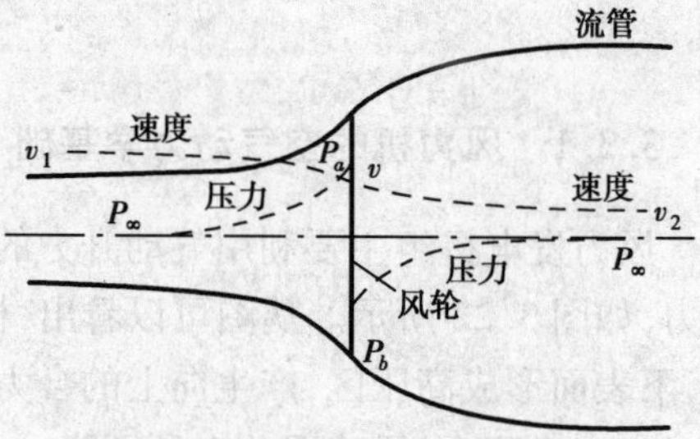

图3.25 风轮流动的单元流管模型

⑤风轮前后远方的气流静压相等;

⑥轴向力(推力)沿桨盘均匀分布。

将一维动量方程用于图3.25所示的控制可得到作用在风轮上的轴向力(推力)$T$为

$$T = \dot{m}(v_1 - v_2) \tag{3.1}$$

式中 $v_1$——风轮前来流速度($v_1 = v_\infty$);

$v_2$——风轮后尾流速度;

$\dot{m}$——单位时间流经风轮的空气质量流量,可表示为

$$\dot{m} = \rho v_t A \tag{3.2}$$

其中 $\rho$——空气密度;

$A$——风轮扫掠面积;

$v_t$——流过风轮的速度。

代入式(3.1)得

$$T = \rho A v_t (v_1 - v_2) \tag{3.3}$$

根据动量理论,作用在风轮上的轴向力 $T$ 可表示为

$$T = A(P_a - P_b) \tag{3.4}$$

式中 $P_a$——风轮前的静压;

$P_b$——风轮后的静压。

由伯努利方程可得

$$\frac{1}{2}\rho v_1^2 + P_1 = \frac{1}{2}\rho v_t^2 + P_a \tag{3.5}$$

和

$$\frac{1}{2}\rho v_2^2 + P_2 = \frac{1}{2}\rho v_t^2 + P_b \tag{3.6}$$

根据风轮前后远方的气流静压相等的假设

$$P_1 = P_2 \tag{3.7}$$

由式(3.5)、式(3.6)和式(3.7)可得

$$P_a - P_b = \frac{1}{2}\rho(v_1^2 - v_2^2) \tag{3.8}$$

代入式(3.4)可得

$$T = \frac{1}{2}\rho A(v_1^2 - v_2^2) \tag{3.9}$$

由式(3.3)和式(3.9)可得

$$v_t = \frac{v_1 + v_2}{2} \tag{3.10}$$

上式表示:流过风轮的速度是风轮前来流速度和风轮后尾流速度的平均值。

定义轴向诱导因子 $a = \frac{v_a}{v_1}$,$v_a$ 为风轮处轴向诱导速度,则

$$v_t = v_1(1 - a) \tag{3.11}$$

和

$$v_2 = v_1(1 - 2a) \tag{3.12}$$

由式(3.11)和式(3.12)可知,在风轮尾流处的轴向诱导速度是在风轮处的轴向诱导速度的两倍。轴向诱导因子 $a$ 又可表示为

$$a = \frac{1}{2} - \frac{v_2}{2v_1} \tag{3.13}$$

如果风轮吸收风的全部能量,即 $v_2 = 0$ 时,则 $a$ 有一个最大值,$a = 1/2$。但是,在实际情况下,风轮只能吸收风的一部分能量,因此,$a < 1/2$。

由式(3.9)和式(3.12)可得

$$T = \frac{1}{2}\rho A v_1^2 \cdot 4a(1 - a) \tag{3.14}$$

引入风轮轴向力(推力)系数 $C_T$

$$C_T = \frac{T}{\frac{1}{2}\rho A v_1^2} \tag{3.15}$$

将式(3.14)代入(3.15)可得

$$C_T = 4a(1 - a) \tag{3.16}$$

根据能量方程,风轮吸收的能量(风轮轴功率 $P$)等于风轮前后气流动能之差,即

$$P = \frac{1}{2}\dot{m}(v_1^2 - v_2^2) = \frac{1}{2}\rho A v_t(v_1^2 - v_2^2) \tag{3.17}$$

将式(3.11)和式(3.12)代入式(3.17)可得

$$P = 2\rho A v_1^3 a(1-a)^2 \tag{3.18}$$

当

$$\frac{dP}{da} = 2\rho A v_1^3 (1-4a+3a^2) = 0 \tag{3.19}$$

时，则 $P$ 出现极值，求解后得 $a=1$ 和 $a=1/3$，因为 $a<1/2$，所以只取 $a=1/3$。因为 $\frac{d^2P}{da^2}<0$，$P$ 取极大值，由于 $P$ 的连续性，极大值就是最大值，即

$$P_{\max} = \frac{8}{27}\rho A v_1^3 \tag{3.20}$$

定义风轮功率系数（又称风轮风能利用系数）$C_P$ 为

$$C_P = \frac{P}{\frac{1}{2}\rho A v_1^3} \tag{3.21}$$

将式（3.18）代入式（3.21）可得

$$C_P = 4a(1-a)^2 \tag{3.22}$$

因此，当 $a=1/3$ 时，风轮功率系数最大，$C_{P\max}\approx 0.593$，此值称为贝兹（Betz）极限。它表示在理想情况下，风轮最多能吸收59.3%的风的动能。

**（2）风轮尾流旋转时的动量理论**

上面研究的是一种理想情况，实际上当气流在风轮上产生转矩时，也受到了风轮的反作用力，因此，在风轮后的尾流是反方向旋转的，如图3.26所示。这时，如果在风轮处气流的角速度和风轮的角速度相比是个小量的话，那么一维动量方程仍可应用，而且风轮前后远方的气流静压仍假设相等。

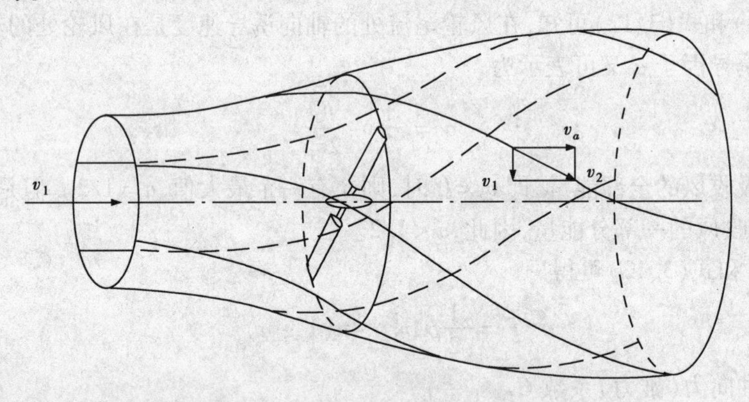


图3.26　尾流旋转时的风轮流动模型

将动量方程用于图3.26所示的控制体，作用在风轮平面 d$r$ 圆环上的轴向力（推力）可表示为

$$dT = dm(v_1 - v_2) \tag{3.23}$$

式中　d$m$——单位时间流经风轮平面 d$r$ 圆环上的空气流量，可表示为

$$dm = \rho v_t dA = 2\pi\rho v_t r dr \tag{3.24}$$

式中　d$A$——风轮平面 d$r$ 圆环的面积。

假设式（3.11）和式（3.12）仍然成立，则将式（3.11）、式（3.12）和式（3.24）代入式

(3.23),可得

$$dT = 4\pi\rho v_1^2 a(1-a)r\mathrm{d}r \tag{3.25}$$

作用在整个风轮上的轴向力(推力)可表示为

$$T = \int dT = 4\pi\rho v_1^2\int_0^R a(1-a)r\mathrm{d}r \tag{3.26}$$

式中　$R$——风轮半径。

将动量矩方程用于图3.26所示的控制体,则作用在风轮平面 d$r$ 圆环上的转矩可表示为

$$dM = dm(v_t r) = 2\pi\rho v_t \omega r^3 \mathrm{d}r \tag{3.27}$$

式中　$v_t$——风轮叶片 $r$ 处的周向诱导速度,$v_t=\omega r$;

$\omega$——风轮叶片 $r$ 处的周向诱导角速度。

定义周向诱导因子

$$b = \frac{\omega}{2\Omega} \tag{3.28}$$

式中　$\Omega$——风轮转动角速度。

将式(3.11)和式(3.28)代入式(3.27),可得

$$dM = 4\pi\rho\Omega v_1 b(1-a)r^3\mathrm{d}r \tag{3.29}$$

作用在整个风轮上的转矩可表示为

$$M = \int dM = 4\pi\rho\Omega^2 v_1\int_0^R b(1-a)r^3\mathrm{d}r \tag{3.30}$$

风轮轴功率是风轮转矩与风轮角速度的乘积,因此

$$P = \int dP = \int \Omega dM = 4\pi\rho\Omega^2 v_1\int_0^R b(1-a)r^3\mathrm{d}r \tag{3.31}$$

定义风轮叶尖速比 $\lambda=\frac{\Omega R}{v_1}$,风轮扫掠面积 $A=\pi R^2$,则式(3.31)可表示为

$$P = \frac{1}{2}\rho A v_1^3\frac{8\lambda^2}{R^4}\int_0^R b(1-a)r^3\mathrm{d}r \tag{3.32}$$

风轮功率系数可表示为

$$C_P = \frac{8\lambda^2}{R^4}\int_0^R b(1-a)r^3\mathrm{d}r \tag{3.33}$$

因此,当考虑风轮后尾流旋转时,风轮轴功率有损失,风轮功率系数要减小。

**(3)叶素理论**

叶素理论的基本出发点是将风轮叶片沿展向分成许多微段,称这些微段为叶素。假设在每个叶素上的流动相互之间没有干扰,即叶素可以看成是二维翼型,这时,将作用在每个叶素上的力和力矩沿展向积分,就可以求得作用在风轮上的力和力矩。

对每个叶素来说,其速度可以分解为垂直于风轮旋转平面的分量 $v_{x0}$ 和平行于风轮旋转平面的分量 $v_{y0}$,速度三角形和空气动力分量如图3.27所示。图中:$\phi$ 角为入流角,$\alpha$ 为迎角,$\theta$ 为叶片在叶素处的几何扭角。由动量理论可知,当考虑风轮后尾流旋转时,则

$$\left.\begin{aligned} v_{x0} &= v_1(1-a) \\ v_{y0} &= \Omega r(1+b) \end{aligned}\right\} \tag{3.34}$$

因此,叶素处的合成气流速度 $v_0$ 可表示为

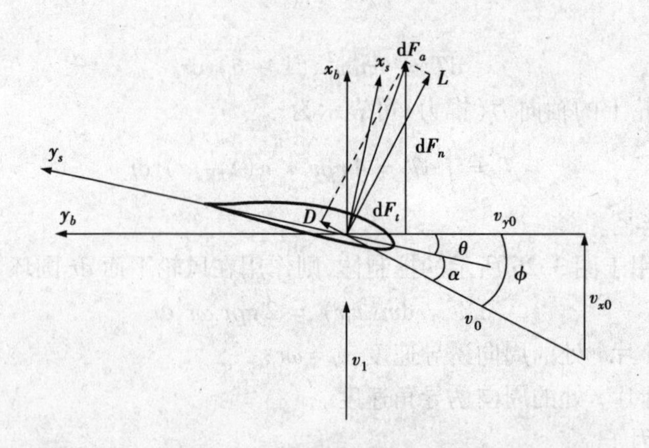


图 3.27　叶素上的气流速度三角形和空气动力分量

$$v_0 = \sqrt{v_{x0}^2 + v_{y0}^2} = \sqrt{(1-a)^2 v_1^2 + (1+b)^2 (\Omega r)^2} \tag{3.35}$$

叶素处的入流角 $\phi$ 和迎角 $\alpha$ 分别可表示为

$$\phi = \arctan \frac{(1-a)v_1}{(1+b)\Omega r} \tag{3.36}$$

$$\alpha = \phi - \theta \tag{3.37}$$

这样,求出迎角 $\alpha$ 后,就可根据翼型空气动力特性曲线得到叶素的升力系数 $C_l$ 和阻力系数 $C_d$。

合成气流速度 $v_0$ 引起的作用在长度为 $\mathrm{d}r$ 叶素上的空气动力 $\mathrm{d}F_a$ 可以分解为法向力 $\mathrm{d}F_n$ 和切向力 $\mathrm{d}F_t$,$\mathrm{d}F_n$ 和 $\mathrm{d}F_t$ 可分别表示为

$$\left.\begin{aligned} \mathrm{d}F_n &= \frac{1}{2}\rho c v_0^2 C_n \mathrm{d}r \\ \mathrm{d}F_t &= \frac{1}{2}\rho c v_0^2 C_t \mathrm{d}r \end{aligned}\right\} \tag{3.38}$$

式中　$\rho$——空气密度;

$c$——叶素剖面弦长;

$C_n, C_t$——分别表示法向力系数和切向力系数,即

$$\left.\begin{aligned} C_n &= C_l \cos\phi + C_d \sin\phi \\ C_t &= C_l \cos\phi - C_d \sin\phi \end{aligned}\right\} \tag{3.39}$$

作用在风轮平面 $\mathrm{d}r$ 圆环上的轴向力(推力)可表示为

$$\mathrm{d}T = \frac{1}{2} B \rho c v_0^2 C_n \mathrm{d}r \tag{3.40}$$

式中　$B$——叶片数。

作用在风轮平面 $\mathrm{d}r$ 圆环上的转矩为

$$\mathrm{d}M = \frac{1}{2} B \rho c v_0^2 C_t r \mathrm{d}r \tag{3.41}$$

### 3.3.3　风力机空气动力设计参数

风力机设计是一项综合性的工程设计,它包括空气动力设计、结构设计、控制系统设计等。

它们既是独立的，又是联系的。空气动力设计的内容主要是确定风轮叶片的几何外形，给出叶片弦长、几何扭角和剖面相对厚度沿展向的分布，以保证风轮有较高的功率系数。在进行风轮空气动力设计时，必须先选定下列技术参数。

**(1)桨叶几何参数**

风轮叶片的形状如图3.28所示，剖面形状如图3.29所示。叶片剖面的尖尾点$B$称为后缘，圆头点$A$为前缘。连接前后缘的直线$AB$称为翼弦。

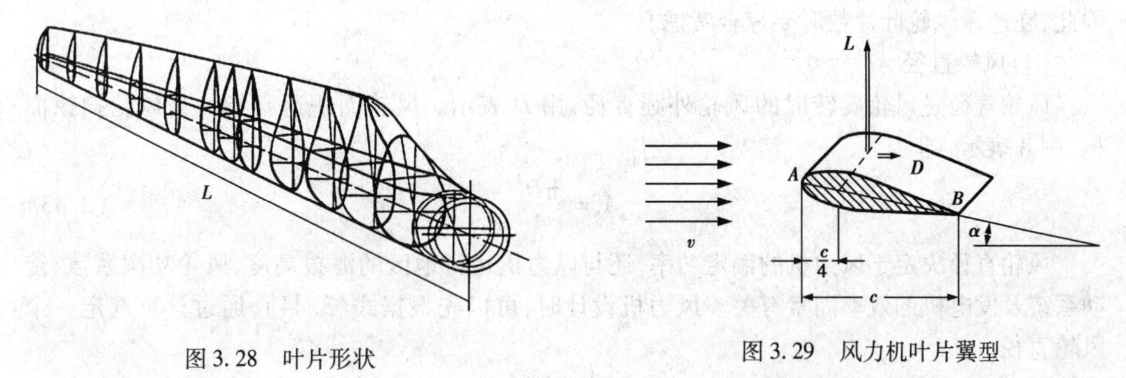


图3.28　叶片形状

图3.29　风力机叶片翼型

1)叶片长度

叶片长度是叶片展向方向上的最大长度，用$L$表示。

2)叶片弦长

叶片弦长是叶片各剖面处翼型的弦长，用$c$表示。叶片弦长沿展向变化，叶片根部剖面的翼弦称翼根弦，用$c_r$表示，叶片梢部剖面的翼弦称翼梢弦，用$c_t$表示。

3)叶片面积

叶片面积通常指的是叶片无扭角时在风轮旋转平面上的投影面积，用$A_b$表示为

$$A_b = \int_0^L c(z_b)\,\mathrm{d}z_b \tag{3.42}$$

4)叶片桨距角

叶片桨距角通常指的是叶片尖部剖面的翼弦与旋转平面之间的夹角，用$\beta$表示。

5)迎角

迎角是翼弦与来流速度矢量之间的夹角，用$\alpha$表示，也称为攻角。

6)叶片扭角

叶片扭角通常指的是叶片的几何扭角，是在叶片尖部桨距角为零的情况下，叶片各剖面的翼弦与风轮旋转平面之间的夹角。叶片扭角沿展向变化，叶片梢部的扭角比根部小。

**(2)叶片数**

选择风轮叶片数时要考虑风力机性能和载荷、风轮和传动系统的成本、风力机气动噪声及景观效果等因素。目前，水平轴风力发电机的风轮叶片一般是2片或3片，其中3片占多数。

风轮叶片数对风力机性能有影响。当风轮叶片几何外形相同时，两叶片风轮和三叶片风轮的最大功率系数基本相同，但是两叶片风轮最大功率系数对应的叶尖速比要高。

风轮叶片数对风力机载荷也有影响。当风轮直径和风轮旋转速度相同时，对刚性轮毂来说，作用在两叶片风轮的脉动载荷要大于三叶片风轮。因此，一般两叶片风轮设计时，常常采用铰链式轮毂，以降低叶片根部的挥舞弯曲力矩。另外，实际运行时，两叶片风轮的旋转速度

要大于三叶片风轮，因此，在相同风轮直径时，由于作用在风轮上的脉动载荷，风轮轴向力（推力）的周期变化要大一些。

为了控制风轮叶片空气动力噪声，通常要将风轮叶尖速度限制在 65 m/s 以下。由于两叶片风轮的旋转速度大于三叶片风轮，因此，对噪声控制不利。从景观来考虑，三叶片风轮更为大众接受一些，除了外形整体对称性原因外，还与三叶片风轮旋转速度较低有关。

两叶片风轮由于叶片减少后，风力机制造成本会有所减低，但也会带来很多不利的因素，因此，在选择风轮叶片数时要综合考虑。

**(3)风轮直径**

风轮直径是风轮旋转时的风轮外圆直径，用 $D$ 表示。风轮面积通常指的是风轮扫掠面积，用 $A$ 表示，即

$$A = \frac{\pi D^2}{4} \tag{3.43}$$

风轮直径决定于风力机的额定功率，还与风力机运行地区的海拔高度、风轮功率系数、传动系统及发电机的效率因素有关。风力机设计时，可以先根据式(3.44)，通过计算选定一个风轮直径。

$$P = \frac{1}{8}\rho v_r^3 \pi D^2 C_p \eta_1 \eta_2 \tag{3.44}$$

式中 $P$——风力机输出功率；

$\rho$——空气密度，一般取 1.225 kg/m$^3$；

$v_r$——风力机额定风速；

$D$——风轮直径；

$C_p$——风轮功率系数，一般取 0.43～0.45；

$\eta_1$——传动系统效率，一般取 0.92；

$\eta_2$——发电机效率，一般取 0.95。

另外，图 3.30 给出了大型风力发电机组风轮扫掠面积与额定功率关系的经验曲线。由图可知，每平方米风轮扫掠面积产生的额定功率为 405 W/m$^2$，可以在风力机设计时，作为确定风轮直径的一个参考。

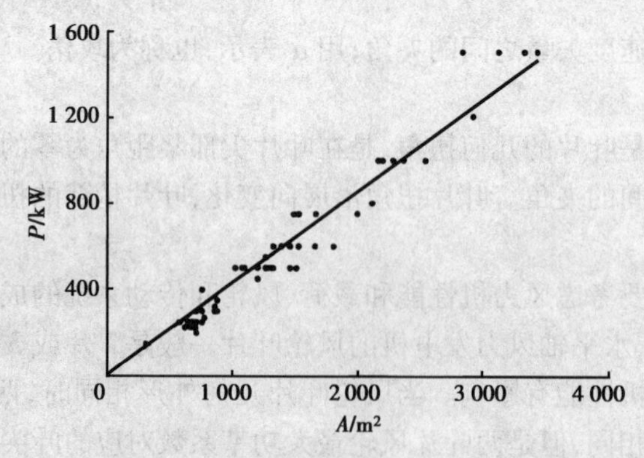


图 3.30 风轮扫掠面积与额定功率的关系曲线

目前，有一些风轮叶片制造公司，如丹麦 LM 公司，根据市场的需求，可以提供不同风力机功率等级和不同地区风况的风轮叶片的系列产品，因此，在风力机设计时也可以参考选用，以

确定风轮的直径。

(4)额定风速

风力机额定风速与风力机运行地区的年平均风速和风速分布状况直接相关。从额定功率来考虑,一般变桨距风力发电机组的额定风速与年平均风速之比为1.70左右;对定桨距风力发电机组,由于达到相同额定功率的风速要高一些,因此,其额定风速与年平均风速之比为2.0以上。

(5)叶尖速比

叶尖速比是风力机叶片设计时的重要参数,风轮叶片尖端的线速度与风速 $v$ 之比,用 $\lambda$ 表示,即

$$\lambda = \frac{v_l}{v} = \frac{2\pi Rn}{60v} \tag{3.45}$$

式中　$v_l$——叶片尖端线速度,m/s;

$v$——风速,m/s;

$n$——风轮转速, r/min;

$R$——风轮转动半径,m。

尖速比不仅影响叶片空气动力性能,而且还和风力机其他特性相关。现代风力机希望叶尖速比尽量大一些,叶尖速比大意味着风轮转速增加,这样,一方面齿轮箱的增速比可以减少,使齿轮箱的研制变得容易一些;另一方面风轮产生相同功率时的转矩要小,相应的主轴和发电机的重量可以减轻;还有随着叶片尖速比的增加,风轮实度减小,叶片材料减少,成本减低。但是,如果叶尖速比太高,则会给细长的叶片设计带来许多复杂的技术问题:首先,为了满足其强度和刚度的要求,需采用昂贵的碳纤维材料;其次,要解决复杂的气动弹性问题;另外,高的风轮叶尖速比还会带来叶片空气动力噪声问题,由水平轴风力机的风轮功率系数曲线可知,在中等叶尖速比范围内风轮达到最大功率系数。因此,从风力机能量输出的角度来考虑,也没有必要选择太高的风轮叶尖速比。

综上所述,选择高的风轮叶尖速比虽然有一定的好处,但同时也带来许多问题。因此,除了特殊需要外,一般两叶片风力发电机组的风轮叶尖速比为9~10,三叶片风力发电机组的风轮叶尖速比为6~8。

(6)风轮转速

当风力机额定功率和风轮直径确定后,增加风轮转速,可以减小风轮转矩,即减小作用在风力机传动系统上的载荷和减低齿轮箱的增速比。另外,风轮转速增加后,在额定风速相同时,叶片的弦长可以减小,使叶片挥舞力矩的脉动值减小,有利于叶片的疲劳特性和机舱塔架的结构设计。但是,当叶片弦长减小后,为了保持叶片一定的模态,叶片表面层的厚度要增加,叶片的重量也相应增加。另外,风轮转速还与风轮叶尖速比的选取及叶片空气动力噪声的要求相关。因此,在确定最佳风轮转速时,要对上述几个方面进行综合考虑。

(7)塔架高度

塔架高度是风力机设计时要考虑的一个重要参数。一方面它决定风轮轮毂处的高度,随着塔架高度的增加可以使风轮处的风速增加,提高功率输出。另一方面从安全考虑,风轮旋转时,叶片尖部要离地面一定的高度。当然,塔架高度选择时还要从经济上考虑,一般取决于风轮直径。

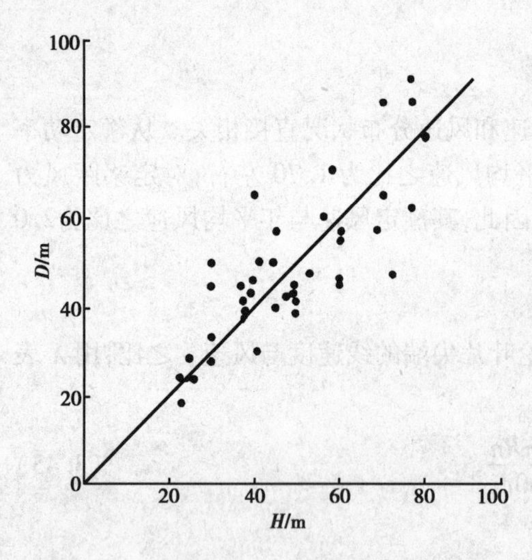


图 3.31　风轮直径与塔架高度的关系曲线

图 3.31 给出了风轮直径与塔架高度的关系曲线。由图可知，它基本是和风轮直径的尺寸相当，一般，$H/D=0.8\sim1.2$。为了满足不同风力机运行地区的需要，目前许多风力发电机可以配置不同高度的塔架。

### 3.3.4　风力机性能

风力机性能主要包括功率特性、转矩特性和轴向力（推力）特性，它们都取决于风轮叶片的空气动力特性。

**(1)风力机基本性能的计算方法**

目前，风力机性能计算时主要采用动量-叶素理论。根据叶素-动量理论先计算轴向诱导因子 $a$ 和周向诱导因子 $b$，再求得叶素上的气流速度三角形以及作用在叶素上的法向力 $dF_n$ 和切向力 $dF_t$，最后通过积分求出作用在风轮上的轴向力 $T$、转矩 $M$ 和轴功率 $P$。

作用在风轮上的轴向力（推力）$T$、风轮转矩 $M$ 和风轮轴功率 $P$ 分别为

$$T=\frac{B}{2}\int_0^R \rho v_0^2 c C_n \mathrm{d}r \tag{3.46}$$

$$M=\frac{B}{2}\int_0^R \rho v_0^2 c C_t \mathrm{d}r \tag{3.47}$$

$$P=M\Omega \tag{3.48}$$

一般风力机性能用风轮功率系数 $C_P$、风轮轴向力（推力）系数 $C_T$ 和风轮转矩系数 $C_M$ 给出。

$$C_P=\frac{P}{\frac{1}{2}\rho A v^3} \tag{3.49}$$

$$C_T=\frac{T}{\frac{1}{2}\rho A v^2} \tag{3.50}$$

$$C_M=\frac{M}{\frac{1}{2}\rho A R v^2} \tag{3.51}$$

式中　$A$——风轮扫掠面积；

$R$——风轮半径；

$v$——来流风速。

**(2)风轮功率特性**

风轮功率特性是评估风轮性能的重要指标，直接影响风力机的输出功率大小。风轮功率特性一般用风轮功率系数随叶尖速比的变化曲线（$C_P$-$\lambda$ 曲线）和风轮功率系数随风速的变化曲线（$C_P$-$v$）来表示。

风轮功率特性除了取决于风轮叶片气动外形外,还受风轮实度(叶片数)、风轮偏航角(风向角)和叶片桨距角(安装角)等因素的影响。

风轮实度是风轮叶片总面积与风轮扫掠面积的比值,用$\sigma$表示,即

$$\sigma = \frac{BA_b}{A} \tag{3.52}$$

1)风轮实度影响

图3.32给出了不同风轮实度下的风轮功率系数曲线,由图3.32可知:

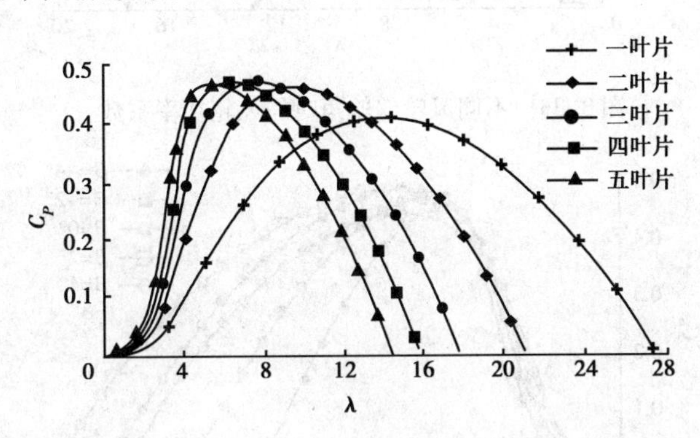


图3.32 不同风轮实度时的风轮功率系数

①风轮实度低(叶片数少)时,在一个很宽的叶尖速比范围内保持高的风轮功率系数$C_P$值,但最大功率系数$C_{P\max}$值较小。

②风轮实度高(叶片数多)时,高的风轮功率系数$C_P$值只能在一个较窄的叶尖速比范围内保持,随着实度的增加,对应风轮最大功率系数值$C_{P\max}$的叶尖速比变小;风轮实度太高时,风轮最大功率系数$C_{P\max}$值减小。

③最佳的风轮实度是两叶片或三叶片风轮。虽然两叶片风轮的最大功率系数$C_{P\max}$值要比三叶片小,但在很宽的叶尖速比范围内,两叶片风轮的功率系数$C_P$值的变化比三叶片要小,因此可能会有更高的年发电量输出。

2)风轮偏航角影响

图3.33给出了不同风轮偏航角(风向角)下的风轮功率系数曲线。由图3.33可知,有偏航角时,由于垂直于风轮的来流速度减小,风轮功率系数减小,当偏航角在±15°时,风轮功率系数约减小10%。偏航角越大,风轮功率系数减小越多,因此,一般水平轴风力机都配置调向机构,当风向有较大变化时进行调向。大型风力机组为了避免由于频繁调向时交变载荷对结构疲劳强度的影响,通常在控制系统设计时,设定当风向角改变大于15°时,调向机构才开始调向。

另外,在小型风力机上,也可以采用偏转风轮的方法来限制功率输出。偏转风轮有两种方法,一种是在垂直方向上偏转(上仰)风轮,另一种则在水平方向上偏转(偏航)风轮。

3)叶片桨距角(安装角)影响

图3.34给出了不同叶片桨距角下的风轮功率系数曲线。由图3.34可知,不同叶片桨距角时,风轮功率系数发生变化,因此,可以通过变桨距的方式来调节风力机功率输出特性。

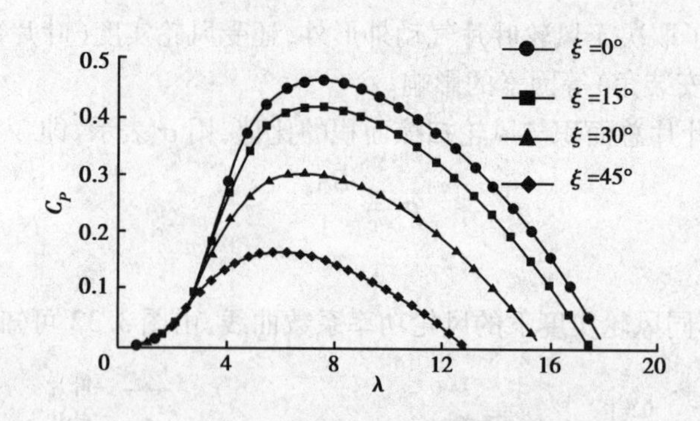


图 3.33　不同风轮偏航角时的风轮功率系数

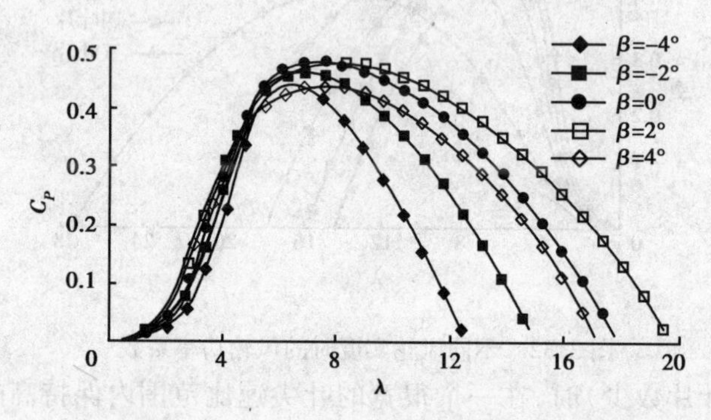


图 3.34　不同叶片桨距角时的风轮功率系数

## 3.4　水平轴风力机的工作原理

### 3.4.1　定速风力发电机组(定桨距失速型)

#### (1)失速控制原理

失速型风力发电机组通过风轮叶片失速特性来控制风力发电机组在大风时的功率输出，以及通过叶尖扰流器来实现极端情况下的安全停机问题。失速型风力发电机组的风轮叶片通过选择失速性能良好的翼型和合理的叶片扭角随展向的分布使叶片在风速大于额定风速后，在其根部开始进入失速，并随风速增加逐渐向叶尖扩展，使功率减少。

当气流流经上下翼面形状不同的叶片时，因凸面的弯曲而使气流加速，压力较低；凹面较平缓面使气流速度缓慢，压力较高，因而产生升力。桨叶的失速性能是指它在最大升力系数 $C_{l\max}$ 附近的性能。当桨叶的安装角 $\beta$(对定桨距风力机而言，桨叶的安装角就是桨距角)不变，随着风速增加，攻角增大，升力系数线性增大，在接近 $C_{l\max}$ 时，增加变缓；达到 $C_{l\max}$ 后开始减小。另一方面，阻力系数 $C_d$ 初期不断增大；在升力开始减小时，$C_d$ 继续增大，这是由于气流在叶片上的分离随攻角的增大而增大，分离区形成大的涡流，流动失去翼型效应，与未分离时相比，上下翼面压力差减小，致使阻力激增，升力减少，造成叶片失速，从而限制了功率的增加，如图 3.35 所示。

失速调节叶片的攻角沿轴向由根部向叶尖逐渐减小，因而根部叶面先进入失速，随风速增

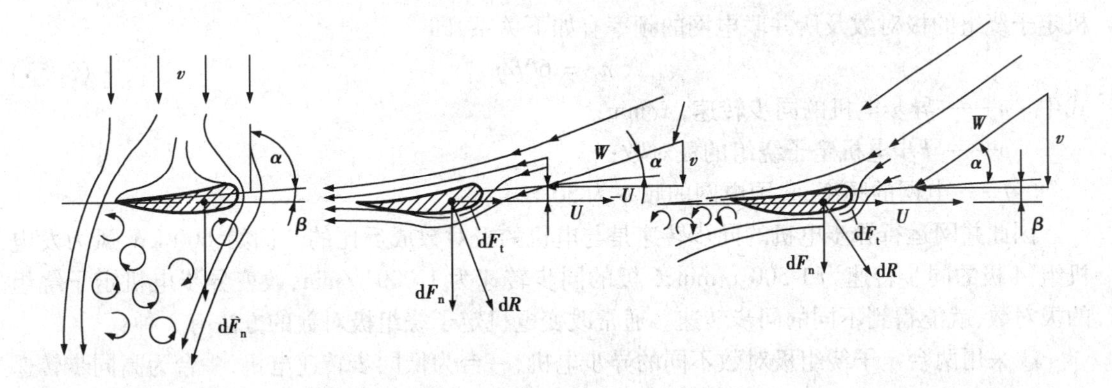


图3.35　定桨距风力机的气动特性

(a)刚启动时;(b)有效运行时(中风);(c)失速时(额定风速附近)

大,失速部分向叶尖处扩展,原先已失速的部分,失速程度加深,未失速的部分逐渐进入失速区。失速部分使功率减少,未失速部分仍有功率增加。从而使输入功率保持在额定功率附近。

定桨距风力发电机组功率特性还与风轮的转速和风轮叶片的初始安装角等有关。定桨距风力机风轮的转速和叶片安装角一般是固定不变的,因此,由风轮功率特性可知,它只在某一个叶尖速比下具有最大功率系数。一般失速型风力机设计时,其额定转速不是按在额定风速时具有最大的功率系数来设定的,而是在低于额定风速下具有最大的功率系数来设定的。即使这样,为了使风力发电机组在低风速下运行时也具有较大的功率系数,许多失速型风力机采用双速异步发电机进行切换,使用双速发电机后,可以增加风力发电机组在低风速时的功率输出,但增加的幅度随风速增大而减小。图3.36给出600 kW风力发电机组的功率曲线。

一般定桨距风力发电机组在低风速段的风能利用系数较高。随着风速升高,功率上升趋缓,当风速接近额定风速时,风能利用系数开始大幅下降。

对于定桨距风力发电机组而言,不同风轮叶片安装角具有不同的风轮功率特性,因此,定桨距风力发电机组风轮安装时,按风轮设计时选定的叶片初始安装角与轮毂进行连接。但是由于不同地区安装风力发电机组时,其实际的功率特性随空气密度变化而变化,因此,需要通过调节叶片初始安装角(桨距角)来达到额定的功率输出。

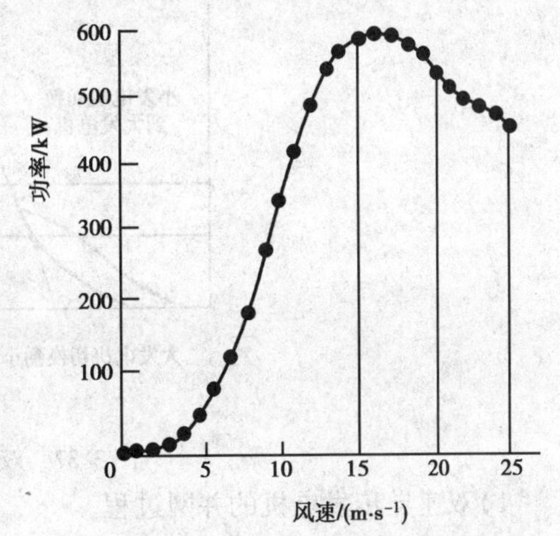


图3.36　600 kW风力发电机组的功率曲线

有的失速型风力机叶片有双失速特性,如定速风力机在额定风速以上运行,有时输出功率低于额定功率25%,其原因与叶片前缘产生的层流分离泡的破裂有关。这对风力发电机的功率控制是不利的,当改变风力机翼型头部形状或在叶片上加失速条后可以避开双失速特性。

**(2)双速异步发电机**

定桨距风力发电机组通常选配双速异步发电机。双速异步发电机指具有两种不同的同步转速(低同步转速及高同步转速)的电机,根据异步电机理论,异步电机的同步转速与异步电

机定子绕组的极对数及所并联电网的频率有如下关系，即

$$n_s = 60f/p \tag{3.53}$$

式中 $n_s$——异步电机的同步转速，r/min；

$p$——异步电机定子绕组的极对数；

$f$——电网的频率，我国电网的频率为 50 Hz。

因此并网运行异步电机的同步转速是与电机的极对数成反比的。例如，600 kW 风力发电机组，4 极的同步转速为 1 500 r/min，6 极的同步转速为 1 000 r/min，改变异步电机定子绕组的极对数，就能得到不同的同步转速。通常改变电机定子绕组极对数的方法有 3 种：

①采用两台定子绕组极对数不同的异步电机，一台为低同步转速电机，一台为高同步转速电机。

②在一台电机的定子上放置两套极对数不同的相互独立的绕组，组成双绕组的双速电机。

③在一台电机的定子上仅安置一套绕组，靠改变绕组的连接方式获得不同的极对数，即所谓的单绕组双速电机。

双速异步发电机的转子为鼠笼式的，鼠笼式转子能自动适应定子绕组极对数的变化，双速异步发电机在低速运转时的效率较单速异步发电机高，滑差损耗小；在低风速时能获得多发电的良好效果，国内外由定桨距失速叶片风力机驱动的双速异步发电机皆采用 4/6 极变极，即其同步转速为 1 500 或 1 000 r/min，低速时对应于低功率输出，高速时对应于高功率输出。因此，使用双速异步发电机可以充分利用低风速时的风能，增加全年的发电量，改善额定功率以下的功率曲线。双速发电机的功率曲线如图 3.37 所示。

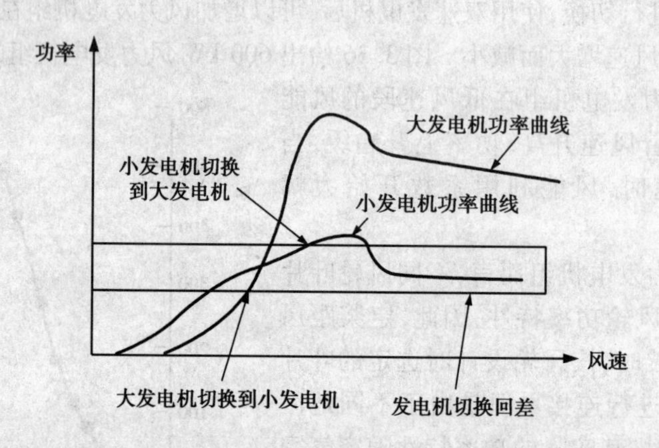


图 3.37　双速发电机的功率曲线

1）双速异步发电机的并网过程

当风速传感器测量的风速达到启动风速（一般为 3.0 ~ 4.0 m/s）以上，并连续维持达 5 ~ 10 min 时，控制系统发出启动信号，风力机开始启动，此时发电机切到小容量低速绕组（例如 6 极，1 000 r/min），根据预定的启动电流值，当转速接近同步转速时，通过晶闸管接入电网，异步发电机进入低功率发电状态。

若风速传感器测量的 1 min 平均风速远超过启动风速，例如 7.5 m/s，风力机启动后，发电机直接切到大容量高速绕组（例如 4 极，1 500 r/min），当发电机转速接近同步转速时，根据预定的启动电流值，通过晶闸管接入电网，异步发电机进入高功率发电状态。

2)晶闸管软并网

近代异步发电机并网时多采用晶闸管软并网的方法来限制并网瞬间的冲击电流,双速异步发电机与单速异步发电机一样也是通过这种方法限制启动并网时的冲击电流,同时也在低速(低功率输出)与高速(高功率输出)绕组相互切换过程中起限制瞬变电流的作用。双速异步发电机通过晶闸管软切入并网的主电路如图3.38所示,通过晶闸管并网的方法是在异步发电机定子与电网之间通过每相串入一只双向晶闸管连接起来,三相均有晶闸管控制,双向晶闸管的两端与并网自动开关 $K_2$ 并联。接入双向晶闸管的目的是将发电机并网瞬间的冲击电流控制在允许的限度内。

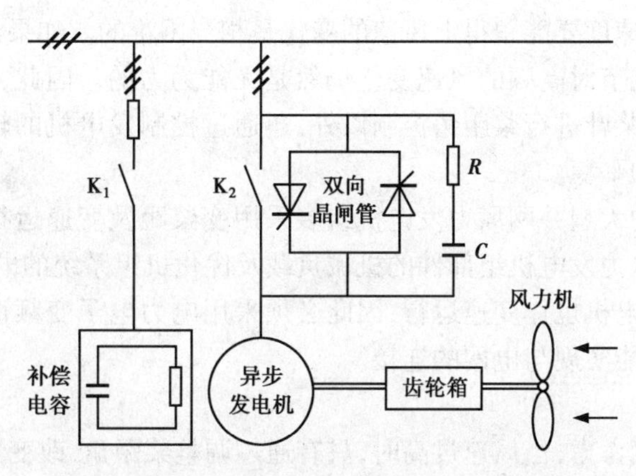


图3.38　异步发电机经晶闸管软并网原理图

并网过程如下:当风力发电机组接收到由控制系统发出的启动命令后,先检查发电机的相序与电网的相序是否一致,若相序正确,则发出松闸命令,风力发电机组开始启动。当发电机转速接近同步转速时(99%~100%同步转速),双向晶闸管的控制角由180°到0°逐渐同步打开,双向晶闸管的导通角则同时由0°到180°逐渐增大,异步发电机即通过晶闸管平稳地并入电网。随着发电机转速继续升高,电机的滑差率渐趋于零,当滑差率为零时,并网自动开关动作,动合触头闭合,双向晶闸管被短接,异步发电机的输出电流将不再经双向晶闸管,而是通过已闭合的自动开关触头流入电网。

3)双速异步发电机的运行控制

双速异步发电机的运行状态,即高功率输出或低功率输出,是通过功率控制来实现的。

①小容量电机向大容量电机的切换

当小容量发电机的输出在一定时间内(例如5 min)平均值达到某一设定值(例如小容量电机额定功率的75%左右),通过计算机控制将自动切换到大容量电机。为完成此过程,发电机暂时从电网中脱离出来,风力机转速升高,根据预先设定的启动电流值,当转速接近同步转速时通过晶闸管并入电网,所设定的电流值应根据风电场内变电所允许投入的最大电流来确定。由于小容量电机向大容量电机的切换是由低速向高速的切换,故这一过程是在电动机状态下进行的。

②大容量电机向小容量电机的切换

当双速异步发电机在高输出功率(即大容量电机)运行时,若输出功率在一定时间内(例如5 min)平均下降到小容量电机额定容量的50%以下时,通过计算机控制系统,双速异步发电机将自动由大容量电机切换到小容量电机(即低输出功率)运行,必须注意的是当大容量电机切出,小容量电机切入时,由于风速降低,作用在风力机上的扭矩减小,但因小容量电机的同步转速较大容量电机的同步转速低,异步发电机仍将处于超同步转速状态,小容量电机在切入(并网)时所限定的电流值应小于小容量电机在最大转矩下相对应的电流值,否则异步发电机会发生超速,导致超速保护动作而不能切入。

### 3.4.2 变速恒频风力发电机组(变桨距)

随着并网型风力发电机组容量的增大,大型风力发电机组的单个叶片已重达数吨,操纵大型的惯性体,并且响应速度要能跟得上风速的变化是相当困难的。如果没有其他措施,变桨距风力发电机组的功率调节对高频的风速变化仍然是无能为力的。因此,近年来设计的变桨距风力发电机组,除了对桨叶进行桨距角控制以外,还通过控制发电机的转速吸收瞬变的风能,使输出的功率曲线更加平稳。

现代兆瓦级以上的大型并网风力发电机组多采用变桨距及变速运行的工作方式,这种运行方式可以实现优化风力发电机组部件的机械负载及优化机组系统的电网质量。风力机变速运行时,与其连接的发电机也作变速运行,因此必须采用电力电子变频设备,在变速运转时发出恒频恒压的电能,才能实现与电网的连接。

**(1)桨距控制方案**

从空气动力学角度考虑,当风速过高时,只有通过调整桨距角,改变气流对叶片的攻角,从而改变风力发电机组获得的空气动力转矩,使功率输出保持稳定。同时,风力机在启动过程也需要通过变桨距来获得足够的启动转矩。因此,最初研制的风力发电机组都被设计成全桨叶变距的。但由于一开始设计人员对风力发电机组的运行工况认识不足,设计的变桨距系统的可靠性远不能满足风力发电机组正常运行的要求,变桨距风力发电机组迟迟未能进入商业化运行。当失速型桨叶的启动性能得到了改进,人们便纷纷放弃变距机构而采用定桨距风轮,在一定时期内,商品化的风力发电机组大都是定桨距失速控制的。

经过10多年的定桨距风力机的运行,设计人员对风力发电机组的运行工况和各种受力状态有了深入了解,不再满足于仅仅提高风力发电机组运行的可靠性,开始追求不断优化的输出功率曲线,同时采用变桨距技术的风力发电机组可以使桨叶和整机的受力状况大为改善。因此进入20世纪90年代以后,变桨距控制系统又重新受到了设计人员的重视。目前变桨距机型已成为市场上的主流机型。下面介绍变桨距机型通常采用的两种桨距控制方案:变桨距控制和主动失速控制。

1)变桨距控制

变桨距控制过程如图3.39所示,桨距角调节曲线和转速调节曲线如图3.40所示。变桨距风力发电机组在低风速时,桨距角可以调节到合适的角度,使风轮具有较大的启动力矩,易于启动。当功率在额定功率以下时,控制器将叶片桨距角置于0°附近,不作变化,可认为等同于定桨距风力发电机组,发电机的功率根据叶片的气动性能随风速的变化而变化。功率超过额定功率时,变桨距机构开始工作,调整叶片桨距角,将发电机的输出功率限制在额定值附近。当风力发电机组需要脱离电网时,变桨距系统可以先转动叶片使之减小功率,在发电机与电网断开之前,功率减小至0,这意味着当发电机与电网脱开时,没有转矩作用于风力发电机组。

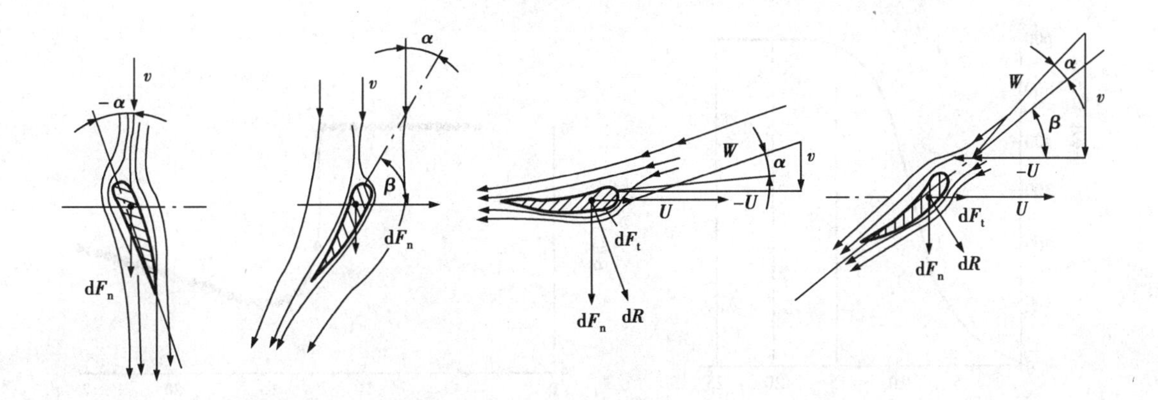


图3.39　变桨距控制过程示意图

(a)顺桨(启动前);(b)变桨到运行位置;(c)有效运行时(变速);(d)变桨控制(额定风速之后)

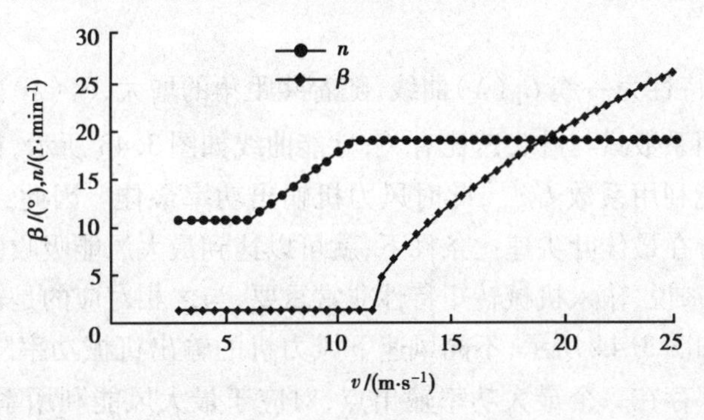


图3.40　变速变桨风电机组的桨距角调节曲线和转速调节曲线

变桨距风力发电机组的输出功率曲线如图3.41所示,由于功率调节不完全依靠叶片的气动性能,在相同的额定功率点,额定风速比定桨距风力发电机组要低。变桨距风力发电机组的桨距角根据发电机输出功率的反馈信号来控制,不受气流密度变化的影响。无论是由于温度变化还是海拔引起空气密度变化,变桨距系统都能通过调整叶片角度,使之获得额定的功率输出。

2)主动失速控制

主动失速型风力机将定桨距失速调节型与变桨距调节型两种设计方式相结合,充分吸取了被动失速和桨距调节的优点,桨叶设计采用失速特性,调节系统采用变桨距调节。在低风速时,将桨叶节距角调节到可获取最大功率的位置,桨距角调整优化机组功率的输出;当风力机发出的功率超过额定功率后,桨叶节距角主动向失速方向调节,即把桨距角向负的方向调节,如图3.42所示,将功率调整在额定值以下,限制机组的最大功率输出。随着风速的不断变化,桨叶仅需要微调维持失速状态。制动刹车时,桨叶调节相当于气动刹车,很大程度上减少了机械刹车对传动系统的冲击。

与传统的失速调节相比,主动失速设计方案可以补偿空气密度、叶片粗糙度、翼型变化对功率输出的影响,优化中低风速的出力,额定点之后维持额定功率输出,叶片可顺桨,刹车平稳,冲击小,极限载荷小。与变桨距调节相比,受阵风、湍流的影响较小,功率输出平稳,无需特殊的发电机,桨距仅需微调,磨损少,疲劳载荷小。

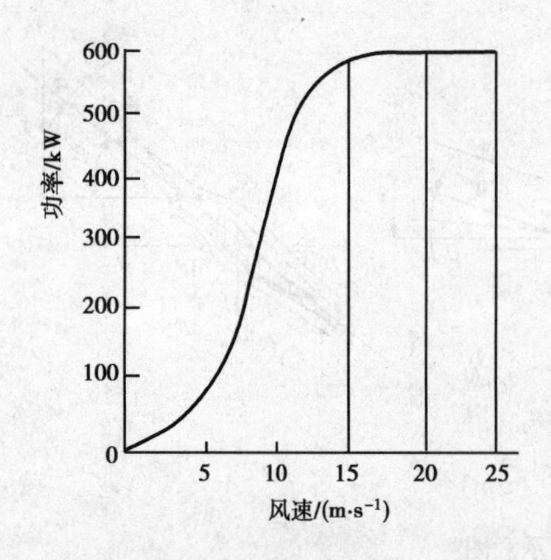


图 3.41　变桨距风电机组功率曲线

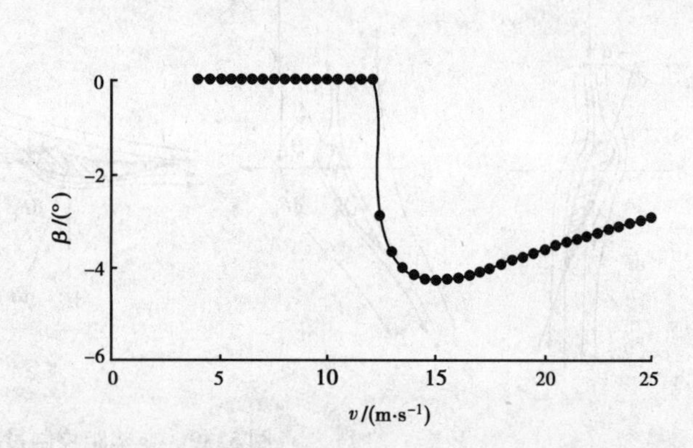


图 3.42　主动失速型风力发电机组叶片桨距角的调节曲线

(2)变速发电机

变桨距风力机的特性为一簇 $C_P(\lambda)$ 曲线,随着桨距角的增大,$C_P(\lambda)$ 曲线显著缩小。在桨距角不变时,风能利用系数只与叶尖速比有关,性能曲线如图 3.43 所示,在一定风速和桨距角时,存在一个最大风能利用系数 $C_{P\max}$,此时风力机输出功率最佳。因此,在某一风速下,调节风力机转速,使其运行在最佳叶尖速比条件下,就可以达到最大风能吸收的目的。

对于变速风力机来说,输入机械转矩特性非常重要,与之相对应的是输出功率和机械角速度之间的关系曲线,如图 3.44 所示,不同风速下风力机的输出机械功率随着风轮转速的变化而变化,每个风速下都存在一个最大功率输出点,对应于最大风能利用系数 $C_{P\max}$。要使风力机运行在这些最大功率点上,必须使风力机系统的输出功率与风力机输出机械功率匹配,即发电机的转速或电磁转矩必须与风速匹配,假如在一定风速下发电机转速或电磁转矩过大或过小,风力机就不能捕获最大功率,系统转换效率也会较低。通过控制发电机转速和转矩,可以控制发电机的输出功率。变速风力发电系统一般都使用变流器并网,通过控制直流母线电压或电流的方法来实现最大功率捕获。

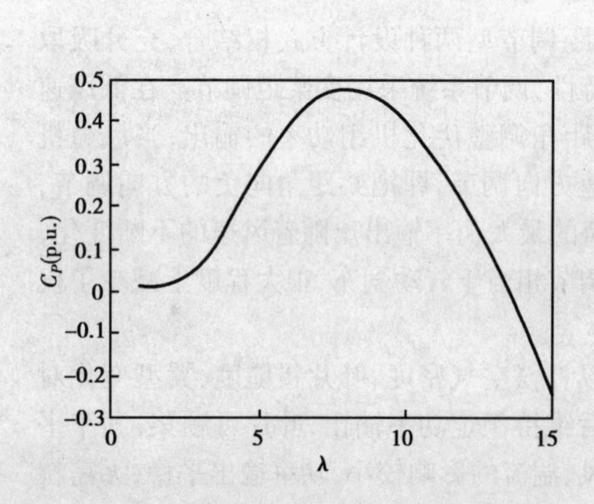


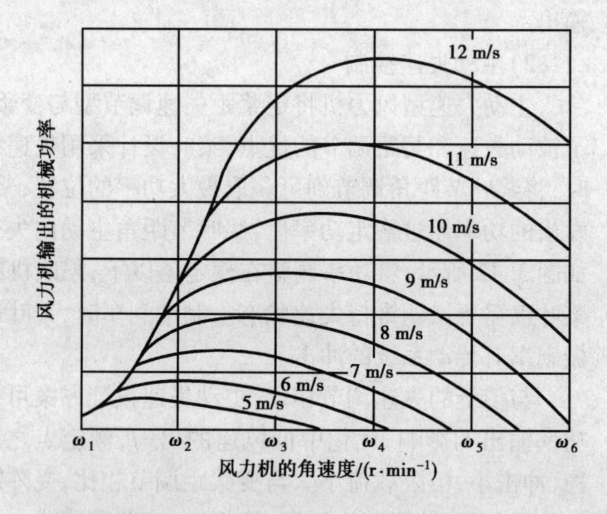


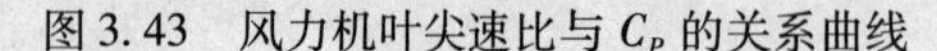
图 3.43　风力机叶尖速比与 $C_P$ 的关系曲线

图 3.44　风力机输出机械功率与角速度的关系曲线

变速发电机组的控制方法是:在启动阶段,通过调节变桨距系统控制发电机转速,将发电机转速保持在同步转速附近,寻找最佳并网时机,平稳并网;在额定风速以下时,主要调节发电机反转力矩使转速跟随风速变化,保持最佳叶尖速比以获得最大风能;在额定风速以上时,采用变速与桨叶节距角双重调节,通过变桨距系统调节限制风力机获取能量,保证发电机功率输出的稳定性,获取良好的动态特性;变速调节主要用来响应快速变化的风速,减轻桨距调节的频繁动作,提高传动系统的柔性。

1)双馈异步发电机组

双馈异步发电机由绕线转子感应发电机与在转子电路上带有整流器和直流侧连接的逆变器组成。发电机向电网输出的功率由两部分组成,即直接从定子输出的功率和通过逆变器从转子馈送的功率,如图3.45所示。风力机的转速是允许随着风速而变化的,通过对发电机的控制,风力机运行在最佳叶尖速比,从而使整个运行速度范围内均有最佳的功率系数。

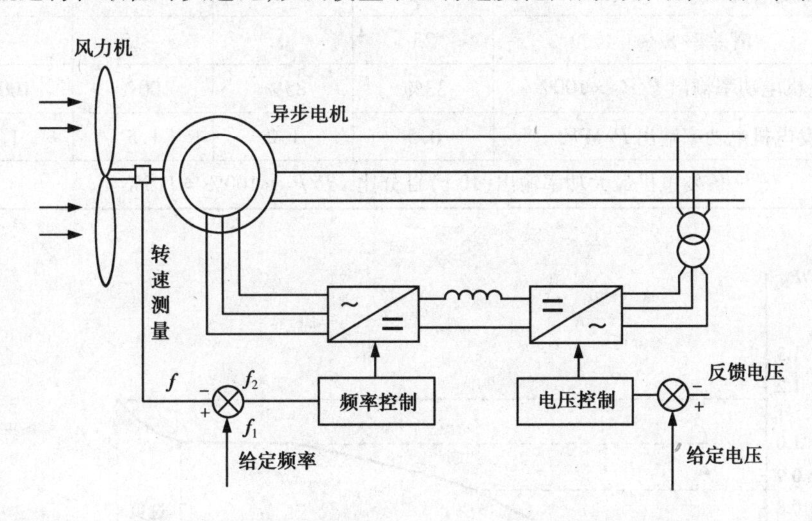


图3.45 变速风力机-双馈异步发电机系统与电网连接图

①工作原理

当风速降低时,风力机转速降低,异步发电机转子转速也降低,转子绕组电流产生的旋转磁场转速将低于异步电机的同步转速 $n_s$,定子绕组感应电动势的频率 $f$ 低于 $f_1$(50 Hz),与此同时,转速测量装置立即将转速降低的信息反馈到控制转子电流频率的电路,使转子电流的频率增高,转子旋转磁场的转速又回升到同步转速 $n_s$,这样定子绕组感应电势的频率 $f$ 又恢复到额定频率 $f_1$(50 Hz)。

同理,当风速增高时,风力机及异步电机转子转速升高,异步发电机定子绕组的感应电动势的频率将高于同步转速所对应的频率 $f_1$(50 Hz),测速装置会立即将转速和频率升高的信息反馈到控制转子电流频率的电路,使转子电流的频率降低,从而使转子旋转磁场的转速回降至同步转速 $n_s$,定子绕组的感应电动势频率重新恢复到频率 $f_1$(50 Hz)。必须注意,当超同步运行时,转子旋转磁场的转向应与转子自身的转向相反,因此当超同步运行时,转子绕组应能自动变换相序,以使转子旋转磁场的旋转方向倒向。

当异步电机转子转速达到同步转速时,此时转子电流的频率应为零,即转子电流为直流电流,这与普通同步发电机转子励磁绕组内通过直流电是相同的。实际上,在这种情况下,双馈异步发电机已经和普通同步发电机一样了。

如图3.45所示,双馈异步发电机输出端电压的控制是靠控制发电机转子电流的大小来实现的。当发电机的负载增加时,发电机输出端电压降低,此信息由电压检测获得,并反馈到控制转子电流大小的电路,也即通过控制三相半控或全控整流桥的晶闸管导通角,使导通角增大,从而使发电机转子电流增加,定子绕组的感应电动势增高,发电机输出端电压恢复到额定电压。反之,当发电机负载减小时,发电机输出端电压升高,通过电压检测后获得的反馈信息将使半控或全控整流桥的晶闸管导通角减小,从而使转子电流减小,定子绕组输出端电压降回至额定电压。

额定功率1.5 MW,4极(同步转速1 500 r/min),双馈异步发电机运行数据见表3.1及图3.46。

**表3.1　1.5 MW双馈异步发电机功率/转速数据表**

| 异步发电机转速 $n/(\mathrm{r \cdot min^{-1}})$ | 1 125 | 1 500 | 1 725 | 1 875 |
|---|---|---|---|---|
| 滑差率 $S/\%$ | 25 | 0 | -15 | -25 |
| 发电机电功率输出 $P/P_N \times 100\%$ | 33% | 85% | 100% | 100% |
| 发电机电功率输出 $P/\mathrm{MW}$ | 0.5 | 1.2 | 1.5 | 1.5 |
| 发电机最大功率输出(10 s)百分比　$P/P_N \times 100\% = 115\%$ | | | | |

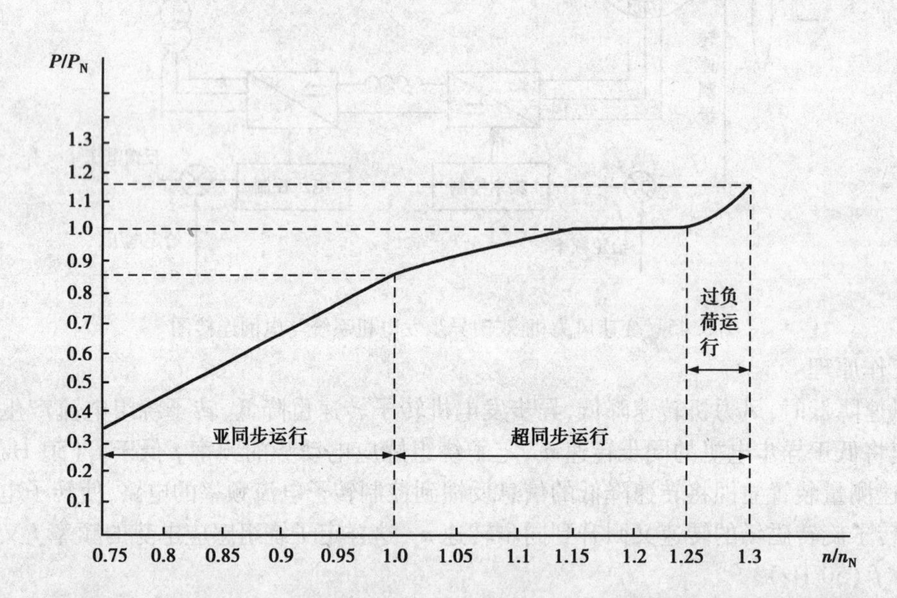


图3.46　1.5 MW双馈异步发电机连续运转时输出电功率与转速关系曲线

②系统的优越性

a. 这种变速恒频发电系统有能力控制异步发电机的滑差,在恰当的数值范围内变化,因此可以实现优化风力机叶片的桨距调节,减少风力机叶片桨距调节的次数,对桨距调节机构是有利的;

b. 可以降低风力发电机组运转时的噪声水平;

c. 可以降低机组剧烈的转矩起伏,从而减小所有部件的机械应力,为减轻部件质量或研制大型风力发电机组提供了有力的保证;

d. 由于风力机变速运行,运行速度能够在较宽的范围内被调节到风力机的最优效率值,

使风力机的 $C_P$ 值得到优化，从而获得较高的系统效率；

e. 可以实现发电机低起伏的平滑电功率输出，优化系统内的电网质量，减小发电机的温度变化；

f. 与电网连接简单，可以实现功率因数的调节；

g. 可以实现独立（不与电网连接）运行，几个相同的独立运行机组也可以实现并联运行；

h. 这种变速恒频系统内的变频器容量取决于发电机变速运行时最大滑差功率，一般电机的最大滑差率为 ±（25% ~ 35%），因此变频器的最大容量仅为发电机额定容量的1/4 ~ 1/3。

2）直驱同步发电机组

同步发电机和变频系统通过控制电磁转矩实现同步发电机的变速运行，如果考虑变频器连接在定子上，同步发电机或许比感应发电机更适用些。感应发电机会产生滞后的功率因数，且需要进行补偿，而同步发电机可以控制励磁来调节它的功率因数，使功率因数达到1。所以在相同的条件下，同步发电机的调速范围比异步发电机更宽。异步发电机要靠加大转差率才能提高转矩，而同步发电机只要加大功角就能增大转矩。因此，同步发电机比异步发电机对转矩扰动具有更强的承受能力，能作出更快的响应。

直驱型机组选配的发电机为同步发电机。同步发电机的转速和电网频率之间是刚性耦合的，如果原动力是风，变化的风速将给发电机输入变化的能量，不仅给风力机带来高负荷和冲击力，而且不能以优化方式运行。在发电机和电网之间使用变频器，使风力发电机组在不同的速度下运行，发电机内部的转矩得以控制，从而减轻了传动系统应力。通过对变频器电流的控制，还可以控制发电机的电磁转矩，从而控制风力机的转速，使之达到最佳运行状态。

对于旋转电机的功率输出可表示为

$$P = KD^2Ln \tag{3.54}$$

如果降低转速 $n$，则需增加长度 $L$ 或直径 $D$。显然增加直径更经济。这种系统中的低速交流发电机，其转子的极数大大多于普通交流同步发电机的极数，因此这种电机的转子外圆及定子内径尺寸大大增加，而其轴向长度则相对很短，呈圆环状，为了简化电机的结构，减小发电机的体积和质量，采用永磁体励磁是有利的。

带变频系统的同步发电机结构如图3.47所示。所使用的是凸极转子和笼型阻尼绕组同步发电机。变频器由一个三相二极管整流器、一个平波电抗器和一个三相晶闸管逆变器组成。由于IGBT（绝缘栅双极型晶体管）是一种结合大功率晶体管及功率场效应晶体管两者特点的复合型电力电子器件，它既具有工作速度快、驱动功率小的优点，又兼有大功率晶体管的电流能力大、压降低的优点，因此在这种系统中多采用IGBT逆变器。

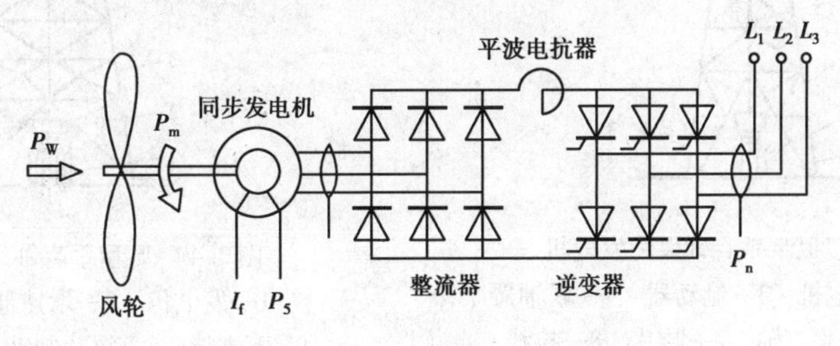


图3.47　带变频器的同步电机

直驱风力发电机组的优点有：

①由于不采用齿轮箱,机组水平轴向的长度大大减小,缩短了产生电能的机械传动路径,避免了因齿轮箱旋转而产生的损耗、噪声以及材料的磨损甚至漏油等问题,使机组的工作寿命更加有保障,也更适合于环境保护的要求。

②避免了齿轮箱部件的维修及更换,不需要齿轮箱润滑油以及对油温的监控,因而提高了投资的有效性。

③由于发电机具有大的表面,有利于散热,降低发电机运行时的温升,减小发电机温升的起伏。

## 3.5 垂直轴风力机的工作原理

### 3.5.1 垂直轴风力发电机结构

近年来,虽然垂直轴风力机也有一定的发展,但是,商业化的风力机仍然是水平轴风力机占主导地位。因此,对垂直轴风力机的研究不像水平轴风力机那样趋向成熟。垂直轴风力机可分为升力型和阻力型。升力型垂直轴风力机主要有达里厄型(Darrieus)风力机,阻力型垂直轴风力机主要有S型(Savonius)风力机,如图3.48及图3.49。达里厄风力发电机主要由叶片、垂直轴、增速器、联轴器、制动器、发电机、塔架及拉线等组成。S型风力发电机由上支撑、叶片、钢桁架、翼片制动器、下支撑、塔架、增速器、发电机等组成。

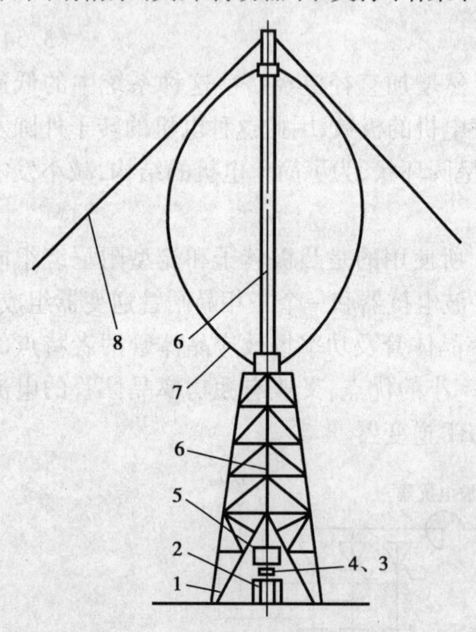


图3.48 达里厄型垂直轴风力发电机

1—塔架 2—发电机 3—制动器 4—联轴器

5—增速器 6—垂直轴 7—叶片 8—拉线

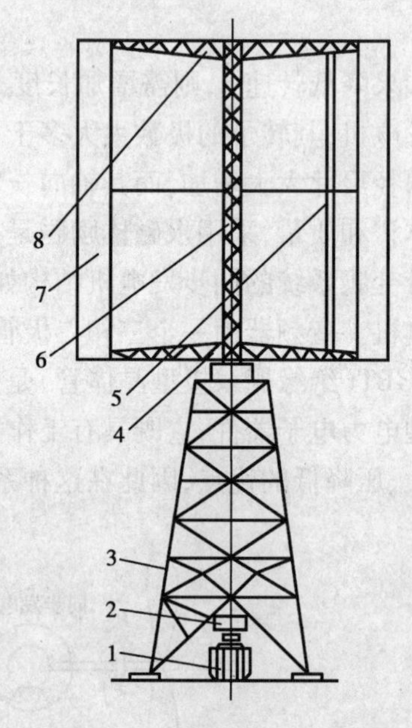


图3.49 S型垂直轴风力发电机

1—发电机 2—增速器 3—塔架

4—下支撑 5—翼片制动器 6—钢桁架

7—叶片 8—上支撑

与水平轴风力机相比，达里厄风力机的优点是：不依赖风向；垂直轴风轮在旋转时，旋转离心力在叶片上产生了纯拉力，可保持空气动力特性不变；风力机的主要部件如增速器、联轴器、制动器、发电机，安装在风轮的基础底上，易于放到地面，降低了运行维护费用。

达里厄风力机的缺点是：低风速下不能自启动；由于主要部件接近地面，受地面边界层的影响，平均风速较低，发电量比较小；风力机使用风轮拉索时，会产生震动问题，减震成本比较高；对于弯曲而成的叶片，利用叶片角度进行功率调节的可能性很小；直接并网时，叶片的数量会影响功率输出的波动。

另外，垂直轴风力发电机还存在一些难以解决的技术难题。比如达里厄垂直轴风力发电机的叶片变桨距问题，需要启动设备问题；S型垂直轴风力发电机叶片在风向不同位置变换叶片迎角的问题，而现在仅能通过叶片制动器变换叶片是否迎风，但不能随风速变换叶片迎角。S型叶片与达里厄叶片接受风能的效率都比水平轴叶片接受风能的效率低，主要原因在于叶片不能按风速来变换叶片的迎角。达里厄叶片在转动中叶片各位置距转动中心的半径不同，难以做到按不同风速变换叶片迎角和叶片弦长。这些问题还有待研究解决。

### 3.5.2　达里厄型垂直轴风力机

#### (1)基本原理

达里厄型垂直轴风力机是法国人达里厄(Darrieus G J M)在20世纪30年代初提出的，但是，一直未被重视。直到20世纪60年代后期，由加拿大NRC实验室和美国Sandia实验室进行了大量研究后才得到应用。在垂直轴风力机中，达里厄型的风轮功率系数最高，可达到0.35～0.40。

达里厄型垂直轴风力机的基本形式有直叶片和弯叶片两种。弯叶片主要是使叶片只承受纯张力，不承受离心力载荷，但其几何形状固定不变，不能采用变桨距方法来控制转速，叶片制造成本也比直叶片高。直叶片则要采用横梁或拉索支撑，以防止引起很大的弯曲应力；这些支撑将产生气动阻力，降低风轮效率。图1.5是一种弯叶片的达里厄型垂直轴风力机(又称Φ型垂直轴风力机)。

Φ型垂直轴风力机是达里厄风力机的一种主要型式。该风力机的风轮叶片呈Φ形，理论上采用Troposkien曲线。Troposkien曲线形状是一根密度与横截面均匀的完全柔软的绳索，当其两端系在一根垂直轴上的两点，以恒定角速度绕此轴旋转时所得的形状。用Troposkien曲线设计的Φ型风力机叶片，在不计气动载荷和重力时，是没有弯曲应力的。为了加工方便，实际应用时，一般采用近似的Troposkien曲线，由直线段和两个不同半径的圆弧段组成。Φ型风力机风轮由两叶片或三叶片组成，采用三叶片风轮有利于风力机的动力学特性，震动较两叶片风轮小。

达里厄型风力机的风轮旋转时，在垂直于旋转的一个剖面上，叶片处相对风速及其所产生的空气动力如图3.50所示。图中，叶片弦线与旋转圆周切线夹角$\theta$为叶片安装角；$v_a$为叶片处的当地风速；$v_t$为叶片圆周速度(切向速度)；$v_0$为叶片处的相对风速，它是$v_a$和$v_t$的合成速度；$v_0$与弦线夹角$\alpha$为入流角(迎角)。

由图3.50可知，在风轮旋转一周中，除了当叶片剖面的对称平面平行或近似平行于风向时外，叶片在各个位置处的合成速度和入流角是不同的，因此，其空气动力合力$F$也不一样。但是，所有位置上的叶片都产生使风轮向一个方向旋转的转矩。由于风轮旋转时叶片有较大

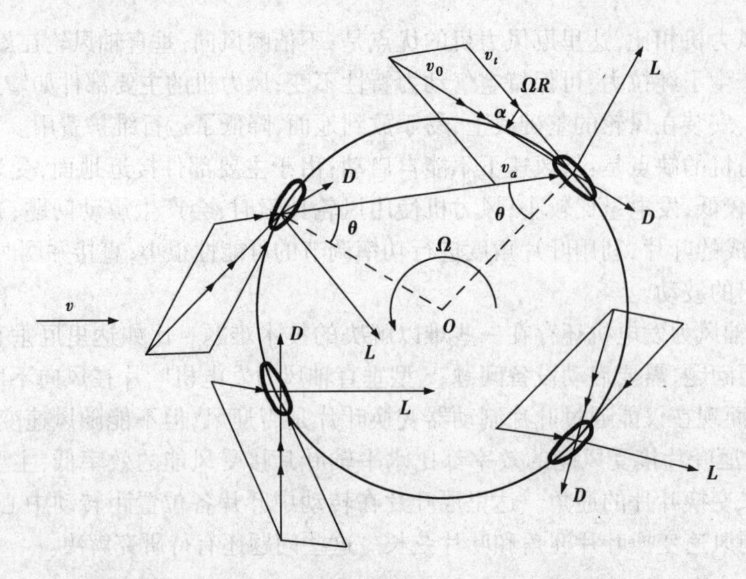


图 3.50 作用在垂直轴风力机叶片上的空气动力

的切向速度,因此叶片的入流角很小,气流一般不会分离。但是,在一周转动中叶片入流角在不断地变化,所以,每个叶片所引起的转矩是波动的。图 3.51 是一种直叶片的达里厄型垂直轴风力机在不同叶片展弦比 $A$ 时的转矩曲线。

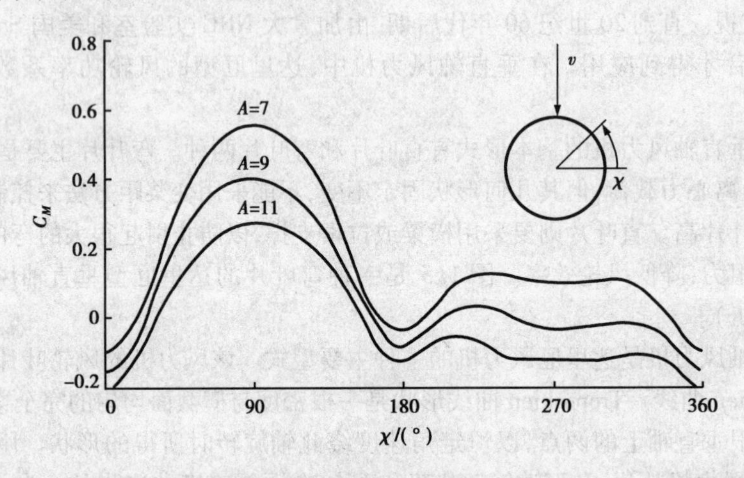


图 3.51 垂直轴风力机的转矩

当风轮静止时,相对风速与叶片处的当地风速一致,叶片入流角很大,在有的位置处,入流角大于失速迎角,使启动转矩非常低,有时转矩可能还是负的。这就是为什么达里厄风力机不能自行启动,而必须附加外部启动装置的原因。

**(2)基本理论**

为了分析达里厄风力机的空气动力特性,必须建立垂直轴风力机风轮的空气动力模型。对达里厄风力机来说有流管模型、刚性尾涡模型和自由尾涡模型等,这里主要介绍流管模型。

流管模型建立在动量-叶素理论的基础上,其本质是作用在风轮叶片每个叶素上的时间平均力等于通过一个位置和尺寸固定的流管的平均动量流量。分析时,忽略叶素之间的相互干扰和前后叶片之间的干扰。用流管模型可以很好地预测达里厄风力机的转轴和轴向力(推力）特性。已发展的流管模型有单流管模型、双流管模型和多流管模型。

多流管模型是在单流管模型的基础上发展起来的较完善的模型，假设有一族流管通过风轮，每个流管仍可采用单流管的基本原理。由多流管模型得到的流过风轮时的速度分布不再是均匀的，而是垂直于来流方向的两个空间坐标函数。

图3.52给出了达里厄型垂直轴风力机风轮多流管模型中的一个流管模型，当流管通过风轮时，流管扩张。

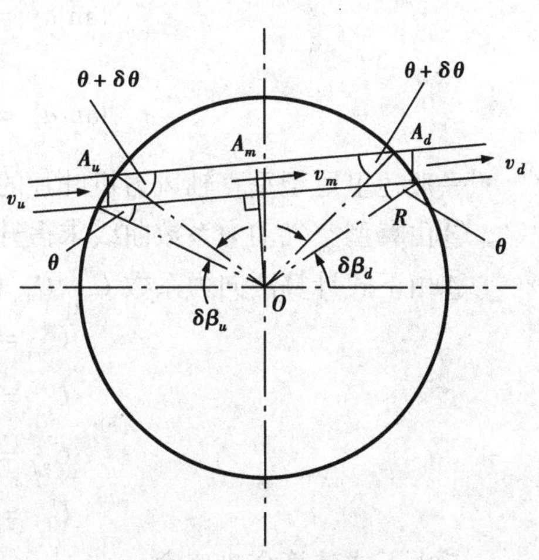

图3.52　多流管模型

若来流风速为 $v$，通过风轮上游叶片和下游叶片时的风速分别为 $v_u$ 和 $v_d$，通过上游叶片和下游叶片后的风速分别为 $v_a$ 和 $v_w$，则

$$v_u = v(1 - a_u) \tag{3.55}$$

$$v_a = v(1 - 2a_u) \tag{3.56}$$

$$v_d = v_a(1 - a_d) \tag{3.57}$$

$$v_w = v_a(1 - 2a_d) \tag{3.58}$$

式中　$a_u$——风轮上游叶片处轴向诱导速度因子；

$a_d$——风轮下游叶片处轴向诱导速度因子。

由动量理论可知，当风轮上游叶片和下游叶片通过流管时，作用在叶素上的轴向力分别为

$$\mathrm{d}F_u = 2\rho v^2(1 - a_u)a_u\mathrm{d}A_u \tag{3.59}$$

$$\mathrm{d}F_d = 2\rho v_a^2(1 - a_d)a_d\mathrm{d}A_d \tag{3.60}$$

式中，$\mathrm{d}A_u$ 和 $\mathrm{d}A_d$ 分别为流管在 $u$ 处和 $d$ 处的横截面积。假设流管在水平面上扩张，且叶素取单位长度，则它们可分别表示为

$$\mathrm{d}A_u = R\Delta\beta_u\cos\theta \tag{3.61}$$

$$\mathrm{d}A_d = R\Delta\beta_d\cos\theta \tag{3.62}$$

由叶素理论可知，当风轮上游叶片通过流管时，作用在叶素上的轴向力为

$$F_u = \frac{1}{2}\rho v_{0u}^2\overline{C}_u(C_{n_u}\cos\theta - C_{t_u}\sin\theta) \tag{3.63}$$

当风轮下游叶片通过流管时，作用在叶素上的轴向力为

$$F_d = \frac{1}{2}\rho v_{0d}^2\overline{C}_d(C_{n_d}\cos\theta - C_{t_d}\sin\theta) \tag{3.64}$$

式中

$$\overline{C}_u = \frac{Bc\mathrm{d}A_u}{2\pi R} \tag{3.65}$$

$$\overline{C}_d = \frac{Bc\mathrm{d}A_d}{2\pi R} \tag{3.66}$$

由式(3.59)、式(3.60)、式(3.63)和式(3.64)可得

$$\begin{aligned} a_u(1 - a_u) &= \frac{Bc}{8\pi R}\frac{v_{0u}^2}{v^2}\sec\theta(C_{n_u}\cos\theta - C_{t_u}\sin\theta) = F_u^* \\ a_d(1 - a_d) &= \frac{Bc}{8\pi R}\frac{v_{0d}^2}{v^2}\sec\theta(C_{n_d}\cos\theta - C_{t_d}\sin\theta) = F_d^* \end{aligned} \tag{3.67}$$

由式(3.67)可通过迭代的方法求得轴向诱导因子 $a_u$ 和 $a_d$。迭代步骤如下：

①假设 $a_u$ 和 $a_d$ 的初值,一般可选0。

②由下式计算入流角 $a_u$ 和 $a_d$：

$$\begin{aligned} \tan a_u &= \frac{v(1-a_u)\cos\theta}{\Omega R + v(1-a_u)\sin\theta} \\ \tan a_d &= \frac{v_a(1-a_d)\cos\theta}{\Omega R + v_a(1-a_d)\sin\theta} \end{aligned} \tag{3.68}$$

一般达里厄型垂直轴风力机叶片的初始安装角为0,因此,入流角即为迎角。

③由翼型空气动力系数曲线求得升力系数 $C_{l_u}$、$C_{l_d}$和阻力系数 $C_{d_u}$、$C_{d_d}$。

④由下式计算法向力系数 $C_{n_u}$、$C_{n_{dl}}$和切向力系数 $C_{t_u}$、$C_{t_d}$

$$\begin{aligned} C_{n_u} &= C_{l_u}\cos\alpha + C_{d_u}\sin\alpha \\ C_{t_u} &= C_{l_u}\sin\alpha - C_{d_u}\cos\alpha \\ C_{n_d} &= C_{l_d}\cos\alpha + C_{d_d}\sin\alpha \\ C_{t_d} &= C_{l_d}\sin\alpha - C_{d_d}\cos\alpha \end{aligned} \tag{3.69}$$

⑤由下式计算合成速度 $v_0$

$$\begin{aligned} v_{0_u} &= \sqrt{[\Omega R + v(1-a_u)\sin\theta]^2 + [v(1-a_u)\cos\theta]^2} \\ v_{0_d} &= \sqrt{[\Omega R + v_a(1-a_d)\sin\theta]^2 + [v_a(1-a_d)\cos\theta]^2} \end{aligned} \tag{3.70}$$

⑥由式(3.59)、式(3.60)计算 $\mathrm{d}F_u$ 和 $\mathrm{d}F_d$。

⑦由式(3.68)计算新的 $a_u$ 和 $a_d$ 值。

⑧比较计算 $a_u$ 和 $a_d$ 的值与上一步 $a_u$ 和 $a_d$ 的值,当误差小于某设定值(一般可取0.001)时,停止迭代,否则再回到2步骤继续迭代。

求出轴向诱导因子后,就可以计算风轮的转矩和功率因数,当风轮叶片通过流管时,在每个叶素上产生的转矩为

$$\mathrm{d}M = \frac{1}{2}\rho r C_t \frac{c\mathrm{d}z}{\sin\beta}v_0^2 \tag{3.71}$$

作用在风轮上的转矩为

$$M = \frac{Bc}{2\pi}\int_{-h}^{h}\int_0^{2\pi}\frac{C_t\rho v_0^2 r}{2\sin\beta}\mathrm{d}\theta\mathrm{d}z \tag{3.72}$$

风轮的功率输出 $P$ 为

$$P = M\Omega = \frac{Bc}{2\pi}\int_{-h}^{h}\int_0^{2\pi}\frac{C_t\rho v_0^2\Omega r}{2\sin\beta}\mathrm{d}\theta\mathrm{d}z \tag{3.73}$$

风轮的功率系数 $C_P$ 为

$$C_P = \frac{2p}{\rho v^3 A} \tag{3.74}$$

风轮机的转矩系数 $C_M$ 为

$$C_M = \frac{2M}{\rho v^3 AR} = C_P\lambda \tag{3.75}$$

作用在风轮上的转矩也可以通过将叶片分段累加的方法,如将 $\theta$ 的间隔取为10°,$z$ 的间

隔由 $\theta$ 间隔决定，则

$$a_u = \frac{2v_d}{v_u + v_d} R \cos \theta \mathrm{d}\theta$$

$$a_d = \frac{2v_u}{v_u + v_d} R \cos \theta \mathrm{d}\theta \tag{3.76}$$

当叶片长度为 $L$ 时，则作用在风机上的转矩为

$$M = \frac{Bc}{2\pi R} \rho R \int_0^L \int_{-\frac{\pi}{2}}^{\frac{\pi}{2}} \cdot \left[ \frac{v_{0_u}^2 v_d (C_{t_u} R + C_{n_u} c/4) + v_{0_d}^2 v_u (C_{t_u} R - C_{n_d} c/4)}{(v_u + v_d)} \right] \mathrm{d}\theta \mathrm{d}S \tag{3.77}$$

由式(3.77)可得风轮转矩系数为

$$C_M = \frac{2M}{\rho v^2 AR} \tag{3.78}$$

**(3) 性能特性**

Φ 型垂直轴风力机有较好的功率特性。图 3.53 是我国空气动力研究与发展中心研制的 6 mΦ 型垂直风力机风轮的功率系数曲线。由图可知，最大风轮功率系数在 0.35 ~ 0.40 范围。叶片采用 NACA0015 翼型与采用 NACA0012 翼型相比，对功率特性无明显影响，但是有利于提高叶片的结构刚度。影响 Φ 型垂直轴风力机风轮功率系数的主要因素有风轮实度比、雷诺数等。

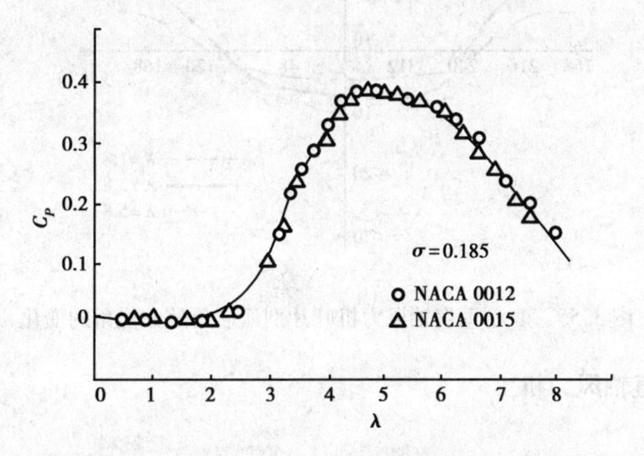


图 3.53　6 mΦ 型垂直轴风力机风轮功率系数

图 3.54 是不同实度比 $\sigma$ 对 6 m 直径 Φ 型垂直轴风力机风轮功率特性的影响。由图可知，$\sigma = 0.124$ 时，$C_{P\max} = 0.30$；$\sigma = 0.185$ 时，$C_{P\max} = 0.37$。一般 Φ 型垂直轴风力机风轮叶片的实度可取 0.20 左右。

需要指出的是，Φ 型垂直轴风力机风轮一般不能自行启动。其原因是在不同方位角下，风轮叶片上的每个叶素的迎角有正负的变化，如图 3.55 所示。因此，在一定的运行区域内，作用在叶素上的切向力系数是负的，即不产生驱动力矩。为了解决 Φ 型垂直轴风力机的启动问题，可以将 S 型风轮作为启动装置，安置在旋转轴的上下两端。另一种措施是在风力机启动时，将直流电机当电动机使用，启动后再切换过来用于发电。

Φ 型垂直轴风力机的过速控制可以采用阻力板，在风速达到一定值时，作用在阻力板上的空气动力与弹簧力平衡时阻力板自动打开，风轮功率系数下降。

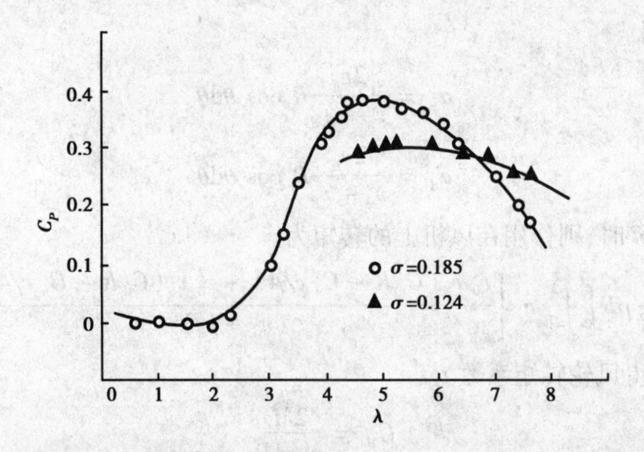


图 3.54　风轮实度对 Φ 型垂直轴风力机风轮功率系数的影响

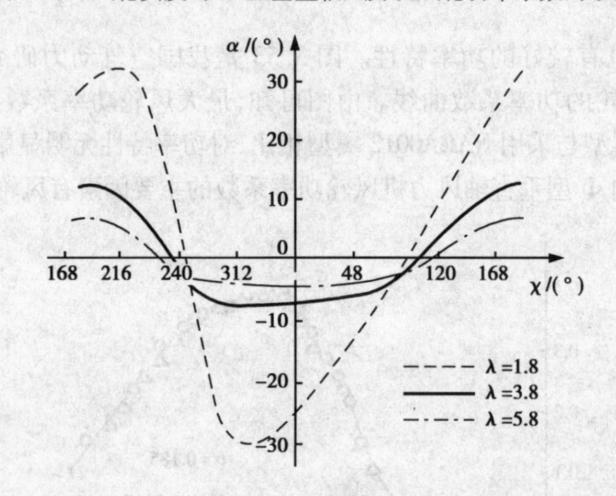


图 3.55　Φ 型垂直轴风力机叶片剖面迎角随方位角的变化

### 3.5.3　S 型垂直轴风力机

#### (1)基本原理

S 型垂直轴风力机是芬兰 S. Saronius 于 20 世纪 20 年代提出的。S 型垂直轴风力机是一种阻力型的风力机,风力机风轮一般由两个半圆形或弧形的垂直叶片组成,如图 3.56 所示。图中 $D$ 为风轮直径,$d$ 为叶片直径,$e$ 为间距。在来流作用下,一方面迎风面上的凸凹两个叶片上的风压不相等产生压差;另一方面当气流通过两个叶片间隙时,气流方向发生 180°的变化,在背风面的凸面叶片上,还有回流效应,这两个效应在风轮上形成一对空气动力偶,因此,在叶片上产生转矩,使风轮旋转。

阻力型风力机风轮的旋转速度小于来流速度,即叶尖速比 $\lambda<1$,一般为 0.8 ~ 1.0,因此,其转矩大、启动性能好;另外,S 型垂直轴风力机在任意来流方向下,都可以自行启动,适用于作为 Φ 型垂直轴风力机的启动装置,或用于风力提水机组。

#### (2)性能特性

S 型垂直轴风力机的性能主要是通过风洞试验方法得到。图 3.57 给出了 S 型垂直轴风力机风轮在风洞中测试的功率特性曲线。

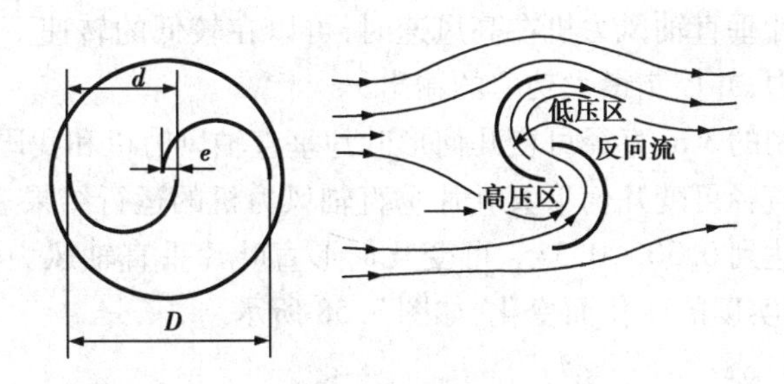


图 3.56　S 型垂直轴风力机

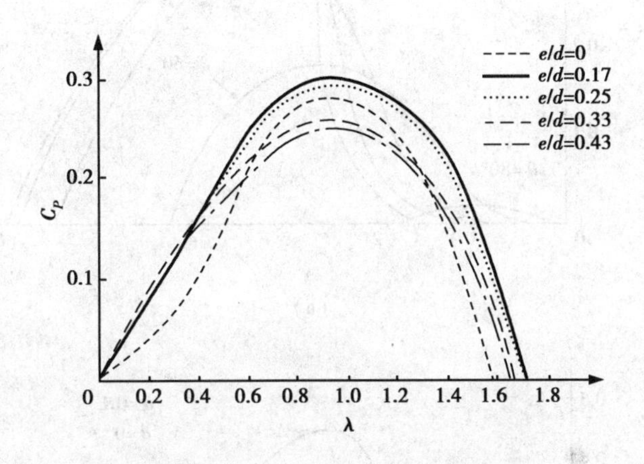


图 3.57　S 型垂直轴风力机风轮功率系数

由图可知,影响 S 型垂直轴风力机风轮功率系数的主要参数是间隙比 $e/d$。对由两个半圆形垂直叶片组成的 S 型垂直轴风力机来说,有一个最佳的间隙比,$e/d=0.17$。在不同位置,S 型风力机所产生的转矩也不同。在有的风向下,转矩是负的,负转矩值的大小及范围与 $e/d$ 有关,当 $e/d$ 最佳时,其负转矩值最小。因此,一般 S 型垂直轴风力机由两个 S 型垂直轴风轮互成 90°串联组成,这时,负转矩区可以消失,而功率特性则保持不变。

S 型垂直轴风力机性能特性除了取决于参数 $e/d$ 外,还和 S 型风轮叶片的形状、展弦比及布局有关。研究表明:在同样风轮扫掠面积下,当叶片展弦比增加时,风轮功率系数增加;两个叶片重叠比增加时,风轮功率系数增加;由三叶片组成的 S 型风力机风轮的功率系数要低于两叶片风轮。

### 3.5.4　直叶片垂直轴风力机

可变几何形直叶片垂直轴风力机是 1976 年由英国里丁(Reading)大学缪斯格洛夫(Musgrove P J)提出的。它和传统的直叶片垂直轴风力机不同之处是将叶片铰接在风力机横梁上,在叶片铰接点上方用连接绳连接叶片,连接绳再通过安置在塔架顶部内的滑轮组与预紧的弹簧相连接。在低风速时,风轮转速较低,叶片保持在垂直状态,这时风轮处在最佳叶尖速比下运行。随着风速增大,风轮转速也增大,当作用在叶片上部的离心力和联结绳的拉力对铰接点所产生的力矩大于作用在叶片下部的离心力对铰接点所产生的力矩时,叶片开始向外倾斜,倾斜角随着风速继续增大而逐渐增大,一般最大倾斜角控制在 75°内,如图 1.8 所示。

可变几何形直叶片垂直轴风力机在高风速时,可以在较低的转速下运行,这时,可以降低叶片上的最大弯曲应力,并控制最大功率的输出。

英国里丁大学研制的3 m直径可变几何形叶片垂直轴风力机和我国呼和浩特牧区水利科学研究所研制的6 m直径可变几何形直叶片垂直轴风力机的运行结果表明:这种风力机的风轮功率系数最大可以达到0.30~0.35。可变几何形直叶片垂直轴风力机风轮功率系数值随叶片倾斜角、展弦比和实度的变化而变化,如图3.58所示。

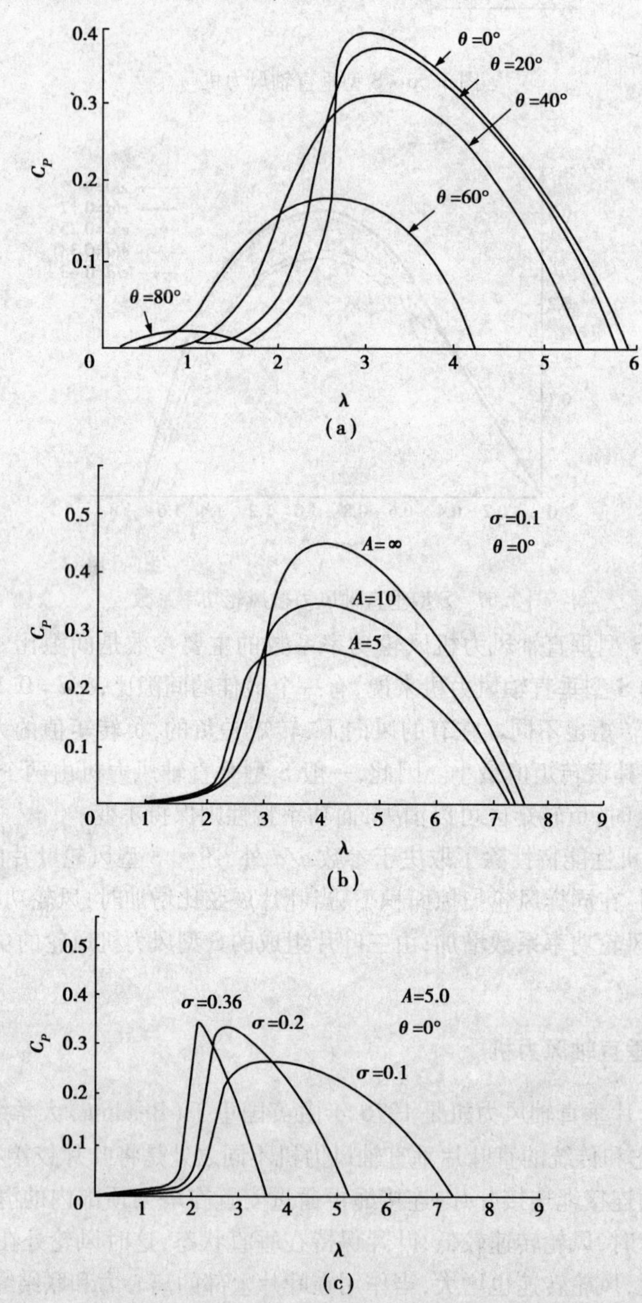


图3.58 可变几何形直叶片垂直轴风力机风轮功率系数

(a)叶片倾斜角的影响;(b)叶片展弦比的影响;(c)叶片实度的影响

## 3.6　其他风能转换系统

从 1973 年起,人们重新开始在世界范围内考虑风能转换的其他系统,或进行实用性试验,这里只介绍几种常见的,比较典型的风轮系统。

### 3.6.1　风道式风力机

该机结构是:通过结构上的措施将流动的空气集中,大大提高了风能转换效率。这种设计方式可以提高与风轮扫风面积有关的功率系数,是自由环流风力发电机可实现的系数的 3 ~4 倍。

尽管有这方面的优点,直到今天还没有这种类型的风力发电机走出实验阶段。很明显,这种机型直到今天还看不出比自由流场中的风力机在高成本与高效率之间有什么优越性。它有一个面积很大的外壳,即使在最佳设计时,其长度也是风轮直径的 2 ~3 倍,结构造价昂贵。在外壳和叶片尖部之间必须保证有微小的缝隙,当风偏离风向的情况下,塔架和机舱对风控制中会产生相应的结构载荷。

安装了风筒后,受风轮叶片翼型流线变化的影响,处于自由流场中的风轮叶片、风轮之中及其前后,气流速度的径向分量都很小,因而气流作用在风轮上的径向力可忽略;在风道式风力机中,气流受先渐缩后渐扩筒形风道的导引,其流线在风轮扫风面处形成拐点,因而气流曲线运动形成的离心力对风筒壁面形成压力,其反作用是壁面对气流产生径向作用力,使进入风筒的气流受到挤压、浓缩,因而单位扫风面上的功率将得以提高。但不利的一面是,由于该径向力的作用,气流可能集中在风轮轴上,产生涡流,引起附加损失。

图 3. 59 是一个实验风道式风力机大概的尺寸和形态,外壳长大约是风轮直径的 2. 7 倍。从给出的功率曲线(图 3. 60)看,要根据所选定的覆盖面积计算出两个效率值。以风轮扫风面积为基础的功率系数显示了期望的高数值,最大可达 $C_P = 1.4$。客观证明该系数应当与迎风断面有关,是通过较大外壳的环形断面得出的。

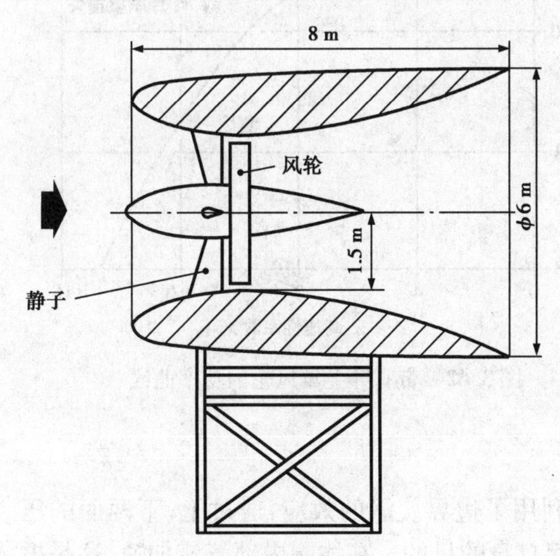

图 3. 59　风道式风力发电机

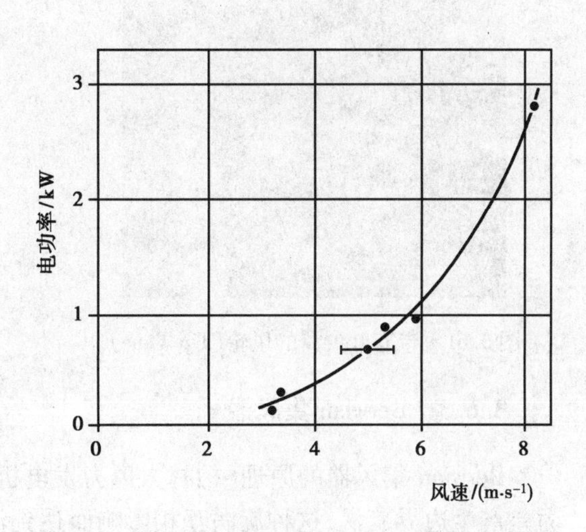

图 3. 60　风道式风力发电机的功率曲线图

### 3.6.2　带有叶尖翼的风力发电机

带有叶尖翼的风力发电机(小翅膀,安装在风轮叶片的尖部),从广义上讲,属于风道式风力机(表3.2和图3.61)。这种风力机在很高的叶尖速比下,通过叶片尖部的叶尖翼形成了气流特性,这种特性与一个封闭的外壳是相近的,也就是说,建造了一个虚拟的外壳,这种原理是他的发明者 Van Holten 长年在风洞和在户外,从理论上研究出来的。但是直到今天还没有形成商业化的风力发电机。另外这种机型的叶片上只要沾很少一点脏物,效率就会明显受到损失。图3.62所描绘的理论曲线给出了一种关于叶尖翼风轮各损失比较的说明,并且指出了所期待的功率值与实际值之间的差距。

表3.2　按风轮直径 $D$ 和风轮面积 $F$ 的大小对风力发电机进行分类

| 小　型 | | 中　型 | | 大　型 | |
|---|---|---|---|---|---|
| 直径/m | 面积/m² | 直径/m | 面积/m² | 直径/m | 面积/m² |
| 0.0~8 | 0.0~50 | 16.1~22 | 20.1~400 | 45.1~64 | 1 600.1~3 200 |
| 8.1~1.1 | 50.1~100 | 22.1~32 | 400.1~800 | 64.1~90 | 3 200.1~6 400 |
| 11.1~16 | 100.1~200 | 32.1~45 | 800.1~1 600 | 90.1~128 | 6 400.1~12 800 |

图3.61　带有叶尖翼的风轮(Tip Vane)

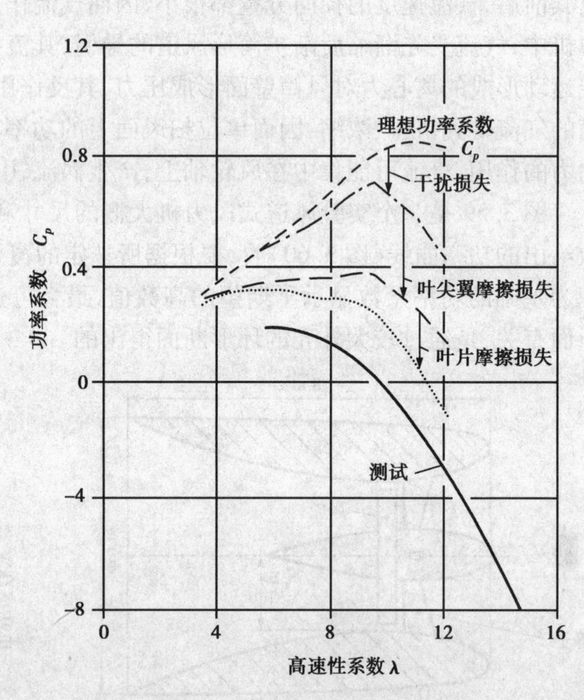


图3.62　带有叶尖翼风轮的功率曲线

### 3.6.3　Berwian 集风器

Berwian 集风器的原理(柏林人风力发电机)利用了边界旋涡的效应,通过上、下两面的压力差产生边界旋涡,这种旋涡互相影响而达到浮起自身的目的。在线圈内部气流加速,这是根据动量定理所产生的推力作用,鸟类利用这种作用向前飞行,这种原理能够用于风能的集中,在这个过程中把翅膀集中排列起来,在里边留出一个洞。在聚集眼边上每个翅膀都产生一个边界旋涡,气流之间互相感应,在中心产生较高的气流加速,如图3.63所示。风洞测量得到的速度是无扰动气流的2.5倍。

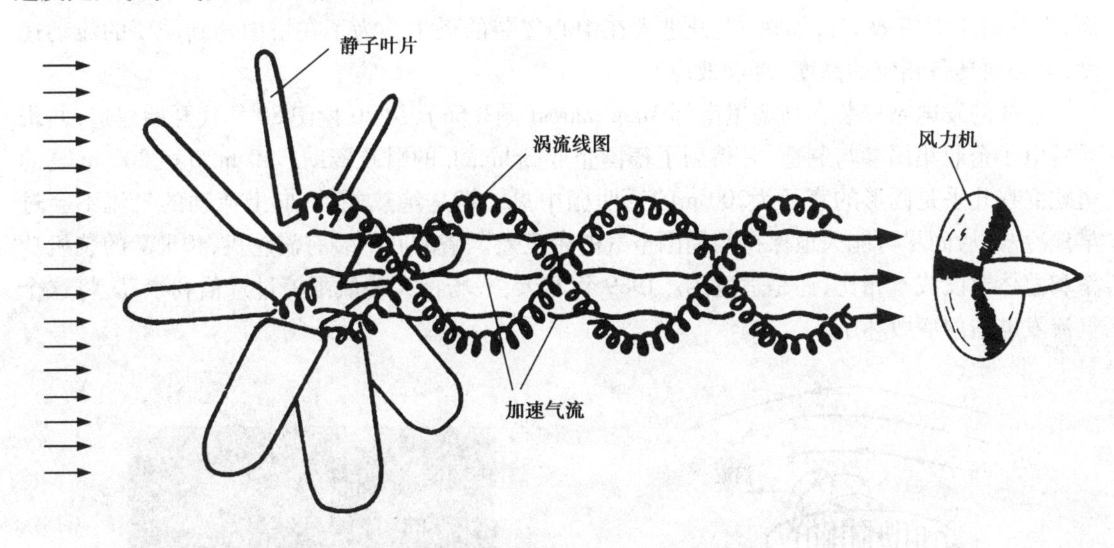


图3.63　柏林人风力发电机风轮的原理

另外,作为δ翼型,集风器中心气流是完全不旋转的。用缠绕线圈集风器不能再获得能量,但是这个由不转动面积影响的风力却能集中在一个小的平面上。在中心安装的风力发电机因此可以制造得很小,并且驱动时不出现任何问题。用1 kW的小型实验设备在空地上进行实验,集中系数达到6~8,如图3.64所示。也就是说借助于集风器在相同的风力下,功率可达到7~8倍,说明风在中心的速度翻了一倍。风力很大时,在空气动力作用下,设在集风式翼叶下的安装角发生变化,集中效应也在这个过程中变差了。如果风力特别大,即使没有集中作用,也能达到发电机的额定功率,这时就要预先采取其他措施来限定功率。

图3.64　试验型柏林人风力发电机

### 3.6.4　Yen式涡流塔

1973年人们重新开始风电开发工作的时候,Yen就在美国发明了一个涡流塔。它具有风能聚集的特性,相应的发电功率能达到1 MW。Yen设计的涡流塔直径为200 m,高为600 m。风洞试验证明了其物理关系的正确性,也证明了其功率系数是可以达到的。

图3.65给出了它的基本机理。该风力机带有风道,其目的是通过一个给定风能收集面,收集速度为$v_1$的风能之后,使筒内空气的流动速度提高。被加速的空气通过筒内螺旋线装置的引导,形成如龙卷风一样的强烈涡流,在涡流的核心,虽然气流的切向速度为0,与周边环境相比,在该处形成一个相对较低的负压力,因压差的作用,装置底部空气经由导流器进入涡流核心,形成垂直向上的风速,推动安装于立轴上的叶轮旋转,对外输出能量。

### 3.6.5 气流发电站

气流发电站属于太阳能发电站的范畴,利用太阳的辐射来获得能量,在很大的透明棚下面,空气由于温室效应被加热,上升进入在中心安装的塔中。为了在塔中达到需要的流动速度,塔必须具备相应的高度(烟囱效应)。

这样的发电站安装在马德里南部 Manzanares(图3.66),从20世纪80年代开始建造,西班牙的电子企业集团参与制造,并得到了德国企业 Schlaich 的财政资助。10 m 直径 200 m 高的塔屹立在几乎是圆形的直径为200 m的透明棚中央。塔是绝热式的,向上流动的气流不会过早地冷却,从而尽可能久地保持与周围空气的密度差。塔的底部装有涡轮机,40 kW 的装机功率和总体建设成本相比,还是适度的。1989 年春天,一场特大暴风雨掠过意伯利半岛,将这个气流发电站彻底毁坏了。

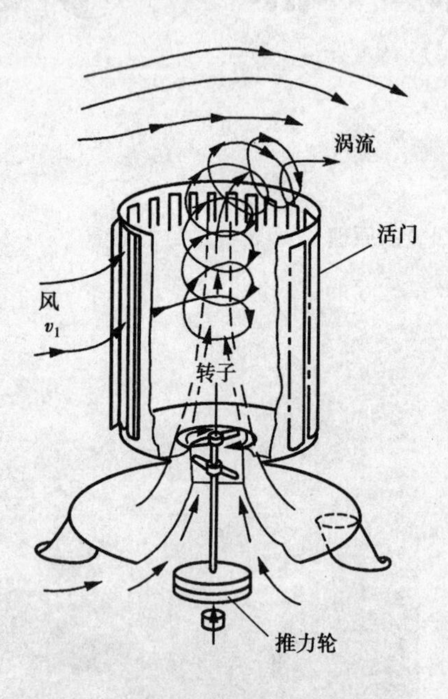


图 3.65 涡流式风力机示意图

图 3.66 在 Manzanares 的上升气流发电场

图 3.67 描绘的是夏季时间里一个月平均功率的昼夜波动,很像一个通过阳光照射的太阳能发电站,说明了在相同时间段平均每小时的日光照射,便于比较。另外,必须加以注意的是阳光照射的纵坐标单位是兆瓦,输出的电站功率单位是千瓦。0.064% 的效率还远远落后于光伏发电站的效率值 7% ~10%,因此,对该电站的经济性起决定作用的不是效率,而是总投资比较低。

由于上面的情况涉及样机成本,这样进行经济性分析是不合理的。在阳光照射下,棚子下面的地板因受热而存储了热量,到了夜间,这些热量又散发到空气中去,电站在夜间依靠散发的热量运行,输出功率很小却是连续的。夏季的平均功率是装机功率的 23%(相应额定功率下的利用时间约 2 000 h),数量级相当于一般风力发电站。夜间的平均输出是平均功率的 22%,或是额定功率的 5%。到了冬天,或是出现阴天的情况,功率中断是常见的,在额定功率下的利用时间明显变小。

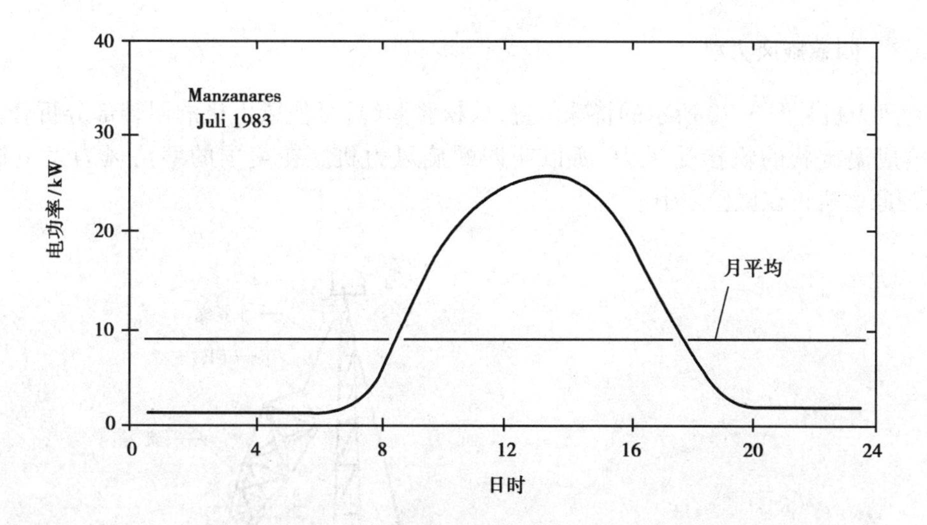


图3.67　上升气流发电站的功率输出

这种电站形式最重要的问题可能是棚架的结构。在 Manzanares 试运行期间,测试了许多不同的塑料硬板的耐久性。尽管对构成平面的构件作了强力张紧,但是由于表面为拱形,再加上风的作用,塑料硬板容易变形。因此,可以预计透明表面的维护,每年也是一笔不小的费用。

### 3.6.6　离心甩出式风力机

离心甩出式风力机用风吹动带空腔的叶片使其旋转,空气因受离心力作用从叶片中甩出,在塔的内部放置空气涡轮机,由涡轮转动来发电。这个设计是法国人 J. 安东略发明的,第二次世界大战后,由英国的弗里特电缆公司建造。图 3.68 为此风力机的原理图,是不直接利用自然风的独特设计。因为结构比较复杂,空气流动的摩擦损失大,所以效率很低。

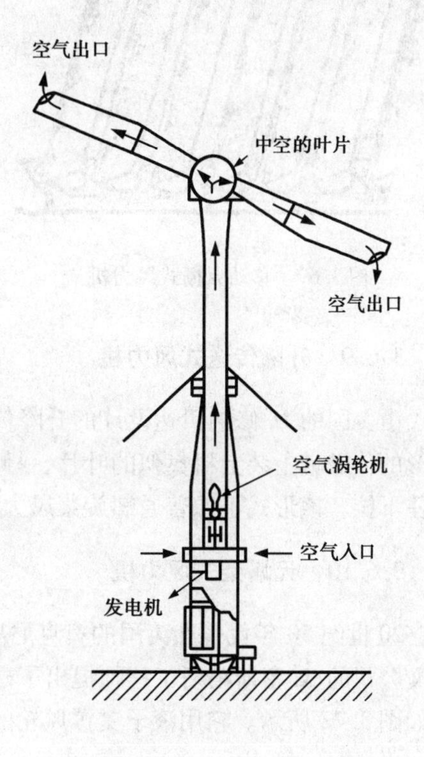


图3.68　离心甩出式风力机

### 3.6.7　移动翼栅式风力机

移动翼栅式风力机在大型的圆形轨道上(直径为 8 ~ 10 km)装置竖着的帆状翼栅形小车,借助风力小车车轮沿圆形轨道滚动,从而驱动连接在车轴上的发电机发电,如图 3.69 所示。应当说是在地上跑的快艇驱动的发电机,称为“风力机”似乎并不恰当。因它能够获得巨大的发电量(在上述的 8 ~ 10 km 直径的轨道上发电量为 10 ~ 20 MW),美国的蒙达纳州立大学正在进行研制。

### 3.6.8 四螺旋风力机

这种风力机是图3.70所示的特殊装置,放松张紧绳,可使风力机的回转部分折合。因为是利用卷成涡旋状的帆接受风力,所以叫四螺旋风力机。在美国的塞法风力发电机公司2.5 kW的原型机正在试验之中。

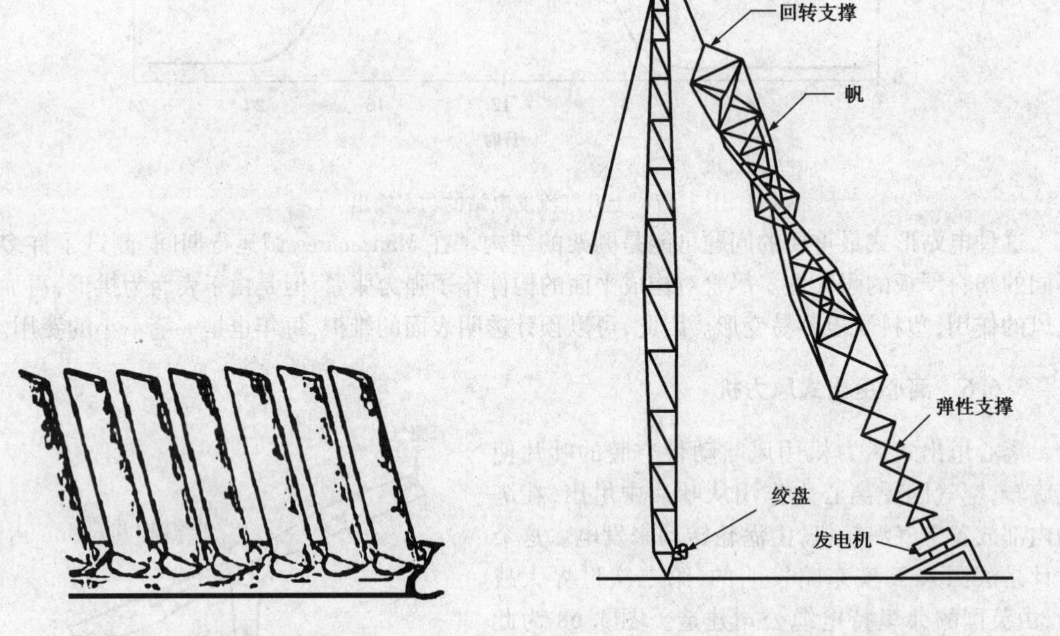


图3.69 移动翼栅式风力机

图3.70 四螺旋风力机

### 3.6.9 升降传送式风力机

由美国的D.修纳伊达设计的升降传送式风力机的原理如图3.71所示。这种风力机是在环形的传送带上装上机翼似的叶片,一侧的一排叶片受风压往上推,而另一侧的一排叶片受风压往下拉。该形式不像普通螺旋桨风力机那样受风速的限制,能在较宽的风速范围内运行。

### 3.6.10 无塔架式风力机

20世纪50年代曾在英国的奥克尼岛上建造过100 kW大型风力发电机,当时的约翰·布拉文公司的R.密斯霍斯工程师提出了建造10 MW大型风力发电装置的方案,这个装置的方案如图3.72所示。它用滚子支撑风轮的周边,但结构比较复杂。

### 3.6.11 多风轮式风力机

美国的W.毕罗尼玛斯提出的一种设想,把许多风轮安装在一个塔架上,整个机组在海上漂浮,使用由许多风轮组成的发电设备。这种设备设置在海上,所以把发出的电力用于电解海水,贮存氢气和氧气。不过这种风力机目前还处于设想阶段。

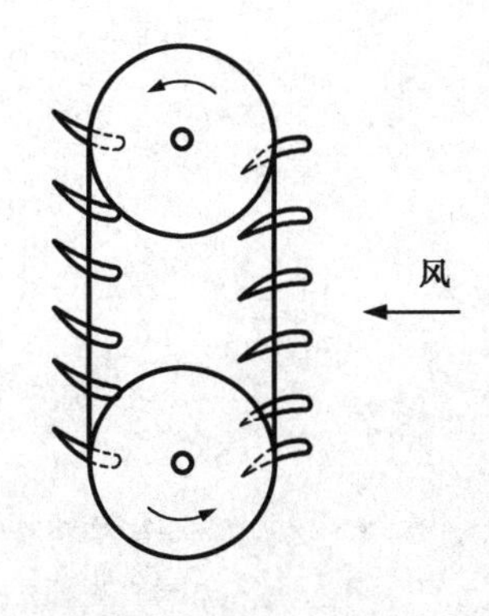


图3.71　升降传送原理

图3.72　无塔架式风力机

# 第 4 章 风电场项目概述

## 4.1 风电场项目建议书

### 4.1.1 项目建议书的作用

风电场项目建议书是项目发展周期的初始阶段，项目建议书阶段主要是对投资机会进行研究，以便形成项目设想，并由业主向国家提出申请建设某一风电场项目的建议文件。在前期工作中，项目建议书的作用主要体现在三个方面：

①项目建议书是国家选择和审批风电场项目的依据。国家风电发展计划最终要落实到一个个具体的风电场项目上。国家对风电场项目，尤其是大中型风电场项目的比选和初步确定又是通过审批风电场项目建议书来进行的。项目建议书的审批过程实际上就是国家对所建议的众多项目进行比较筛选、综合平衡的过程。项目建议书经过批准，项目才能列入长期计划和前期工作计划。

②项目建议书是可行性研究的依据。可行性研究在项目建议书的基础上进行，在项目建议书的指导下开展。

③涉及利用外资的项目，在项目建议书批准后，方可开展对外工作。

### 4.1.2 项目建议书的特点

项目建议书是对项目的轮廓性设想，主要是从宏观上来考察项目建设的必要性，看其是否符合国家长远规划的方针和要求，同时初步分析项目建设的条件是否具备，是否值得投入人力、物力作进一步的深入研究。从总体上看，项目建议书是属于定性性质的，与可行性研究相比，项目建议书具有以下几个主要特点：

①从目的性考察看，提交项目建议书的目的是为了建议和推荐项目，因此，它只是对项目的一个总体设想，主要是从宏观上考察项目的必要性，分析项目的主要建设条件是否具备，研究有没有价值投入更多的人力、物力、财力，并为进一步深入的可行性研究提供有利的依据。

②从基础性分析看，项目建议书阶段是投资建设的第一步，这时还难以获得有关项目本身

的详细的经济、技术、工程资料和风能资源数据。因此,其工作依据主要是国民经济和社会发展的长远规划、行业规划、地区规划、技术进步的方针、国家产业政策、技术装备政策、生产力布局状况、自然资源状态等宏观信息资料,以及同类已建风电场项目的有关数据和其他经验数据。

③从内容上探究,项目建议书的内容相对简单。这一阶段的工作比较粗糙,对量化的精度要求不高,主要侧重于论证项目是否符合国家宏观经济政策的要求,特别是产业政策、产品结构政策的要求和生产力布局方面的要求。关于市场调查、市场预测、建设条件和建设措施以及社会经济效益评价等方面不如可行性研究深入、细致。

④从方法上看,在编制风电场项目建议书阶段需要运用和计算的指标不多,而且大多采用静态指标,对一般数据的精度要求不高,但对风电场的风能资源数据精度要求较高。

⑤从结论上判断,项目建议书的结论是否值得作进一步的研究工作,其批准也不意味着是对项目的决策。通常是在认为值得进行可行性研究时,才提交项目建议书的,因而其结论一般都是肯定的,而可行性研究有时会得出"不可行"的结论。

### 4.1.3　项目建议书的内容

项目建议书只是投资前对风电场项目的轮廓性设想,主要从投资建设的必要性方面论述,同时初步分析投资建设的可行性。基本内容有:

①投资项目的必要性和依据;

②拟建规模和建设地点的初步设想;

③资源情况、建设条件、协作关系的初步分析;

④投资估算和资金筹措设想;

⑤项目大体进度安排;

⑥经济效益和社会效益的初步评价。

项目建议书的内容总的来说比较简明,因而不同性质的项目(指一般项目和外商投资项目)的建议书之间的差异就比较明显。下面按项目性质分别列出不同类别项目建议书的主要内容。

**(1)一般风电场项目建议书的内容**

一般风电场项目建议书应包括以下内容:

1)项目提出的必要性和依据

①说明风电场项目提出的背景、拟建地点,提出与项目有关的长远规划或电力、地区规划资料,说明项目建设的必要性。

②介绍项目业主的情况,对改扩建项目要说明现有企业概况。

③设备进口项目,还要说明国内外风电设备技术和性能差距及概况,说明进口的理由。

2)拟建规模、建设地点及风能资源情况

①产品的市场预测,即风电场发电量销售预测。说明当地电网容量、用电量需求及电网品质,初步分析发电量销售方向及销售价格,并出具当地电网管理部门同意电量上网的意向函。

②初步确定风电场的装机容量,一次建成规模和分期建设的设想(改扩建项目还需说明原有装机及生产条件),以及对拟建规模经济合理性的评价。

③建设地点论证。分析拟建地点的自然条件和社会条件,风能资源概况及电网距离等,分

析建设地点是否符合地区布局的要求。

3)建设条件、协作关系、设备选型及厂商的初步分析

①分析建设地点的施工及生产条件,如地质条件、海拔、温度及空气密度等。

②主要生产协作条件情况,水电及其他公用设施、地点材料的供应分析。

③根据建设地点的风能资源、自然地理及交通条件初步选定所用的风力发电机组机型及生产厂商,简要介绍该机型性能、参数及生产厂商的概况。

4)投资估算和资金筹措设想

①投资估算可根据掌握数据的情况,进行详细估算,也可以按当前风电单位千瓦造价进行估算。投资估算中应包括建设期利息、投资方向调节税(目前风电场项目没有投资方向调节税),并考虑一定时期内涨价因素的影响,利用国外政府贷款及设备进口项目还需考虑汇率浮动的影响。

②资金筹措计划中应说明资金来源,利用国内贷款需附银行出具的贷款意向书,分析贷款条件及利率,说明偿还方式,测算偿还能力。

5)项目进度安排

①建设前期工作的安排,包括涉外项目的询价、考察、谈判、设计等计划。

②对项目建设过程中各工程阶段所需要的时间进行初步安排和协调,如设备订货、运输、土建、安装和调试过程所需要的时间。

6)经济效益和社会效益的初步评价,包括初步的财务评价和国民经济评价

①计算项目全部投资内部收益率、财务净现值、贷款偿还期、总成本、损益及利润等指标,进行盈利能力、清偿能力的初步分析。

②项目的社会效益和社会影响的初步分析。

7)环境影响评价

初步分析风电场项目对当地环境的影响,如分析自然资源、植被生长影响、水源是否污染、废气废渣排放量、噪声影响和自然景观等内容。

**(2)外商投资风电场项目建议书的主要内容**

外商投资风电场项目,其项目建议书一般是由中方合营者向规定的审批机关上报的文件。它主要从宏观上阐述项目设立的必要性和可能性。其内容主要是对建议项目的国内外市场、生产(营业)规模、建设条件、生产条件、技术水平、外方合营者、资金来源、经济效益和外汇平衡等情况作出初步的估计和建议。具体内容一般包括:

①中方合营单位,包括中方合营单位名称、生产经营概况、法定地址、法定代表姓名、职务、主管单位名称。

②关于合营的目的,要着重说明利用外资发展国内风电、提高国内风电技术水平的必要性和可能性。

③合营对象,说明包括外商名称、注册国家、法定地址和法定代表姓名、职务和国籍。

④合营范围和规模,要着重说明项目建设的必要性,当地的电力需求、电网及风能资源条件,拟建风电场的装机容量,年发电量估算,初步分析电力销售价格。

⑤投资估算,是指合营项目估计要投入的固定资金和流动资金的总和。

⑥投资方式和资金来源,包括合营各方投资的比例和资金构成比例。

⑦设备选型及厂商概况,主要说明技术和设备的先进性、适用性和可靠性及重要的经济技

术指标及生产厂商的概况。

⑧建设条件及协作关系分析，分析建设地点的施工及生产条件，如地质条件、海拔、温度及空气密度等；主要生产协作条件情况，水电及其他公用设施、材料的供应分析。

⑨人员数量、构成和来源。

⑩经济效益及社会效益评价，并说明外汇收支的安排。

⑪环境影响评价。

主要附件：

①合营各方合作的意向书；

②外商资信调查情况表；

③当地电力主管部门风电发展规划；

④与当地电力主管部门签订的并网意向书；

⑤当地物价部门对电价的意向函。

### 4.1.4　项目建议书的编制

**(1)项目建议书的编制程序**

项目建议书由政府部门、全国性专业公司以及现有企事业单位或新组成的项目法人提出；中外合资、合作经营项目，在中外投资者达成意向性协议后，再根据国内有关风电投资政策、产业政策编制项目建议书；限额以上拟建项目上报项目建议书时，应附预可行性研究报告。预可行性研究报告由有资质的设计单位或工程咨询公司编制。

根据现行规定，建设项目是指在一个总体设计或初步设计范围内，由一个或几个工程单位组成，经济上统一核算的整体工程、配套工程及附属设施，应编制统一的项目建议书。例如，风电场项目中的输变电线路、变电所等配套工程。

**(2)项目建议书的编制重点**

项目建议书作为提出项目供国家挑选的建议性文件，其内容应重点突出，层次分明，切忌烦琐。

项目建议书的编制应体现其自身的特点，侧重于对项目建设必要性的分析，并对项目建设的可行性作初步论证。

凡是有利于风能资源的开发利用，有利于市场需求的满足，有利于科学技术的进步等，都可以作为项目成立的依据。但项目建议书中对项目必要性的论据重点应放在项目是否符合国家宏观经济政策方面，尤其是：是否符合风电产业政策和产品结构的要求，是否符合生产力布局的要求，在现阶段还必须认真考察项目是否达到经济规模要求。

风电场项目建议书对预可行性的论证应侧重于以下几个方面：

①初步的市场调查和项目主要产品市场需求的分析，并提出对项目规模和主要产品构成的初步意见。其中对市场需求的分析又应侧重于市场的长远需求和产品的市场潜力。

②项目建设条件的预可行性分析，其中又应侧重于影响项目成立的主要条件，如风能资源条件和工程技术水平等。

③项目社会效益和经济效益的初步分析，其中，建设措施侧重于项目总投资估算和资金筹措的可能，经济评价侧重于项目的建设措施以及盈利能力的评价。

## 4.2 风电场项目的可行性研究

### 4.2.1 可行性研究的意义和作用

通过风电场项目的预可行性设计阶段,经有关主管的上级部门审批立项后,可进行风电场项目可行性研究设计阶段的工作。

**(1)风电场项目可行性研究的意义**

预可行性阶段设计对风电场项目的总概念已了解:预可行性阶段对风资料进行初步的分析和处理,并进行了发电量的估算;对风电场接入电力系统的接线和风电场的主接线、风电场的建设条件也作了初步论述;根据预可阶段的设备初步选型和土建工程量的初步估算,进行了风电场项目工程的投资估算和财务初步计算。但预可阶段有的原始数据并没有落实,如有的风资料可能不足一年,经过与当地气象站同期风资料相关分析,可推算出一年的风资料,用此资料进行发电量的估算;由于是在预可阶段,不作机位的优化;或风电场项目接入电力系统有可能还没有审查。因此,风电场项目可行性研究是在批准了的项目建议书(附件为预可行性研究报告)的基础上进一步进行调查、落实和论证风电场工程建设的必要性和可能性。通过风电场项目可行性研究以及报告的编写,经审批和批准后该项目可立项,业主可着手进一步落实解决配套资金并对融资和还贷的银行进行评估工作,作好施工前的准备工作。

**(2)风电场项目可行性研究的作用**

通过对风电场项目可行性研究阶段的工作,设计单位应提供给业主一份风电场项目可行性报告,包括文中的插图和报告的附图、报告里应对风电场进行风力发电机组的优化排布;从技术经济比较,选择了适合于本风电场的风力发电机组机型;经过论证、比较,优选接入电力系统和电气主接线方案;并从施工角度推荐使工程早见成效的施工方法,经过工程投资概算和财务分析,测算并评价工程可能取得的经济效益、业主可能获得的回报率。

### 4.2.2 可行性研究的工作程序

**(1)资料收集**

收集资料并进行分析归纳,作为可行性研究的依据:经过批准的项目建议书、地区经济发展规划、本地区电力发展规划、本地区与风电场接入电力系统相适应的电压等级的电力系统地理接线图、待选风电场风能资料和整编后的当地气象站的风能资料、工程地质资料、我国地震裂度区划图、上网电价的初步批件、风力发电机组技术资料、本地区劳动力、工程材料(包括水泥、沙子、石子)、施工用电、用水以及劳动力等的价格;融资的条件;需要1∶10 000的地形图和1∶50 000的地形图等资料。

**(2)风资料处理**

收集的风电场场址处测站需有一年以上的测风资料,有效数据不宜少于收集期的90%。收集到的风资料需进行分析和处理,最终应提供给业主轮毂高度的风向玫瑰图(全年和每月的风向玫瑰图)、风能玫瑰图(全年和每月的风能玫瑰图)、轮毂高度处的年平均风速、风功率密度,如果风电场在海拔1 000 m以上,或在高纬度处,还需测量大气压或温度,计算空气的密

度和低于 -30 ℃的时数,作为以后修正理论发电量的依据。

**(3)地质勘查**

地质专业人员需要踏勘风电场现场,了解风电场的地形地貌以及场址的地震烈度,评价场址的稳定性,边坡的稳定性,需判别岩土体的容许承载力等场址的主要地质条件。

**(4)风力发电机组机型选择、机位优化和发电量估算**

风资料处理后,需进行风力发电机组布机工作。根据处理的结果,风力发电机组排列的行应垂直于风能玫瑰图中风能最大比率的方向,一般布置机位的数量多于需要的机位,供日后选择。采用欧洲通用的风力发电机组发电量计算软件 WAsP,计算各机位的风力发电机组理论发电量。选择发电量较大并符合风力发电机组的安装条件和运输可能性以及减少尾流影响的因素选定机位。考虑尾流影响、当地空气密度与风力发电机组标准状态下的功率曲线不同的修正系数、考虑空气湍流的影响、叶片污染的影响、风力发电机组的可利用率的影响和厂用电及其线损等能耗的因素,估算出风电场的上网电量。

**(5)风电场接入电力系统及风电场主接线设计**

根据风电场所在地(省及地区)的电力系统规划、地区风电场规划、风电场近几年建设的计划以及工程布置等具体条件,确定风电场接入电力系统的方案。即风电场与电力系统连接的方式、输电电压等级、出线回路数、输送容量以及配套输变电工程等。以上工作由业主委托电力系统设计部门进行,风电场的设计人员提供给业主风电场接入电力系统的基础资料(包括:风电场建设近三年的计划,本期的装机容量,风力发电机组的特点和风力发电机组布机大致范围等),由业主交给风电场项目接入电力系统的设计单位。电力系统设计人员完成风电场接入电力系统的设计,该设计包括电气一次、电气二次以及通信和远动接入电力系统的具体要求。将接入电力系统的报告和图纸提交给业主,业主交给风电场项目设计单位。由风电场设计单位完成编写风电场可行性研究报告中接入系统的章节。

风电场主接线设计根据所选的风力发电机组单机容量和出口的电压等级,初选风电场的主接线:一机一变或多机一变;从国内外的运行经验,一般选用一机一变。然后经过技术经济比较选定若干串的一机一变组成一组,根据风电场的装机容量,确定一机一变的组数。风电场专用变电所高压进线柜数量根据风电场进入变电所的组数确定,并留有发展的余地。

最后,需提出主要电气设备选型、设备的布置、机电设备和材料的工程量。

**(6)土建工程设计**

土建工程的设计内容需要做两方面的工作,一个是风电场风力发电机组的基础和箱式变电站的基础;由于风力发电机组的受力情况设计单位不清楚,以及风力发电机组的运行安全的责任问题,目前风力发电机组的基础设计是由机组厂家负责,并将设计成果提供给风电场设计单位,由风电场设计单位进行具体设计。另一个是风电场联网工程的变电所土建部分设计和风电场的中控室土建设计。

**(7)工程管理**

工程管理包括拟定风电场的管理机构、人员编制和主要管理设施。由于风力发电机组自动化程度很高,风电场可做到无人值守,因此,可精简风电场的管理机构。风力发电机组的大修可以外包,不需要建立大修机构。

**(8)施工组织设计**

施工组织设计主要解决风电场所在地的对外交通运输条件,对内设备运输的道路设计,施工场地的平整，以及施工的工程量。预计风电场项目建设工期，绘制施工总进度表。核定工程永久用地的范围及计算征地面积。估算施工临时用地面积。提出电气设备的施工技术要求以及安装工程量。

**(9)环境影响评价**

风电场项目本身有利于环保。但在建设过程中和建设后也存在对环境不利的影响，因此需对风电场项目建设进行环境影响评价。

①施工期对环境影响的预评估。风电场项目所在区域环境现状和工程建设主要施工内容进行分析，工程建设期可能造成的环境影响问题主要有林地的征用、水土流失、植被的破坏、施工噪声、施工生活废水和施工粉尘等问题需进行述说和采取相应的措施。

②建成后对环境的预评估。在风力发电生产过程中不需要燃料和水量，生产全过程中基本不产生"三废"。需要评估风力发电机组在运行过程中可能产生的噪声污染，风力发电机组的布置是否影响景观，运行期间的风力发电机组是否影响候鸟的迁徙。

③环境保护对策、措施和投资估算。

④环境经济效益的分析。

⑤结论和建议。

**(10)工程投资概算**

风电场项目工程投资概算是确定和控制基本建设投资、编制利用外资概算、编制设备招标(或议标)标底的依据。业主建设风电场的思路中，除需考虑建设本风电场的规模和以后几年建设计划外，还需考虑选用设备型号的类型，如选用的箱式变电站是采用干式变压器还是选用油浸变压器，升压变电站的高压断路器选用SF6断路器，还是选用真空断路器等设备。这些都影响风电场项目工程投资概算。

概算的编制可按以下几项进行编制：

①总概算表；

②机电设备及安装工程概算表；

③建筑工程概算表；

④施工临时设施概算表；

⑤其他费用概算表；

⑥联网工程概算表。

**(11)财务评价**

风电场项目财务评价是经过上述工作后的最后一道工序，也是投资者最关心的一道工序，如不满足审批或投资者的要求，需修改上述设计方案，重新进行工程投资概算和财务评价，使其满足要求，否则本项目不可行。

风电场财务评价是从项目的角度，利用现行动态价格和财务税务的规定，估算风力发电项目需要投入的资金(若建设期在一年以上，则须估算各年投入资金)、年运行费(经营成本)及项目建成后可获得的财务收益。计算投资回收期(含建设期)财务内部收益率、投资利润率、上网电价等财务指标，评价本项目的财务可行性，并作必要的敏感性分析。

财务评价计算可按以下几项表格进行计算：

①固定资产投资估算表；

②投资计划与资金筹措表；

③总成本费用表；
④损益表；
⑤还本付息计算表；
⑥财务现金流量表(全部投资)；
⑦财务现金流量表(自有资金)；
⑧资金来源与运行表；
⑨资产负债表；
⑩财务指标汇总表；
⑪财务评价敏感性分析成果表。

### 4.2.3　可行性研究报告的编制

上述工作完成后,各专业的设计人员可编写可行性研究报告和绘制报告中所附的图纸和插图,可行性研究报告的编制章节按如下的顺序进行:

①综合说明。概述风电场可行性报告的各章节的结论；
②风能资源。根据现场测站和气象站的风能资料,经过相关分析等手段,推算出本风电场地区代表年的风力发电机组轮毂高度处的风速、风向,如需要还推算出轮毂高度处的多年平均大气压和温度；
③工程地质；
④项目任务与规模；
⑤风电场总体布置与年发电量估算；
⑥电气；
⑦土建工程；
⑧施工组织设计；
⑨环境影响评价及节能效益；
⑩工程投资概算；
⑪财务评价。

### 4.2.4　可行性研究报告的报批

设计单位将风电场项目的可行性研究报告提交业主单位,由当地主管部门组织审查,审查的主要目的是工程项目技术的可行性,经济的合理性,更重要的是审批项目是否符合电力发展规划、环保要求、水土保持、能否占用土地和允许的上网电价等。

随着可行性研究报告上报的同时,还需向审批部门提供如下的资料:

①可行性研究报告的审查意见；
②出资人的出资协议书；
③土地征用意向书；
④经环保部门审批同意建设的《建设项目环境影响报告表》；
⑤当地电网管理部门同意收购上网电量的承诺函；
⑥当地物价部门对电价的审批文件；
⑦使用银行贷款项目出具银行经评估后同意提供贷款的承诺函。

## 4.3 风电场的风力发电机

### 4.3.1 风力发电机组选型

**(1)风力发电机组的质量认证**

风力发电机组选型中最重要的一个方面是质量认证，这是保证风电场机组正常运行及维护最根本的保障体系。风电机组制造都必须具备ISO 9000系列的质量保证体系认证。

国际上开展认证的部门有DNV、Lloyd等，参与或得到授权进行审批和认证的试验机构有：丹麦Risø国家试验室、德国风能研究所(DEWI)、德国Wind Test、KWK、荷兰ECN等。目前国内正由中国船级社(CCS)组织建立中国风电质量认证体系。

风力发电机组的认证体系包括型号认证(审批)。丹麦在给批量生产的风电机组进行型号审批中包括三个等级：

①A级。所有部件的负载、强度和使用寿命的计算说明书或测试文件必须齐备，不允许减少，不允许采用非标准件。认证有效期为一年，由基于ISO 9001标准的总体认证组成。

②B级。认证基于ISO 9002标准，安全和维护方面的要求与A级型式认证相同，而不影响基本安全的文件可以列表，可以使用非标准件。

③C级。认证是专门用于试验和示范样机的，只认证安全性，不对质量和发电量进行认证。

型号认证包括四个部分：设计评估、型号认可、制造质量和特性试验。

1)设计评估

设计评估资料包括：提供控制及保护系统的文件(清楚地说明如何保证安全)，进行模拟试验，提供相关图纸，提供载荷校验文件(包括极端载荷、在各种外部运行条件下计算的疲劳载荷)，提供结构动态模型及试验数据，提供结构和机电部件设计资料，提供安装运行维护手册及人员安全手册等。

2)型号试验

型号试验包括安全及性能验证、动态性能试验和载荷试验。

3)制造质量

在风电机组的制造过程中应提供制造质量保证计划，包括设计文件、部件检验、组装及最终检验等，都要按ISO 9000系列标准要求进行。

4)安装验收认证

在风电机组运抵现场后，应进行现场的设备验收认证。在安装和运行过程中，应按照ISO 9000系列标准进行验收。风力发电机组通过一段时间的运行(如保修期内)应进行保修期结束的认证，认证内容包括技术服务是否按合同执行，损坏零部件是否按合同规定赔偿等。

5)风力发电机组测试

①功率曲线，按照IEC 61400-12的要求进行。

②噪声试验，按照IEC 61400-11噪声测试中的要求进行。

③电能品质，按照IEC 61400-21电能品质测试要求进行。

④动态载荷，按照 IEC 61400-13 机械载荷测试要求进行。

⑤安全性及性能试验，按照 IEC 61400-1 安全性要求进行。

**(2)对机组功率曲线的要求**

功率曲线是反映风力发电机组输出性能好坏的最主要的曲线之一。一般有两条功率曲线由厂家提供给用户，一条是理论(设计)功率曲线，另一条是实测功率曲线，通常是由公正的第三方即风电测试机构测得的，如 Lloyd、Risø 等机构。国际电工组织(IEC)颁布实施了 IEC61400-12 功率性能试验的功率曲线测试标准，标准对如何测试标准的功率曲线(标准状态下(15 ℃，101.3 kPa)的功率曲线)有明确的规定。不同的功率调节方式，其功率曲线形状也就不同。不同的功率曲线对于相同的风况条件，年发电量(AEP)就会不同。一般说来失速型风力发电机在叶片失速后，功率很快下降之后还会再上升，而变距型风力发电机在额定功率之后，基本在一个稳定功率上波动。功率曲线是风力发电机组发电功率输出与风速的关系曲线。对于某一风场的测风数据，可以按 bin 分区的方法(按 IEC61400-12 规定 bin 宽度为0.5 m/s)，求得某地风速分布的频率(即风频)，根据风频曲线和风电机组的功率曲线，可以计算出这台机组在这一风场中的理论发电量。这里假设风力发电机组的可利用率为100%(忽略对风损失、风速在整个风轮扫风面上的矢量变化)。

$$E_{AEP} = 8\,760 \sum_{i=1}^{n} [F(v_i)P_i] \tag{4.1}$$

式中　$v_i$——bin 中的平均风速；

$F(v_i)$——bin 中平均风速出现的概率，%；

$P_i$——bin 中平均风速对应的平均功率，W。

在实际中如果有了某风场的风频曲线，就可以根据风力发电机组的标准功率曲线计算出该机组在这一风场中的理论年发电量。在一般情况下，可能并不知道风场的风能数据，也可以采用风速的 Rayleigh 分布曲线来计算不同年平均风速下某台风电机组的年发电量，Rayleigh 分布的函数式为

$$F(v) = 1 - \exp\left[-\frac{\pi}{4}\left(\frac{v}{\bar{v}}\right)^2\right] \tag{4.2}$$

式中　$F(v)$——风速的 Rayleigh 分布函数；

$v$——风速，m/s；

$\bar{v}$——年平均风速，m/s。

这里的计算是根据单台风电机组功率曲线和风频分布曲线进行的简便年发电量计算，仅用于对机组的基本计算，不是针对风电场的。实际风电场各台风电机组年发电量计算将根据专用的软件，如 WAsP 来计算，年发电量将受可利用率、风电机组安装地点的风资源情况、地形、障碍物、尾流等多种因素影响，理论计算仅是理想状态下的年发电量估算。

**(3)对特定条件的要求**

1)低温要求

在我国北方地区，冬季气温很低，一些风场极端(短时)最低气温达到 -40 ℃以下，而风力发电机组的设计最低运行气温在 -20 ℃以上，个别低温型风力发电机组最低可达到 -30 ℃。如果长时间在低温下运行，将损坏风力发电机组中的部件(如叶片等)。叶片厂家尽管近几年推出特殊设计的耐低温叶片，但实际上仍不愿意这样做。主要原因是叶片复合材料在低温下

其机械特性会发生变化变脆,这样很容易在机组正常震动的条件下出现裂纹而损坏。其他部件如齿轮箱、发电机、机舱、传感器都要采取相应的措施。齿轮箱的加温是因为当风速较长时间很低或停风时,齿轮油会因气温太低而变得很稠,尤其是采取飞溅润滑部件的方式,部件无法得到充分的润滑,导致齿轮或轴承缺乏润滑而损坏。另外当冬季低温运行时还会有其他一些问题,比如雾凇、挂霜、结冰等;这些雾凇、挂霜或结冰如果发生在叶片上,将会改变叶片的气动外形,影响叶片上的气流流动而产生畸变,影响失速特性,使出力难以达到相应风速时的功率而造成停机,甚至造成机械震动而停机。如果机舱温度也很低,管路中润滑也会发生流动不畅的问题,这样当齿轮油不能通过管路到达散热器时,齿轮油温会不断上升直至停机。除了冬季在叶片上挂霜或结冰之外,有时传感器如风速计也会发生结冰现象。

我国北方地区冬季寒冷,然而在此期间风速很大,是一年四季中风速最高的时候,一般最寒冷的季节是1月份,-20 ℃以下气温的累计时间长达1~3个月,-30 ℃以下气温累计日数可达几天甚至几十天,因此,在风电机组选型以及机组厂家供货时,应充分考虑上述几个方面的问题。

2)风力发电机组的防雷

由于机组安装在野外,安装高度高,因此对雷电应采取防范措施,以便对风电机组加以保护。我国风电场特别是东南沿海的风电场,经常遭受暴风雨及台风袭击,雷电日从几天到几十天不等。雷电放电电压高达几百千伏甚至到上亿伏,产生的电流从几十千安到几百千安。雷电主要划分为直击雷和感应雷。雷电会造成风电机组中电气、控制、通信系统及叶片的损坏,雷电直击会造成叶片开裂和孔洞,通信及控制系统芯片烧损。目前,国内外各风电机组厂家及部件生产厂,都在其产品上增加了雷电保护系统。如叶尖预埋导体网(铜),至少50 $mm^2$ 铜导体向下传导。通过机舱上高出测风仪的铜棒,起到避雷针的作用,保护测风仪不受雷击,通过机舱到塔架良好的导电性,雷电通过叶片、轮毂到机舱塔架导入大地,避免其他机械设备如齿轮箱、轴承等的损坏。

在基础施工中,沿地基安装铜导体,在地基周围(放射10 m)1 m地下埋设,以降低接地电阻;或者采用多点铜棒垂直打入深层地下的做法减少接地电阻,满足接地电阻小于10 Ω的标准。此外还可采用降阻剂的方法,也可以有效降低接地电阻。应每年对接地电阻进行检测。应采用屏蔽系统以及光电转换系统对通信远传系统进行保护。电源采用隔离型,并在变压器周围同样采取防雷接地网及过电压保护。

3)电网条件的要求

我国风电场多数处于大电网的末端,接入到35 kV或110 kV线路。若三相电压不平衡、电压过高过低都会影响风电机组运行。风电机组厂家一般要求电网的三相不平衡误差不大于5%,电压上限+10%,下限不超过-15%(有的厂家为-10%~+6%)。否则,经过一定时间后,机组将停止运行。

4)防腐

我国东南沿海风电场大多位于海滨或海岛上,海上的盐雾腐蚀相当严重,因此防腐十分重要。主要是电化学反应造成的腐蚀,腐蚀的主要部件为法兰、螺栓、塔筒等。这些部件应采用热镀锌或喷锌等办法以保证金属表面不被腐蚀。

### 4.3.2 风力发电机组的运输与安装

以600 kW风机为例,塔架高45 m左右,质量近30 t;机舱质量20 t多;叶片长20 m多,质量2 t多。安装风力发电机组时需200 t吊车,要有很好的基础,经12级飓风而不倒。安装前要修好进入现场的道路,铺设好输电线路。并在每台风机前留有足够的吊装作业面。风力发电的特点是分布式电源,每装完一台就可以并入电网发电。

**(1)风力发电机组的运输方法**

根据风力发电机组出厂包装尺寸、单件包装毛重以及发货地、目的地和途中的具体情况,目前采用以下运输方法:

①水路船运与公路运输联运;

②水路船运与铁路、公路运输联运;

③铁路与公路运输联运;

④公路运输。

一般情况下,采购我国自己生产的风力发电机组,在采购合同中都明确由生产厂家代为组织运输,且直达风电场工地现场;若建设单位(业主)选择自己组织运输,例如采购国外生产的风力发电机组,在我国沿海指定港口接货时,则应预先确定运输方法,并做好相应的准备工作。

**(2)选择运输方法时需要考虑的因素**

1)运输的途中时间

建设单位(业主)在风电场建设总进度计划中,一般确定了时间表,期望包括运输在内的各个工程分项目能尽量按计划实施。在国内运输风力发电机组时,采用公路汽车运输的时间较短,而且可以直达工地现场。

2)运输费用

铁路运输费用一般低于公路汽车运输费用,运输距离越长,差距越明显;船运的费用又较铁路运输费用低。此外,铁路运输和船运,途中发生交通意外事故的风险几率都比公路汽车运输低。

3)风险

无论采用何种运输方法,保证货物安全,不发生意外损坏事故是最重要的要求。而各种运输方法都程度不同地存在着各种潜在的风险。例如,由于发生意外交通事故造成损伤的风险,由于运力紧张或道路被洪水、泥石流、山体滑坡塌方等损坏堵塞造成的运输时间延迟的风险等。

4)货物装载超限

货物装载超过国家有关规定的长度、宽度和高度时,可能在运输途中遭遇困难,这种情况称为超限。风力发电机组的风轮叶片和塔架长度在十几米或更长,机舱包装一般在3 m或更高,塔架下法兰直径超过3 m,这些都属于超限范围。为了保证运输安全,承运单位必须采取一定的措施,例如,运送超长的风轮叶片,铁路部门要求一套叶片占用三节火车车厢,以消除通过最小转弯半径铁路段时可能发生的碰刮危险。

建设单位(业主)在选择运输方法时,需综合考虑各有关因素的影响,进行多方案的综合分析比较。

目前,国内运输风力发电机组,除必须采用船运(到海岛目的地)的外,采用公路运输方案的较多,除了综合各因素的影响外,公路汽车运输可省却其他运输方法中途吊卸作业的麻烦,是一个重要原因。在采用公路汽车运输方案时,建设单位(业主)应对道路路况作全面了解,并应会同承运单位对途中隧道桥涵的最高允许通过的装载高度、桥梁的最大允许载重逐一落实,当通过低等级路面时,对公路的最小转弯半径、最大横坡角度、凹坑和鞍式路面、过水路面等认真考察,发现有不宜直接通过的情况时,提前做好应对措施。如运输超长风轮叶片和塔架时,采取平板车加单轴拖车的装载法可消除后悬货物通过鞍式路面时与地面发生碰擦操作的危险等。

**(3)注意事项**

①注意制造商对风力发电机组运输的要求和提示。例如,厂方要求执行防止齿轮箱齿轮副因途中震动冲击可能带来损坏的预防措施;又如对简易包装的风轮叶片的防止意外碰伤的提示等,建设单位(业主)应按提示和要求进行检查和采取必要的措施。

②提前办好超限运输的手续,并按交通运输管理部门的要求准备好在汽车上设置的超限标志。

③采用铁路运输时,尽量不使装载超限。

④选用公路汽车运输方案时,多采用平板拖车。应注意以下几点:

a. 平板车不允许超载也不允许轻载(以大运小),避免因装载轻产生震动,损坏风力发电机组零部件。

b. 要在低等级路面影响平板车通行的路段前,安排有经验的技术人员专车带领必要数量的劳动工,携带必要的工具、材料,如枕木、三角木、钢丝绳、跳板、垫木、蚂蟥钉、铁丝、千斤顶、铁锹、十字镐、大锤、棕绳等。随平板车同行,以处理小桥加固、鞍式路面垫高、隧道前拆卸超高的机舱盖和包装等应急事宜。

c. 在简易公路转弯半径很小,弯道很急,平板车无法正常通过的地方,可考虑使用合适吨位的汽车式吊车,采用吊车辅助移位法,帮助平板车通过弯道。采用此法,应事先与承运单位汽车驾驶员和吊车司机商定移位操作方法,并需注意安全操作,特别是在盘山弯道上操作时。

d. 运输塔架前,应对易变形的上段塔架上的法兰进行内部防变形支撑处理,通常多采用筋板焊接方式,在塔架吊装完成后再去除点焊的支撑。

**(4)风力发电机组的安装**

①塔架吊装　有两种方式。一种是使用起质量 50 t 左右的吊车先将下段吊装就位,待吊装机舱和风轮时,再吊剩余的中、上段,这样可减少大吨位吊车的使用时间,适用于一次吊装的风力发电机组数量少,且为地脚螺栓或基础结构。吊装时还需配备一台起质量 16 t 以上的小吊车配合“抬吊”。另一种方式是一次吊装的风力发电机组台数较多,除使用 50 t 吊车外,还使用起质量大于 130 t、起吊高度大于塔架总高度 2 m 以上的大吊车,一次将所有塔架各段全部吊装完成。塔架吊装时,由于连接用的紧固螺栓数量多,紧固螺栓占用时间长,有可能时,尽量提前单独完成,且宜采用流水作业方式一次连续吊装多台,以提高吊车利用率。特别是需调平上法兰上平面的采用地脚螺栓的风力发电机组塔架,耗时更长。

②风轮组装　与塔架吊装就位一样,风轮组装也需要在吊装机舱前提前完成。风轮组装有两种方式,一种是在地面上将三个叶片与风轮轮毂连接好,并调好叶片安装角(有叶片加长节的,也一并连接好);另一种方法是在地面上连接风轮轮毂和机舱的风轮轴,同时安装好离地面水平线有 120°角度的两个风轮叶片,第三个叶片待机舱吊装至塔架顶后再安装。

③机舱吊装　装有铰链式机舱盖的机舱，打开分成左右两半的机舱盖，挂好吊带或钢丝绳，保持机舱底部的偏航轴承下平面处于水平位置，即可吊装于塔架顶法兰上；装有水平部分机舱盖的机舱，与机舱盖需先后分两次吊装。对于已装好轮毂并装有两个叶片的机舱，吊装前切记锁紧风轮轴并调紧刹车。

④风轮吊装　用两台吊车“抬吊”，并由主吊车吊住上扬的两个叶片的叶根，完成空中90°翻身调向，撤开副吊车后与已装好在塔架顶上的机舱风轮轴对接。

⑤控制柜就位　控制柜安装于钢筋混凝土基础上的，应在吊下段塔架时预先就位；控制柜固定于塔架下段下平台上的，可在放电缆前从塔架工作门抬进就位。

⑥放电缆　使其就位。

⑦电气接线　完成所有控制电缆、电力电缆的连接。

⑧连接液压管路。

## 4.4 风电场场址的选择

众所周知，风况是影响风力发电经济性的一个重要因素。风能资源的评估是建设风电场成败的关键所在。随着风力发电技术的不断完善，根据国内外大型风电场的开发建设经验，为保证风力发电机组高效率稳定地运行，达到预期目的，风电场场址必须具备较丰富的风能资源。因此，对风能资源进行详细的勘测和研究越来越被人们重视。

### 4.4.1 风能资源的评估

#### (1)风能资源评估步骤

对某一地区进行风能资源评估，是风电场建设项目前期必须进行的重要工作。风能资源评估分如下几个阶段：

1)资料收集、整理分析

从地方各级气象台、站及有关部门收集有关气象、地理及地质数据资料，对其进行分析和归类，从中筛选出具有代表性的完整数据资料。能反映某地风资源状况的多年(10年以上，最好30年以上)平均值和极值，如平均风速和极端风速，平均和极端(最低和最高)气温，平均气压，雷电日数以及地形地貌等。

2)风能资源普查分区

对收集到的资料进行进一步分析，按标准划分风能区域及其风功率密度等级，初步确定风能可利用区。有关风功率密度级及风能可利用区的划分方法见第2章。

3)风电场宏观选址

风电场宏观选址遵循的原则一般是：根据风能资源调查与分区的结果，选择最有利的场址，以求增大风力发电机组的出力，提高供电的经济性、稳定性和可靠性；最大限度地减少各种因素对风能利用、风力发电机组使用寿命和安全的影响；全方位考虑场址所在地对电力的需求及交通、电网、土地使用、环境等因素。

根据风能资源普查结果，初步确定几个风能可利用区，分别对其风能资源进行进一步分析、对地形地貌、地质、交通、电网及其他外部条件进行评价，并对各风能可利用区进行相关比较,从而确定最合适的风电场场址。一般通过利用收集到的该区气象台、站的测风数据和地理地质资料,对数据进行分析,到现场询问当地居民,考察地形地貌特征如长期受风吹而变形的植物、风蚀地貌等手段来定性分析,从而确定风电场场址。

4)风电场风况观测

一般,气象台、站提供的数据只是反映较大区域内的风气候,而且数据由于仪器本身精度等问题,不能完全满足风电场精确选址及风力发电机组微观选址的要求。因此,为正确评价已确定风电场的风能资源情况,取得具有代表性的风速风向资料,了解不同高度处风速风向的变化特点,以及地形地貌对风的影响,有必要对现场进行实地测风,为风电场的选址及风力发电机组微观选址提供最有效的数据。

现场测风应连续进行,时间至少一年以上,有效数据不得少于90%,内容包括风速、风向的统计值和温度、气压,通过在风电场设立单个或多个测风塔进行。塔的数量依地形和项目的规模而定。

5)测风塔安装

为进行精确的风力发电机组微观选址,现场所安装测风塔的数量一般不能少于2座。若条件许可,对于地形相对复杂的地区应增至4~8座。测风塔应尽量设立在最能代表并反映风电场风能资源的位置。测风应在空旷地进行,尽量远离高大树木和建筑物,选择位置时应充分考虑地形和障碍物的影响。如果测风塔必须位于障碍物附近,则在盛行风向的下风向与障碍物的水平距离不应少于该障碍物高度的10倍处安置;如果测风塔必须设立在树木密集的地方,则至少应高出树木顶端10 m。

为确定风速随高度的变化(风剪切效应),得到不同高度处可靠的风速值,一座测风塔上应安装多层测风仪。一般测风塔上测风仪的数量可根据上述目的及地形确定。测量气压和温度时,每个风电场场址只需安装一套气压传感器和温度传感器,塔上的安装高度为2~3 m。

测风设备的安装和管理应严格按气象测量标准进行。测量内容为风速(m/s)、风向(°)、气压(hPa)、温度(℃)。

一般,测风方案依选址的目的而不同,若是要求在选定区域内确定风电场场址,可以采用临时方案,安装一个或几个单层安装测风仪的临时塔。该塔可以是固定的,也可以是移动的,测风仪应安装在10 m和大约风力发电机组轮毂高度处(30~70 m);若测风的目的是要对风电场进行长期风况测量及对风电场风力发电机组进行产量测算,则应采用设立多层测风塔长期测量有关数据,测风仪应安装在10 m、30 m、50 m、70 m高度甚至更高。

6)风电场风力发电机组微观选址

场址选定后,根据地形地质情况、外部因素和现场实测风能资源的分析结果,在场区内对风力发电机组进行定位排布。

**(2)风能资源评估参数**

建设风电场,选定合适的场址是至关重要的。场址选择的正确与否将直接关系到许多方面的因素,近则影响运输、施工、安装及环境等方面,远则影响将来的风力发电机组出力及产量,甚至风电场效益。其中,风力发电机组的发电量是决定风电场效益好坏的最直接因素。要确定正确的风电场址,首先,进行精确的风能资源评估分析是非常关键的。只有对风能资源进行详细细致的考察评估并对其进行处理计算,才能了解当地的风势风况。风能资源分析评估是设计选择建设风电场的首要条件。以下是进行风能资源评估及风电场选址所要考虑的几个主要指标及因素：

1）平均风速

平均风速是最能反映当地风能资源情况的重要参数。由于风的随机性，计算时一般按年平均来进行计算。年平均风速是全年瞬时风速的平均值。年平均风速越高，则该地区风能资源越好，安装风力发电机组的单机容量也可相应提高，风力发电机组出力也好。一般来说，只有年平均风速大于6 m/s（合4级风）的地区才适合建设风电场。风能资源的统计分析及年平均风速的计算要依据该地区多年的气象站数据和当地测风设备的实际测量数据进行（气象资料数据要统计30年以上的数据，至少10年的每小时或每10 min风速数据表，采样间隔为1 m/s；现场测风设备的实际测量数据统计方式要与气象站提供的数据相一致，统计时间至少1年）。

2）风功率密度

由风能公式可知，风功率密度只和空气密度与风速有关，对于特定地点，当空气密度视为常量时，风功率密度只由风速决定。

由于风速具有随机性，每时每刻都在变化，故不能使用某个瞬时风速值来计算风功率密度，只有使用长期风速观测资料才能反映其规律。

风功率密度越高，该地区的风能资源越好，风能利用率也越高。风功率密度的计算可依据该地区多年的气象站数据和当地测风设备的实际测量数据进行；也可利用WAsP软件对风速风向数据进行精确的分析处理后计算。

3）主要风向分布

风向及其变化范围决定风力发电机组在风电场中确切的排列方式，风力发电机组的排列方式很大程度地决定各台风力发电机组的出力，从而决定风电场的发电效率，因此，主要盛行风向及其变化范围要精确。同平均风速一样，风向的统计分析也要依据多年的气象站数据和当地测风设备的实际测量数据进行。利用WAsP软件可对风向及其变化范围进行精确的计算。

4）年风能可利用时间

年风能可利用时间是指一年中风力发电机组在有效风速范围（一般取3～25 m/s）内的运行时间。一般年风能可利用小时数大于2 000 h的地区为风能可利用区。

#### 4.4.2 风资源的测量方法

建设风电场最基本的条件是要有能量丰富、风向稳定的风能资源。利用已有的测风数据以及其他地形地貌特征，如长期受风吹而变形的植物、风蚀地貌等。在一个较大范围内，例如一个省、一个县或一个电网辖区内，找出可能开发风电的区域，初选风电场场址。

现有测风数据是最有价值的资料，我国气象研究工作院和部分省区的有关部门绘制了全国或地区的风能资源分布图，按照风功率密度和有效风速出现的小时数进行风能资源区域的划分，标明了风能丰富的区域，可用于指导宏观选址。有些省区已进行过风能资源的调查，可以向有关部门咨询，尽量收集候选场址已有的测风数据或已建风电场的运行记录，对场址的风能资源进行评估。某些地区完全没有或者只有极少的现成测风数据，还有些区域地形复杂，即使有现成资料用来推算测站附近的风况，其可靠性也受到限制。在风电场场址选择时可采用以下定性的方法初步判断风能资源是否丰富。

(1)地形地貌特征判别法

对缺少测风数据的丘陵和山地,可利用地形地貌特征进行风能资源评估。地形图是表明地形地貌特征的主要工具,采用1∶50 000的地形图,能够较详细地反映出地形特征。

从地形图上可以判别发生较高平均风速的典型特征有:

①经常发生强烈气压梯度的区域内的隘口和峡谷;

②从山脉向下延伸的长峡谷;

③高原和台地;

④强烈高空区域内暴露的山脊和山峰;

⑤强烈高空风或温度、压力梯度区域内暴露的海岸;

⑥岛屿的迎风和侧风角。

从地形图上可以判断发生较低平均风速的典型特征有:

①垂直于高处盛行风向的峡谷;

②盆地;

③表面粗糙度大的区域,例如森林覆盖的平地等。

(2)植物变形判别法

植物因长期被风吹而导致永久变形的程度可以反映该地区风力特性的一般情况。特别是树的高度和形状能够作为记录多年持续的风力强度和主风向的证据。树的变形受多种因素影响,包括树的种类、高度、暴露在风中的程度、生长季节和非生长季节的平均风速、年平均风速和持续的风向等。已经得到证明,年平均风速是与树的变形程度最相关的特性。

(3)风成地貌判别法

地表物质会因风吹而移动和沉积,形成干盐湖、沙丘和其他风成地貌,从而表明附近存在固定方向的强风,如在山的迎风坡岩石裸露,背风坡砂堆积。在缺少风速数据的地方,研究风成地貌有助于初步了解当地风况。

(4)当地居民调查判别法

有些地区由于气候的特殊性,各种风况特征不明显,可通过对当地长期居住居民的询问调查,定性了解该地区风能资源的情况。

### 4.4.3 风电场宏观选址

风电场宏观选址过程是从一个较大的地区,对气象条件等多方面进行综合考察后,选择一个风能资源丰富,而且最有利用价值的小区域的过程。

随着技术的不断发展,风能的开发和利用越来越被人们重视。但是,风能应用的实际工作中,首先应予考虑的是如何选择好风力发电机组的安装场地。场址选择的好坏,对能否达到风能应用所要达到的预期目的及达到的程度,起着至关重要的作用。

当然,还应考虑经济、技术、环境、地质、交通、生活、电网、用户等诸多方面的问题。但即使在同一地区,由于局部条件的不同,也会有着不同的气候效应。因此如何选择有利的气象条件,力求最大限度地发挥风力发电机组效益,有着重要的意义。这里主要从气象角度考虑如何进行风电场选址。

宏观选址主要按如下条件进行:

**(1)场址选在风能质量好的地区**

所谓风能质量好的地区是:年平均风速较高,风功率密度大,风频分布好,可利用小时数高。

**(2)风向基本稳定(即主要有一个或两个盛行主风向)**

所谓盛行主风向,是指出现频率最高的风向。一般来说,根据气候和地理特征,某一地区基本上只有一个或两个盛行主风向且几乎方向相反,这种风向对风力发电机组的排布非常有利,考虑因素较少,排布也相对简单。但是,也有这种情况,就是虽然风况较好,但没有固定的盛行风向,这对风力发电机组排布,尤其是在风力发电机组数量较多时带来不便,这时,就要进行各方面综合考虑来确定最佳排布方案。

在选址考虑风向影响时,一般按风向统计各个风速的出现频率,使用风速分布曲线来描述各风向方向上的风速分布,作出不同的风向风能分布曲线,即风向玫瑰图和风能玫瑰图,来选择盛行主风向。

**(3)风速变化小**

风电场选址时尽量不要有较大的风速日变化和季节变化。

**(4)风力发电机组高度范围内风垂直切变要小**

风力发电机组选址时要考虑因地面粗糙度引起的不同风速廓线,当风的垂直切变非常大时,对风力发电机组的运行十分不利。

**(5)湍流强度小**

由于风是随机的,加之场地表面粗糙和附近障碍物的影响,由此产生的无规则湍流会给风力发电机组及其出力带来无法预计的危害:减小了可利用的风能,使风力发电机组产生震动,叶片受力不均衡,引起部件机械磨损,从而缩短了风力发电机组的寿命,严重时使叶片及部分部件受到不应有的毁坏等。因此,在选址时,要尽量使风力发电机组避开粗糙的地表面或高大的建筑障碍物。若条件允许,风力发电机组的轮毂高度应高出附近障碍物至少8~10 m,距障碍物的距离应为5~10倍障碍物高度。

**(6)尽量避开灾害性天气频繁出现的地区**

灾害性天气包括强风暴(如强台风、龙卷风等)、雷电、沙暴、覆冰、盐雾等,对风力发电机组具有破坏性,如强风暴、沙暴会使叶片转速增大产生过发,叶片失去平衡而增加机械摩擦导致机械部件损坏,降低风力发电机组使用寿命,严重时会毁坏风力发电机组;多雷电区会使风力发电机组遭受雷击,从而造成风力发电机组毁坏;多盐雾天气会腐蚀风力发电机组部件,从而降低风力发电机组部件使用寿命;叶片覆冰会使风力发电机组的叶片及测风装置发生结冰现象,从而改变叶片翼型,改变正常的气动出力,减少风力发电机组出力;叶片积冰会引起叶片不平衡和震动,增加疲劳负荷,严重时会改变风轮固有频率,引起共振,从而减少风力发电机组寿命或造成风力发电机组严重损坏;叶片上的积冰在风力发电机组运行过程中会因风速、旋转离心力而甩出,坠落在风力发电机组周围,危及人员和设备自身安全,测风传感器结冰会给风力发电机组提供错误信息,从而使风力发电机组产生误动作,等等。此外,冰冻和沙暴还会使测风仪器的记录出现误差。风速仪上的冰会改变风杯的气动特性,降低转速甚至会冻住风杯,从而不能可靠地进行测风和对潜在的风电场风能资源进行正确评估。因此,频繁出现上述灾害性气候的地区应尽量不要安装风力发电机组。但是,在选址时,有时不可避免地要将风力发电机组安装在这些地区,此时,在进行风力发电机组设计时,就应将这些因素考虑进去,要对历年来出现的冰冻、沙暴情况及其出现的频度进行统计分析，并在风力发电机组设计时采取相应措施。

**(7)尽可能靠近电网**

要考虑电网现有容量、结构及其可容纳的最大容量，以及风电场的上网规模与电网是否匹配的问题；风电场应尽可能靠近电网，从而减少电损和电缆铺设成本。

**(8)交通方便**

要考虑所选定风电场交通运输情况，设备供应运输是否便利，运输路段及桥梁的承载力是否适合风力发电机组运输车辆等。风电场的交通方便与否，将影响风电场建设。如设备运输、备件运送等。

**(9)对环境的不利影响最小**

通常，风电场对动物特别是对飞禽及鸟类有伤害，对草原和树林也有些损害。为了保护生态，在选址时应尽量避开鸟类飞行路线，候鸟及动物停留地带和动物筑巢区，尽量减少占用植被面积。

**(10)地形情况**

地形因素要考虑风电场址区域的复杂程度。如多山丘区、密集树林区、开阔平原地、水域或多种区域并存的地形等。地形单一，则对风的干扰低，风力发电机组无干扰地运行在最佳状态；反之，地形复杂多变，产生扰流现象严重，对风力发电机组出力不利。验证地形对风电场风力发电机组出力产生影响的程度，通过考虑场区方圆 50 km(对非常复杂地区)以内地形粗糙度及其变化次数、障碍物如房屋树林等的高度、数字化山形图等数据，还有其他如上所述的风速风向统计数据等，利用 WAsP 软件的强大功能进行分析处理。

**(11)地质情况**

风电场选址时要考虑所选定场地的土质情况，如是否适合深度挖掘(塌方、出水等)，房屋建设施工、风力发电机组施工等。要有详细的反映该地区的水文地质资料并依照工程建设标准进行评定。

**(12)地理位置**

从长远考虑，风电场选址要远离强地震带、火山频繁爆发区，以及具有考古意义和特殊使用价值的地区。应收集历年有关部门提供的历史记录资料。结合实际作出评价。另外，考虑风电场对人类生活等方面的影响，如风力发电机组运行会产生噪声及叶片飞出伤人等，风电场应远离人口密集区。有关规范规定风力发电机组离居民区的最小距离应使居民区的噪声小于45 dB(A)，该噪声可被人们所接受。另外，风力发电机组离居民区和道路的安全距离从噪声影响和安全角度考虑，单台风力发电机组应远离居住区至少 200 m。而对大型风电场来说，最小距离应增至 500 m。

**(13)温度、气压、湿度**

温度、气压、湿度的变化会引起空气密度的变化，从而改变了风功率密度，由此改变风力发电机组的发电量。在收集气象站历年风速风向数据资料及进行现场测量的同时，应统计温度、气压、湿度。在利用 WAsP 软件对风速风向进行精确计算的同时，利用温度、气压、湿度的最大、最小及平均值进行风力发电机组发电量的计算验证。

**(14)海拔**

同温度、气压、湿度一样，具有不同海拔的区域其空气密度不同，从而改变了风功率密度，由此改变风力发电机组的发电量。在利用 WAsP 软件进行风能资源评估分析计算时,海拔的高度间接对风力发电机组发电量的计算验证起重要作用。

### 4.4.4　风电场微观选址

微观选址是在宏观选址选定的小区域中确定如何布置风力发电机组,使整个风电场具有较好的经济效益。一般,风电场选址研究需要两年时间,其中现场测风应有至少一年以上的数据。国内外的经验教训表明,由于风电场选址的失误造成发电量损失和增加维修费用将远远大于对场址进行详细调查的费用。因此,风电场选址对于风电场的建设是至关重要的。

风力发电机组微观选址时的一般选择如下:

**(1)平坦地形**

平坦地形可以定义为,在风电场区及周围 5 km 半径范围内其地形高度差小于 50 m,同时地形最大坡度小于 3°。实际上,对于周围特别是场址的盛行风的上(来)风方向,没有大的山丘或悬崖之类的地形,也可作为平坦地形来处理。

1)粗糙度与风速的垂直变化

对平坦地形,在场址地区范围内,同一高度上的风速分布可以看作是均匀的,可以直接使用邻近气象台、站的风速观测资料来对场址区进行风能估算。这种平坦地形下,风的垂直方向上的廓线与地表面粗糙度有着直接关系,计算也相对简单。对平坦地形,提高风力发电机组功率输出的唯一方法,是增加塔架高度。

2)障碍物的影响

如前所述,障碍物是指针对某一地点存在的相对较大的物体,如房屋等。当气流流过障碍物时,由于障碍物对气流的阻碍和遮蔽作用,会改变气流的流动方向和速度。障碍物和地形变化会影响地面粗糙度,风速的平均扰动及风速廓线对风的结构都有很大的影响,但这种影响有可能是有利的(形成加速区),也可能是不利的(产生尾流、风扰动)。所以在选址时要充分考虑这些因素。

**(2)复杂地形**

复杂地形是指平坦地形以外的各种地形,大致可以分为隆升地形和低凹地形两类。局部地形对风力有很大的影响。这种影响在总的风能资源分区图上无法表示出来,需要在大的背景上作进一步的分析和补充测量。复杂地形下的风力特性分析是相当困难的。但如果了解了典型地形下的风力分布规律,就有可能进一步分析复杂地形下的风电场分布。

1)山区风的水平分布和特点

在一个地区自然地形提高,风速可能提高。但这不只是由于高度的变化,也是由于受某种程度的挤压(如峡谷效应)而产生加速作用。

在河谷内,当风向与河谷走向一致时,风速将比平地大;反之,当风向与河谷走向相垂直时,气流受到地形的阻碍,河谷内的风速大大减弱。新疆阿拉山口风区,属我国有名的大风区,因其地形的峡谷效应,风速得到很大的增强。

山谷地形由于山谷风的影响,风将会出现较明显的日或季节变化。因此选址时需考虑到用户的要求。一般地说,在谷地选址时,首先要考虑的是山谷风走向是否与当地盛行风向相一致。这种盛行风向是指大地形下的盛行风向,而不能按山谷本身局部地形的风向确定。因为山地气流的运动,在受山脉阻挡情况下,会就近改变流向和流速,在山谷内风多数是沿着山谷吹的。然后考虑选择山谷中的收缩部分,这里容易产生狭管效应。而且两侧的山越高,风也越强。另一方面,由于地形变化剧烈,会产生强的风切变和湍流,在选址时应该注意。

2)山丘、山脊地形的风电场

对山丘、山脊等隆起地形,主要利用它的高度抬升和它对气流的压缩作用来选择安装风力发电机组的有利地形。

相对于风来说展宽很长的山脊,风速的理论提高量是山前风速的2倍,而圆形山包为1.5倍,这一点可利用风图谱中流体力学和散射实验中的数学模型验证。

孤立的山丘或山峰由于山体较小,气流流过山丘时的主要形式是绕流运动。同时山丘本身又相当于一个巨大的塔架,是比较理想的风力发电机组安装场址。国内外研究和观测结果表明,在山丘与盛行风向相切的两侧上半部是最佳场址位置,这里气流得到最大的加速,其次是山丘的顶部。应避免在整个背风面及山麓选定场址,因为这些区域不但风速明显降低,而且有较强的湍流。

3)海陆对风的影响

除山区地形外,在风力发电机组选址中,遇到最多的就是海陆地形。由于海面摩擦阻力比陆地要小,在气压梯度力相同的条件下,低层大气中海面上的风速比陆地上要大。因此各国选择大型风力发电机组的位置有两种倾向:一是选在山顶上,这些站址多数远离电力消耗的集中地;一是选在近海,这里的风能潜力比陆地大50%左右,所以很多国家都在近海建立风电场。

从上面对复杂地形的介绍及分析可以看出,虽然各种地形的风速变化有一定的规律,但作进一步分析还存在一定的难度。因此,应在当地建立测风塔,利用实际风和测量值来与原始气象数据比较,作出修正后再确定具体方案。

### 4.4.5 风力发电机组排列方式

风力发电机组排列方式主要与风向及风力发电机组数量、场地实际情况有关。应根据当地的单一盛行风向或多风向,决定风力发电机组是矩阵式排布还是圆形或方形分布。

合理地排列风力发电机组是风电场设计时需要考虑的重要问题。如果排列过密,风力发电机组间的相互影响将会大幅度地降低排列效率,减少年发电量,并且产生的强紊流将造成风力发电机组震动,恶化受力状态;反之,如果排列过疏,不但年发电量增加很少,而且增加了道路、电缆等投资费用及场地利用率。按标准要求,无论何种方式的排列,应保证风力发电机组间相互干扰最小化。

对平坦地形而言,当盛行主风向为一个方向或两个方向且相互为反方向时,风力发电机组排列方式一般为矩阵式分布。风力发电机组群排列方向与盛行风向垂直,前后两排错位,即后排风力发电机组始终位于前排2台风力发电机组之间。在考虑风力发电机组的风能最大捕获率或考虑场地面积而允许出现较小干扰,并考虑道路、输电线等投资成本的前提下,可适当调整风力发电机组的间距和排距。一般来说,风力发电机组的列距为3~5倍风轮直径,行距为5~9倍风轮直径。

当场地为多风向区,即该场地存在多个盛行风向时,依场地面积和风力发电机组数量,风力发电机组排布一般采用“田”形或圆形分布,此时风力发电机组间的距离应相对大一些,通常取10~12倍风轮直径或更大。

对复杂地形如山区、山丘等,不能简单地根据上述原则确定风力发电机组的位置,而是根据实际地形，测算各点的风力情况后，经综合考虑各方因素，如安装、地形地质等，选择合适的地点进行风力发电机组安装。

### 4.4.6　风电场年上网电量计算

**(1)理论年发电量估算**

1)直接测风估算法

估算风电场发电量最可行的方法是在预计要安装风电机组的地点建立测风塔，其塔高应达到风电机组的轮毂高度，在塔顶端安装测风仪传感器，连续测风一年。然后按照风能资源评估方法对测风数据验证、订正，得出代表年风速的资料，再按照风电机组的功率曲线估算其理论年发电量。用这种方法估算发电量时，在复杂地形情况下应每3台风电机组安装一套测风系统，甚至在每台风电机组的位置安装一套测风系统，地形相对简单的场址可以适当放宽。在测风时应把风速仪安装在塔顶，避免塔影效应(风吹过塔架后的尾流)。如果风速仪安装在塔架的侧面，应该考虑盛行风向和仪器与塔架的距离，以降低塔影效应的影响。

2)计算机模型估算法

利用WAsP软件，用户按照它的格式要求，输入风电场某测风点经过验证和订正后的测风资料、测风点周围的数字化地形图、地表粗糙度及障碍物资料，就可以估算风电场中各台风电机组的理论年发电量。另外，其他的风能资源评估和发电量估算软件也可用于风电场的发电量估算。这种方法的优点是要求的测风资料少，成本低，在简单地形场址条件下结果比较可行，是风能工作者的重要工具。

**(2)年上网发电量估算**

风电场年理论发电量需要作以下几方面修正，才能估算出风电场的年上网电量。

1)空气密度修正

由于风功率密度与空气密度成正比，在相同的风速条件下，空气密度不同，则风电机组的出力也不一样，风电场年上网发电量估算应进行空气密度修正。严格来讲，进行空气密度修正时应要求生产厂家根据当地空气密度提供功率曲线，然后按照这条功率曲线进行发电量估算。

在生产厂家不能提供对应当地空气密度的功率曲线时，可根据风功率密度与空气密度成正比的特点，将标准空气密度对应下的功率曲线估算的结果乘以空气密度修正系数进行空气密度修正。其中，空气密度修正系数的计算公式为

$$\text{空气密度修正系数} = \text{平均空气密度(风电场所在地)}/\text{标准空气密度}(1.225\ \text{kg/m}^3) \tag{4.3}$$

2)尾流修正

可以利用Park等专业软件进行尾流影响估算，从而对风电场发电量进行尾流影响修正。一般情况下，按照风电机组布机指导原则进行风电场机组布置，风电场尾流影响折减系数约为5%。

3)控制和湍流折减

控制过程指的是风电机组的控制系统随风速风向的变化控制机组状态，实际情况是运行中的机组控制总是落后于风的变化，造成发电量损失。每小时的湍流强度系数计算公式为

$$\text{湍流强度系数} = \text{标准偏差值}/\text{平均风速值} \tag{4.4}$$

风电场控制和湍流强度系数大，相应的控制和湍流折减系数也大。一般情况下，控制和湍

流折减系数约为5%。

4)叶片污染折减

叶片表层污染使叶片表面粗糙度提高,翼型的气动特性下降,从而使发电量下降。发电量估算时应根据风电场的实际情况估计风电场叶片污染系数,一般为3%左右。

5)风电机组可利用率

风电机组因故障、检修以及电网停电等因素不能发电,考虑目前风电机组的制造水平、风电场运行、管理及维修经验,风电机组的可利用率约为95%。

6)厂用电、线损等能量损耗

风电场估算上网发电量时应考虑风电场箱式变电所、电缆、升压变压器和输出线路的损耗以及风电场用电。根据已建风电场经验,该部分折减系数为3% ~5%,可视风电场的具体情况计算确定。

7)气候影响停机

地处高纬度寒冷地区的风电场,在冬季有时气温低于或等于 -30 ℃。虽然风速高,但风电机组由于低温必须停机。风电场测风时,应监测轮毂高度的气温。在估算风电场理论发电量时,应统计那些低于或等于 -30 ℃情况下各风速段发生的时间,求出对应的发电量,根据其占全年总理论发电量的比率,在估算上网电量时进行折减。

综上所述,风电场理论发电量按各种因素折减以后,可以估算出风电场年上网电量,同时得出本风电场年可利用小时数和容量系数。其中:

$$\text{风电场年可利用小时数} = \text{风电场年上网电量} / \text{风电场装机容量} \tag{4.5}$$

$$\text{风电场容量系数} = \text{风电场年可利用小时数} / 8\,760(\text{全年小时数}) \tag{4.6}$$

一般说来,风电场年可利用小时数超过 3 000 h(容量系数 0.34)为优秀场址;年可利用小时数 2 500 ~3 000 h(容量系数 0.27 ~0.34)为良好场址;年可利用小时数 2 000 ~2 500 h(容量系数 0.23 ~0.27)为及格场址;年可利用小时数低于 2 000 h 的场址不具备开发价值。

#### 4.4.7 风电场选址软件介绍

为充分合理地使用风能,对于购买风力发电机组建设风电场的用户而言,首先要了解当地的风能资源状况,然后根据预计产生的经济效益来决定当地是否适合建设风电场、购买风力发电机组是否可行以及选择合适的风力发电机组规格(如合适的启动风速、额定风速及功率曲线等性能参数),以期最大限度地利用当地的风能资源。没有风能资源分析评估,或者错误地分析当地风能资源,风能利用率和经济效益就不会达到预期的目的,甚至可能造成重大经济损失。在此,介绍一种目前国际上应用最广的风能资源分析软件——风图谱分析及应用程序 WAsP(Wind Atlas Analysis and Application Programs)。WAsP 是由丹麦国家实验室风能应用开发部开发出来的风能资源分析处理软件,主要用于对某地风能资源进行评估,正确地选择风电场场址。

目前,国际上已开发了商用的风电场软件,如 WAsP,Park 和 Wind Farmer 等,可对风电场选址和风力机布置起指导作用。

**(1)风能资源分析软件——WAsP**

WAsP(Wind Atlas Analysis and Application Programs)软件是由丹麦国家实验室(Risø)风能应用开发部开发的风资源分析处理软件。其主要功能是:风观察数据的统计分析;风功率密度分布图的生成;风气候评估;风力发电机组年发电量计算;风电场年总发电量计算。在使用时需要输入如下原始数据:气象数据;地表面粗糙度数据;地面障碍物数据;复杂地形数据;风力发电机组功率曲线数据;场地参考坐标等。计算后可以输出如下结果:平均风速;风向玫瑰图;风能密度;年发电量;地面障碍物对某点风速、风向、风能密度和年发电量的影响。

用 WAsP 对某地区进行风能资源评估分析时,考虑了该地区一定的距离范围内不同的地形表面粗糙度的影响,以及由附近建筑物或其他障碍物所引起的屏蔽因素,同时还考虑了山丘以及由于场地的复杂性而引起的风的变化情况,从而估算出该地区真实的风能资源情况。另外,可以根据某一地区的风能资源情况逆行推算出另一点的风能资源,这对评估那些地处偏僻又无气象资料记录的地区的风能资源是非常有用的。

WAsP 软件是以特定的数学模型为基础的,因此,在复杂地形的风电场进行选址时,应尽可能地多安装测风仪,以实际测量的风数据作为风力发电机组微观选址时的主要依据。风力发电机组排列方式主要与风向及风力发电机组数量、场地实际情况有关,应根据当地实际情况进行确定。当验证风力发电机组排布是否合理,哪一种排布方式最理想时,可利用继风能资源分析处理软件 WAsP 之后的 Park 软件(风电场风力发电机组尾流计算及最佳排列计算软件),或 Wind Farmer 软件(风电场设计和优化软件)进行。场址及风力发电机组一旦确定,利用 WAsP 软件的结果数据及其他有关参数作为 Wind Farmer 的输入数据进行进一步分析计算,确定出风力发电机组的排布方式,计算该排布方式下及各种不同排布方式下各风速及各风向上每台风力发电机组的发电量及风电场总的发电量,在各种方案比较后选出风力发电机组的最佳排列方案。

**(2)Park 软件**

Park 软件也是由丹麦国家实验室(Risø)风能应用开发部开发的计算风力发电机组尾流效应和确定风力发电机组布置的分析软件。其主要功能是:计算某一给定的风速下,不同布置方式的风力发电机组群在风向扇区上的单机发电量和总发电量;计算某一给定的风向扇区上,不同布置方式的风力发电机组群在不同风速下的单机发电量和总发电量;通过比较,找出最佳的风力发电机组布置方式。在使用时需要输入如下原始数据:风力发电机组几何参数;风力发电机组性能参数;风力发电机组数量;尾流衰减系数;WAsP 软件计算的风资源数据等。计算后可以输出如下结果:风力发电机组在风电场中的布置图;每台风力发电机组在不同风向、风速下有无尾流干扰时的性能曲线与年发电量;风电场年发电量及容量系数。

**(3)Wind Farmer 软件**

Wind Farmer(Wind Farm Design & Optimization Software)由英国自然能源公司和 Garrad Hassan 公司联合组成的合资软件公司——Windops 有限公司开发。Wind Farmer 软件对 Park 软件进行了改进完善和补充,主要用于风电场优化设计即风力发电机组微观选址。在国外,尤其在欧洲国家,已得到了广泛应用。其主要功能是:对风力发电机组选址进行自动优化;确定风力发电机组尾流影响;对水平轴风力发电机组性能进行分析比较;确定并调整风力发电机组间的最小分布距离;分析确定风力发电机组噪声级;对风电场进行噪声分析及预测;排除不符合地质要求、技术要求的地段和对环境敏感的地段;完全可视化界面(电缆布线着色、集锦照相、根据视觉优化原则编制布局地图);财务分析;计算湍流强度;计算电气波动及电耗。

# 第 5 章 风电场与电力系统

## 5.1 风电场容量与电力系统

### 5.1.1 风电场的能量可信度和容量可信度

无论发电厂的类型和大小，在论证发电厂接入系统方案和进行有关电气计算之前，首先都要论证新建发电厂的作用和效益，进行电力电量平衡。风力发电属于可再生能源发电形式，可以节约常规能源，但是输出具有随机性。因此，在规划建设风电场时，首先需要分析并网风电场的能量可信度和容量可信度。

**(1)能量可信度**

并网风电场的运行可以节省燃料费用，对主要依靠燃煤或者燃油发电的电力系统意义重大。

能量可信度是衡量并网风电场在节约发电燃料方面的一个指标。对于理想情况而言，并网风电场的能量输出等于常规发电厂节省的能量消耗，即风电机组每产生 1 kW · h 的电量，常规发电厂就减少生产 1 kW · h 电量的燃料费用。然而，在实际电力系统中，当风电场在电力系统总装机容量占有一定比例时，并网风电场的运行会影响常规发电厂的生产成本，比如可能增加火电机组的负荷波动和系统的旋转备用容量等，从而会降低并网风电场在节约发电燃料方面的效益，即减小了风电场的能量可信度。对此，可以采用电力系统随机生产模拟程序进行计算，通过比较系统中有和没有风电场两种情况，定量给出并网风电场的能量可信度。

**(2)容量可信度**

如果因并网风电场的存在而推迟了新电厂的建设，并因此推迟了其基建资金的投入，那么并网风电场对电力系统的价值更大。但此时要求风电场具有一定的容量可信度。

对于并网风电场的容量可信度问题，一种观点认定并网风电场没有容量效益。主要根据是在电力系统处于年峰荷时不一定有风。为了满足负荷要求，电力公司在进行电源规划时不能考虑风电场容量的影响。此时，风电场未获得容量可信度，也称其容量可信度为零。

但是，任何类型的发电厂都可能存在设备故障，在系统峰荷状况下可能不发电。而就容量可信度而言,风电场没有风和常规发电厂存在设备故障之间没有本质区别。如果认为风电场的容量可信度为零,是对常规发电厂和风电场采用了不同的评判标准。因此,并网风电场的容量可信度不为零。目前,计算并网风电场容量可信度的主要方法有两种:

①对连续数年的电力系统运行方式进行分析,统计风电场在电力系统峰荷时的有功功率,将风电场在这些时段内的功率平均值称为其容量可信度。

②首先,在不考虑并网风电场的情况下计算电力系统的可靠性指标——电力不足概率(LOLP),然后计入风电场后重新计算,不断调整常规发电厂的出力水平,直到电力系统的LOLP值与没有风电场时的情况相等。此时,常规发电厂所减少的功率输出就是并网风电场的容量可信度。

有关研究表明,上述两种方法得到的结果非常相似。初步结论认为风力发电场的容量可信度通常接近风电场的平均输出功率,例如装机容量1 000 MW的风力发电场的容量可信度约等于300 MW。

### 5.1.2　电力系统中风电的装机容量比例

在并网风电场的规划和设计中,为了保证电力系统和并网风电场的正常运行,人们非常关心两个问题:首先就是电力系统中的某个节点而言,允许接入的风电场最大装机容量为多大?其次是对于给定的电力系统,所允许的最大风电装机比例是多少?

要回答以上问题,首先必须了解影响整个电力系统或者其中某一节点接受风电场的情况,研究开发相应的计算和分析工具,确定出有关判据和准则。在此基础上具体分析不同情况下限制风电场装机容量的因素,进一步寻求改进措施。目的是在保证电力系统安全和经济运行的前提下,充分开发和利用清洁的风能资源。

不难理解,电力系统中某节点所能承受的并网风电场容量主要取决于该节点的电压强度。衡量某节点电压强度的指标为短路容量,网络某点的短路容量等于该点三相短路电流与额定电压的乘积。如果短路电流用$I$表示,线电压用$U$表示,短路容量为

$$S_{SC} = \sqrt{3}UI \tag{5.1}$$

在电力系统计算中各物理量习惯采用标幺值,将短路容量简单表示为电压(通常取作1p. u.)和故障电流之积。故障电流通常考虑为额定电压(1p. u.)除以故障处的阻抗或电抗。这样,在单位电压的情况下,短路容量就等于系统导纳(或者电纳)值,即为系统戴维南等值阻抗(或者电抗)的倒数。

短路容量是系统电压强度的标志。短路容量越大,表明网络越强,负荷、并联电容器或电抗器的投切不会引起电压幅值大的变化;相反,短路容量越小,表明网络越薄弱。目前,欧洲一些国家通常根据短路容量来确定风电场的装机规模,一般规定风电场的额定功率(MW)和节点短路容量(MVA)的比值为4%~5%。

但是对我国而言,风能资源较丰富的地区距离电力主网都比较远,在许多情况下不可能满足4%~5%,因此还需要进行详细的系统稳态和暂态计算。

总之,对于整个电力系统中风电装机容量的比例问题,很难做出通用的准则,必须针对具体电力系统特性,进行系统地分析和计算。需要考虑的因素有:

①电力系统常规发电厂的运行范围和响应特性;

②风电场在系统中的分布和并网方案;

③为了提高风电场的装机容量,电力系统调度中心可能采用的对策,如限制其他机组的出力,增加系统的电压调节能力等。

## 5.2 风电场接入系统的组成

风能是一种分布式能源,风电场和单台风力机通常分布于广阔的地理区域,然而最初给用户负荷供电的公共电力配电网通常是用来吸收电能的。传统的配电系统设计是从高电压传输网络到用户的单向能量流动,最初的设计并未考虑配电网中包含大型发电设备。风电场接入电力系统后,改变了配电网的运行方式,对风电场开发商,以及配电网的运营商来说,研究风电场接入电力系统的组成及特性都有重要的意义。

风电场接入电力系统的方式根据电力系统规划设计或地区风电场规划、风电场在电力系统中的作用和运行方式研究确定。当该地区风电场总容量占电网统一调度容量的5%以下时,一般无需考虑系统的稳定措施。超过5%时,风电场应与电网调度机构协商确定。风电场接入电力系统前应考虑接入系统的送电方向、受电点位置、输电容量、输电距离的可行性和经济性,确定风电场出线电压等级及回路数;同时充分考虑风电场地理、地形和总体布置及出线走廊等具体条件,阐述地理位置相近的风电场联合接入电力系统的可行性和经济性。

### 5.2.1 电力系统

图5.1是一个典型的现代电力系统结构图,大型发电设备发电后馈入高压传输系统。发电设备可以是火电站、核电站或水电站,容量通常高达1 000 MW。发电机的电压比较低(一般在20 kV左右),以降低电机绕组的绝缘需求,因此每台发电机都有其各自的变压器将电压升高到传输系统的电压等级。传输网络是网状的,因而电能从发电厂流向馈电变压器可以有很多种途径。

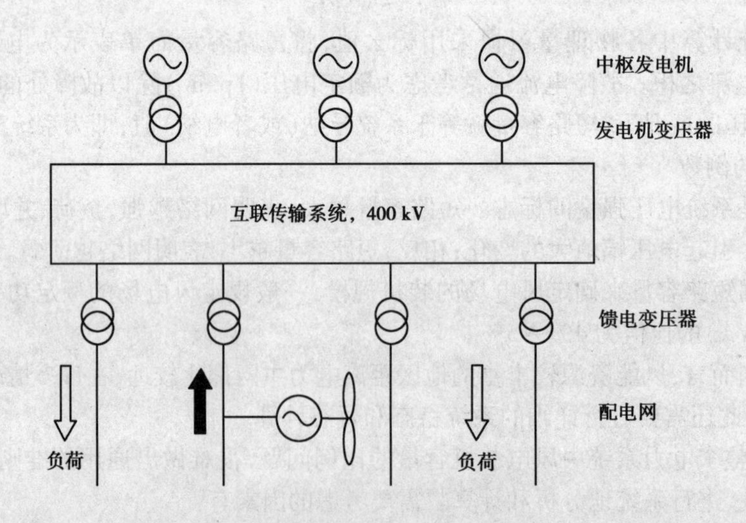


图5.1 典型的大型公用电力系统

馈电变压器从传输网络中吸收电能,供给低压侧配电网。实际情况因国家而异,初级配电电压可以高达150 kV。通常情况下,配电网在供电变压器和负荷之间采用单回路设计,呈放射状连接。在负荷较高的城区,配电网使用大型电缆和变压器,具有较大的容量。在农村地区,用户负荷较小,配电线路一般使用部分容量来传输电能,将电压维持在所需范围内。目前,大部分风电场连接在乡村架空的配电网中,配电线路的设计倾向于防止电压跌落,而不是能量传输,因此严重限制了配电网接收风力发电的能力。

### 5.2.2　配电网

配电网的传统功能是将电能从传输系统传送到用户负荷,要求传输过程损耗小,能够保证电能质量。由于电压跌落与电流成比例,电路中串联损耗与电流的平方成比例,为了保证恒功率传输,电流必须保持较低的值,需要较高的电网电压。由于绝缘材料以及高压设备(例如,导线、电缆和变压器)比较昂贵,考虑经济因素,通常会选择适当的配电网电压等级。

图5.2是一个典型的英国配电系统,大部分国家都有类似的配电网络。从相互连接的输电网中获取的电能,经变压器降压至主配电网电压(图5.2中为132 kV),然后电能通过一段地下电缆和架空线路传送至用户端,大部分用户使用400 V(三相连接)和230 V(单相连接)电能。当配电回路中要求传输的电能减少时,可以通过变压器降低电压等级。

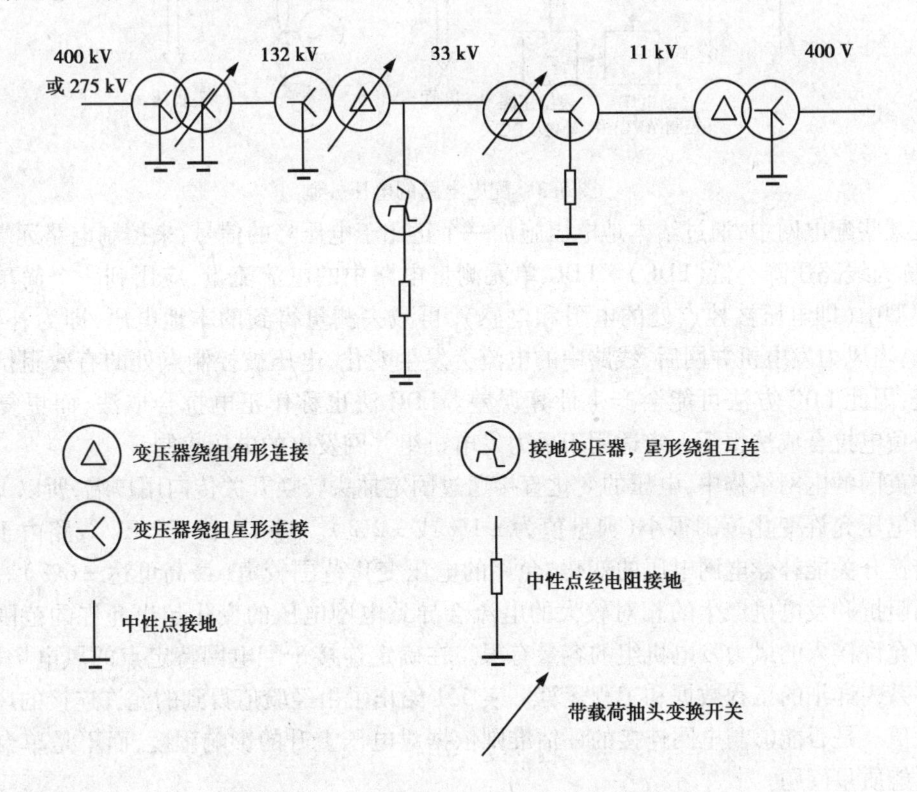


图5.2　典型的英国配电系统的原理图

虽然在某些农村地区使用单相电路,但是绝大多数的配电回路都采用三相电路。只有三相平衡的电网才适合与大型风电机组相连。三相变压器绕组以星形或三角形方式连接,根据现场的具体情况选择合适的绕组接法。星形连接的优点之一就是可以直接获得系统中性点,便于接地。使用三角形连接的绕组,可以通过接地变压器来产生其星形点。英国的做法是将每个电压等级的中性接地点都连接在一个点上,而在欧洲的其他一些国家的配电网中,中性点相互独立。

电流通过电路会引起电压的变化,可以通过改变变压器的变比(分接头)进行补偿。11 kV、400 V 变压器分接头是固定的,没有电流时通过手动方式进行调节。高压变压器具有有载调压分接头,在有电流通过时,也可以自动调节。最简单的控制策略是利用自动电压控制器(AVC)使变压器低压侧电压接近设定值(图 5.3)。AVC 工作时,通过测量母线电压并将其与设定值进行比较,然后给带载荷抽头变换开关发出指令来改变变压器的变比。由于电网源阻抗比风力发电机的等效阻抗要小得多,电网电压主要受带载荷抽头变换开关控制。功率流从低电压端流向高电压端时,抽头变换开关会降低额定电流,因此这种类型的变压器控制系统不受电网中风力发电机组接入的影响,即使通过变压器的功率流反向,能量从电网的低电压处流向高电压处,控制系统仍然可以比较理想地工作。对于并网型风力发电机来说,要求配电网的变压器具有完全反向的潮流容量毕竟是比较少见的。

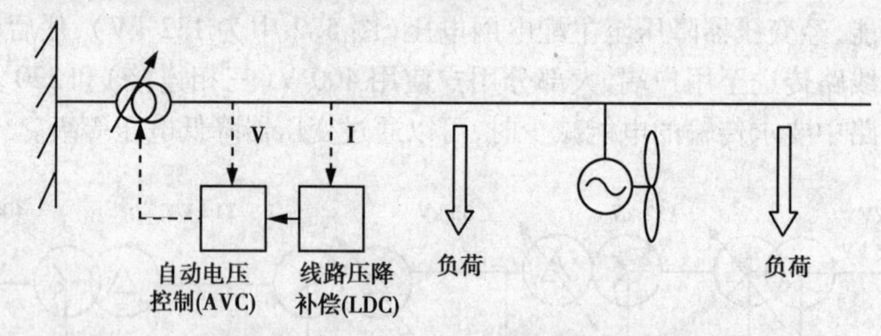


图 5.3　配电电路的电压控制

在某些配电网中,通过给本地电压施加一个正比于电压降的信号,来控制电路远端点处的电压,称为线路压降补偿(LDC)。LDC 单元测量电路中的电流流量,应用到一个简单的配电电路模型中(即电压被控点处的电阻和电感),再减去测量得到的本地电压,即为补偿电压。实际上,当风力发电机并网后,线路中的电流会发生变化,电压被控制点处的有效阻抗也会发生改变,因此 LDC 方法可能会产生计算误差。LDC 法也称作正电抗合成法,而更复杂的方法——负电抗合成法也不一定适用于风力发电机组并网发电的电压控制。

在英国的电网结构中,电压的变化直接通过固定抽头转换开关传向用户端,所以 11 kV 线路中的电压允许变化范围很小(典型值为 ±1% 或 ±2%)。33 kV 和 132 kV 线路由于带载荷抽头转换开关能补偿电网电压的变化,允许的电压变化范围较宽(最高可达 ±6%)。由于电路的高阻抗和发电机产生的相对较大的电流会导致电网电压的变化超出允许的范围,11 kV 电网中允许接入的风力发电机组的容量有限。在确定连接于配电网特定点的风电场容量时,需要一系列详细的工程数据和工程运算。表 5.1 给出了由经验值得到的允许连接的风电场最大容量值。是否能够与电网连接的评估准则依据对电压上升的影响程度,而不是单台风电机组的电能质量问题。

线路的“绝缘强度”可以用其短路容量或故障级来描述。短路容量是故障前电压和三相对称故障发生后流过电流的乘积。显然,这种电流与电压的组合不能同时发生,但是故障级(用 MVA 表示)是一个很有用的参数,可以直观地了解线路传递故障电流容量、抑制电压变化的能力。在标幺制中,故障级是源阻抗幅值的倒数。

表5.1　允许连接的风电场最大容量值

| 连接位置 | 最大风电场容量/MW |
| --- | --- |
| 11 kV 电网 | 1 ~ 2 |
| 11 kV 母线 | 8 ~ 10 |
| 33 kV 电网 | 12 ~ 15 |
| 33 kV 母线 | 25 ~ 30 |
| 132 kV 电网 | 30 ~ 60 |

### 5.2.3　风电场升压变压器

风电机组发出的电量需要输送到电力系统中去，为了减少线损应逐级升压送出。目前国际市场上的风电机组出口电压大部分是0.69 kV或0.4 kV，因此要对风电机组配备升压变压器升压至10 kV或35 kV接入电网，升压变压器的容量根据风电机组的容量进行配置。升压变压器的接线方式可采用一台风电机组配备一台变压器，也可采用二台机组或以上配备一台变压器。一般情况下，一台风电机组配备一台变压器，简称一机一变。原因是风电机组之间的距离较远，若采用二机一变或几机一变的连接方式，使用的0.69 kV或0.4 kV低压线缆太长，增加了电能损耗，使变压器保护以及获得控制电源更加困难。

接入系统的电压等级根据该地区风电发展规模、开发风电的计划和电力系统的接线情况而定。

升压变压器一般选用价格较便宜的油浸变压器或者是较贵的干式变压器，并将变压器、高压断路器和低压断路器等设备安装在钢板焊接的箱式变电所内，目前也有将变压器设备安装在钢板焊接的箱体外的，有利于变压器散热和节约钢板材料，但需将原来变压器进出线套管从二次侧出线改成从一次侧出线。风电机组发出的电量先送到安装在机组附近的箱式变电所，升压后再通过电力电缆输送到与风电场配套的变电所，或直接输送到当地电力系统离风电场最近的变电所。随着风电场规模的不断扩大，采用10 kV或35 kV箱式变压器升压后直接将电量输送到电力系统中去，然而这样回路数太多，不合理。一般都通过电力电缆输送到风电场自备的专用变电所，再经高压线路输送到电力系统中去。

### 5.2.4　风电场配电线路

各箱式变电所之间的接线方式采用分组连接，每组箱式变电所由3至8台变压器组成，每组箱式变电所台数由布置的地形情况、箱式变电所引出的电力电缆载流量或架空导线以及技术经济性等因素决定。

风电场的配电线路可采用直埋电力电缆敷设或架空导线，架空导线投资低，由于风电场内的风电机组基本上是按梅花型布置的，因此，架空导线在风电场内条型或格型布置不利于设备运输和检修，也不美观。采用直埋电力电缆敷设，虽然投资较高，但风电场内景观好。

### 5.2.5　变电站设计

随着环保要求的提高和风电技术的发展，增大风电场的规模和单机容量，可获得容量效益,降低风电场建设工程千瓦投资额和上网电价。风电场专用变电所的规模、电压等级是根据风电场的规划和分期建设容量以及风电机组的布置情况进行技术经济比较后确定的。

变电所的设计和相应的常规变电所设计是相同的。仅是在选用变压器时,如果风电场内配电设备选用电力电缆,由于电容电流较大,为了补偿电容电流,需选用接地变压器。

风力发电机单机容量小,出口电压低(异步发电机的出口电压为400 ~690 V),为了降低电力在传输过程中的损耗,需要用升压器对电压升压,然后再传输并网。

①一个风力发电机与一个升压器相连,再通过升压器与电网相连。

②所有风力发电机与一个升压器相连,再通过升压器与电网相连。

③根据具体情况,将风电场划分为几个发电单元,每个发电单元包括几台距离相近的风力发电机和一台升压器,再通过升压器与电网相连,如图5.4所示。

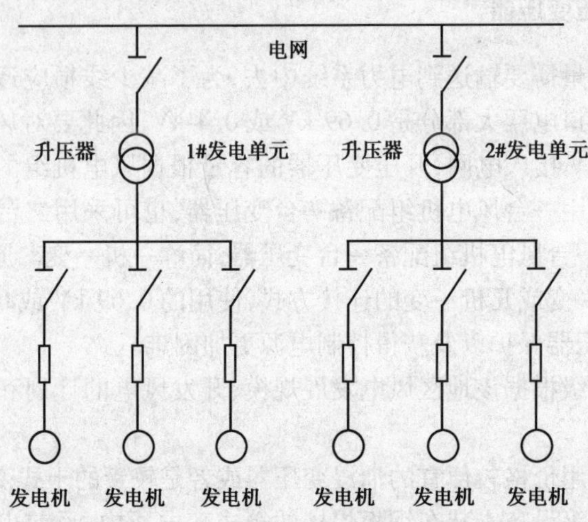


图5.4　风电场的单元划分

### 5.2.6　并网型风力发电的连接

配电设备有责任使配电网给用户提供质量满意的电能。国际电工委员会针对并网风电机组的电能质量制定了标准IEC 61400—21,适用于并网型风力发电与电网的连接。与风力机连接有关的参数如下:慢(或稳态)电压波动、快速电压变化(导致闪变)、波形失真(谐波)、电压不平衡(负相序电压)、暂态电压波动(电压跌落)。

因此,风力发电方案是否能接入配电线路取决于该方案对其他电网使用者的影响。同理,任何负荷能否接入配电线路也取决于此。考虑稳态电压波形时通常假定电网负荷最小时发电量最大和电网负荷最大时发电量最小。假定的限制条件很严格,能够确保电压变化不超出稳态电压极限。风电场和电网之间有时会达成本地约定,在电网负荷较低或电网异常时断开某些风力机,这种情况下就允许更大容量的风电场接入电网。2006年IEC工作组就电能质量(即最大瞬时有功和视在功率、无功功率、电压闪变和谐波)问题起草了新的标准。

对于连接到小型配电网的相对容量较大的风电场,可能涉及一些必须的计算。因此,一些国家采取评估风电场容量(MW)与无风电机组接入时对应短路容量(MVA)的比率的方法来确定是否能接入电网,这个比率有时也称为短路比,典型范围值为2% ~5%。但是,这样简单的规则局限性太大,可能将应该入网的风电场排除在外,或一味地增强配电系统。表5.2给出了英国成功商业化运行的两个高短路比的大型风电场。两个风电场均已成功运行了多年,但必须指出的是,这两个风电场所含的风力机总数都很多,所以单台风力机对配电网影响很小,而且它们都与没有其他用户直接连接的33 kV线路相连。

表5.2　两个风电场容量与连接点处短路容量的比率

| 风电场容量/MW | 风力机数量 | 连接点电压/kV | 连接点处短路容量/MVA | 容量与短路容量比率/% |
|---|---|---|---|---|
| 21.6 | 36 | 33 | 121 | 18 |
| 30.9 | 103 | 33 | 145 | 21 |

图5.5绘出了在同一个地区风电场电压波动随输出变化的计算值。风力机的出口电压为690 V,每台风力机配有690/33 kV变压器。33 kV曲线指的是风力机与公共配电网连接点处的电压。当风电场输出为零时,系统电压基本上为配电网轻载时的额定值。随着风电场输出的增加,电压逐渐升高,但是一旦达到额定功率值,发电机所吸收的无功功率就会快速增加,电压开始跌落。在140%输出功率时,负荷潮流运算不能收敛表明电网电压有可能崩溃。当大型风力机接入弱电网时,这种电压不稳定现象可能会非常严重。

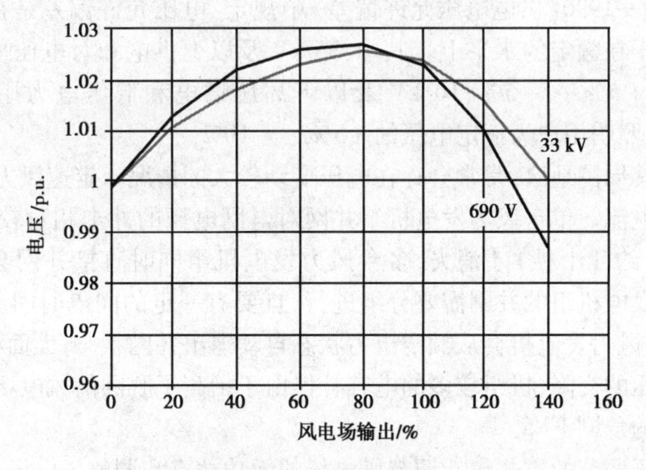


图5.5　风电场电压波动随输出功率的变化
(发电机电压为690 V,连接电压为33 kV)

## 5.3 风电场和电力系统的相互影响

### 5.3.1　风电场对电能质量的影响

风力发电能够顺利并入一个国家或地区电网的电量,主要取决于电力系统对供电波动反应的能力。风电机组由于风的随机性、运行时对无功的需求以及无功只能就地平衡等原因将对电网电压造成一定的影响;风电机组在连续运行或者切换操作的过程中还可能引起电压波动和闪变问题;由于采用了大功率的电力电子装置,变速风电机组在运行的过程中还将产生高次谐波注入电网。风力发电作为电源,具有间歇性和难以调度的特性,是风电场电能质量不稳定的根本原因。

电能质量的定义是:导致用电设备故障或不能正常工作的电压、电流或频率的偏差,其内容包括频率偏差、电压偏差、电压波动与闪变、三相不平衡、暂时或瞬态过电压、波形畸变、电压暂降与短时间中断以及供电连续性等。理想状态的公用电网应以恒定的频率、正弦波形和标准电压对用户供电,同时,在三相交流系统中,各相电压和电流的幅值应大小相等、相位对称且互差120°。但由于系统中的发电机、变压器和线路等设备非线性或不对称,负荷性质多变,加之调控手段不完善及运行操作、外来干扰和各种故障等原因,这种理想状态并不存在,因此产生了电网运行、电力设备和供用电环节中的各种问题。

**(1)电压偏差(voltage deviation)**

供电系统总负荷或其部分负荷正常改变,导致供电电压偏离额定电压的缓慢变动。供电电压允许偏差是指电力系统各处的电压偏离其额定值的百分比,通常称为电压偏差,即

$$\Delta U_d = \frac{U - U_N}{U_N} \times 100\% \tag{5.2}$$

式中 $U$——实际电压;

$U_N$——额定电压。

目前,GB 12325—1990《供电电压允许偏差》中规定:电压允许偏差是在正常运行条件下应保持电网各点电压在额定的水平上。其中:35 kV及以上供电和对电压质量有特殊要求的用户为额定电压的+5%~-5%;10 kV及以下高压供电和低压电力用户为额定电压的+7%~-7%;低压照明用户为额定电压的+5%~-10%。

大型风电场及其周围地区,常常会存在电压变动较大的情况。定速风力发电机组启动时,会产生较大的冲击电流。单台风力发电机组并网对电网电压的冲击相对较小,但并网过程至少持续一段时间后(约几十秒)才消失,多台风力发电机组同时直接并网会造成电网电压暂降,因此,多台风力发电机组的并网需要分组进行,且要有一定的间隔时间。当风速超过切出风速或发生故障时,风力发电机会从额定出力状态自动退出并网状态,大面积风力发电机组的脱网会导致电网电压的突降,机组较多的电容补偿由于抬高了脱网前风电场的运行电压,也有可能引起电网电压的急剧下降。

风电场参与电压调节的方式包括调节风电场的无功功率和调整风电场升压变电站主变压器的变比(当低压侧装有无功补偿装置时)。风电场无功功率应当能够在其容量范围内进行自动调节,使风电场变电站高压侧母线电压正、负偏差的绝对值之和不超过额定电压的10%,一般应控制在额定电压的-3%~7%。风电场变电站的主变压器宜采用有载调压变压器。分接头切换可手动控制或自动控制,根据电力调度部门的指令进行调整。

风电场的无功电源包括风力发电机组和风电场的无功补偿装置。首先应当充分利用风力发电机组的无功容量及其调节能力,如果仅靠风力发电机组的无功容量不能满足系统电压调节需要,则需要考虑在风电场加装无功补偿装置。风电场无功补偿装置可采用分组投切的电容器或电抗器组,必要时采用连续调节的静止无功补偿器或其他更为先进的无功补偿装置。

当风电机组运行在不同的输出功率时,风电机组的可控功率因数变化范围应为-0.95~+0.95。风电场无功功率的调节范围和响应速度,应满足风电场并网点电压调节的要求。原则上风电场升压变电站高压侧功率因数按1.0配置,运行过程中可按-0.98~+0.98控制。

(2)频率偏差(frequency deviation)

电力系统在正常运行的条件下,系统频率的实际值与标称值之差称为系统的频率偏差,即

$$\Delta f_{\mathrm{d}} = f - f_{\mathrm{N}} \tag{5.3}$$

式中 $f$——实际频率,Hz;

$f_{\mathrm{N}}$——系统标称频率,50 Hz。

国标GB/T 15945—1995《电力系统频率允许偏差》规定了我国供电频率的允许偏差:系统正常频率偏差允许值为±0.2 Hz;当系统容量较小时,偏差值可以放宽到±0.5 Hz;冲击性负荷引起的系统频率变动不得超过±0.1 Hz。《2009年国家电网公司风电场接入电力系统的规定》(修订版)中规定了风电场在频率偏离状态下的运行方式,见表5.3。

表5.3 频率偏离下的风电场运行

| 电网频率范围 | 要 求 |
| --- | --- |
| <49 Hz | 根据风电场发电机组允许运行的最低频率而定 |
| 49~49.5 Hz | 每次频率低于49.5 Hz时要求至少能运行10 min |
| 49.5~50.2 Hz | 连续运行 |
| 50.2~51 Hz | 每次频率高于50.2 Hz时,要求至少能运行2 min;并且当频率高于50.2 Hz时,没有其他的风力发电机组启动 |
| >51 Hz | 风电场机组逐步退出运行或根据电力调度部门的指令限功率运行 |

在电力系统内,发电机发出的功率与用电设备及送电设备消耗的功率不平衡,将引起电力系统频率变化。系统有功功率不平衡是产生频率偏差的根本原因。当系统负荷超过或低于发电厂的出力时,系统频率就要降低或升高,发电厂出力的变化同样将引起系统频率的变化。在系统有旋转备用容量(运行备用容量)的情况下,发电厂出力能通过频率调节器较快地适应负荷的变化,因此负荷变化引起的频率偏差值较小。若没有旋转备用容量,负荷增大引起的频率下降较大。电力系统的负荷始终随时间在不断地变化,要随时保持发电厂的有功功率与用户有功功率的平衡,维持系统频率恒定,因此,电力系统应具有一定的旋转备用容量,一般运行备用容量要求达到1%~3%。

风力发电机组的最大功率变化率包括1 min功率变化率和10 min功率变化率,具体限值可参照表5.4,也可根据风电场所接入系统的电网状况、风力发电机组运行特性及其技术性能指标等,由电网运营企业和风电场开发商共同确定。在风电场并网以及风速增长过程中,风电场功率变化率应当满足此要求,也适用于风电场的正常停机,可以接受因风速降低而引起的超出最大变化率的情况。

表5.4 风电场最大功率变化率推荐值

| 风电场装机容量/MW | 10 min最大变化量/MW | 1 min最大变化量/MW |
| --- | --- | --- |
| <30 | 20 | 6 |
| 30~150 | 装机容量/1.5 | 装机容量/5 |
| >150 | 100 | 30 |

大型电网具有足够的备用容量和调节能力,风电接入,一般不必考虑频率稳定性问题。但对于孤立运行的小型电网,风电带来的频率偏移和稳定性问题是不容忽视的。为保证电网的安全稳定运行,正常情况下,电网应留有2%~3%的机组旋转备用容量。由于风电具有随机波动特性,其发电出力随风能大小变化,为保证正常供电,电网需根据并网的风电容量增加相应的旋转备用容量,风电上网越多,旋转备用容量也越多。为了满足风电机组并网运行,必须以降低网内其他电厂和整个电网运行的经济性作为代价。

防止系统低(高)频率运行的对策,主要是提高日负荷曲线预测精度,使计划开机的发电出力与实际的负荷偏差较少;充分发挥AGC的功能,严格要求在正常运行方式下系统频率偏差不大于规定值。在故障情况,系统频率下降时,动用系统旋转备用容量,进行低频率减负荷,自动切除部分次要负荷;当频率升高时,快速减少发电机出力,甚至进行高频率切机,使系统频率尽快恢复在额定值附近。目前,多数电力系统高峰容量不足,可能出现低频率运行。在这种情况下,可用适当的峰谷电价差,鼓励用户避开高峰用电或少用电;用电大户在实行计划用电的电网中不超指标用电。要保证系统频率质量,只有电力部门和用户共同努力才能实现。

**(3)电压波动(voltage fluctuation)**

电压波动为一系列电压变动或工频电压包络线的周期性变化。电压波动值为电压方均根值的两个极值 $U_{max}$ 和 $U_{min}$ 之差 $\Delta U$,常以其额定电压 $U_N$ 的百分数表示其相对百分值,即

$$\Delta U = \frac{U_{max} - U_{min}}{U_N} \times 100\% \tag{5.4}$$

电压波动的波形是以电压均方根值或峰值电压的包络线作为时间函数的波形。在分析时抽象地将工频电压 $U$ 看作载波,将波动电压 $U'$ 看作调幅波。在单一频率的正弦调幅波 $U'$ 加在工频载波电压 $U$ 的稳态情况下,$U'_m$ 为调幅波的峰值,$\Delta U'$ 为调幅波 $U'$ 的峰峰值,即 $\Delta U' = 2U'$,如图5.6所示。

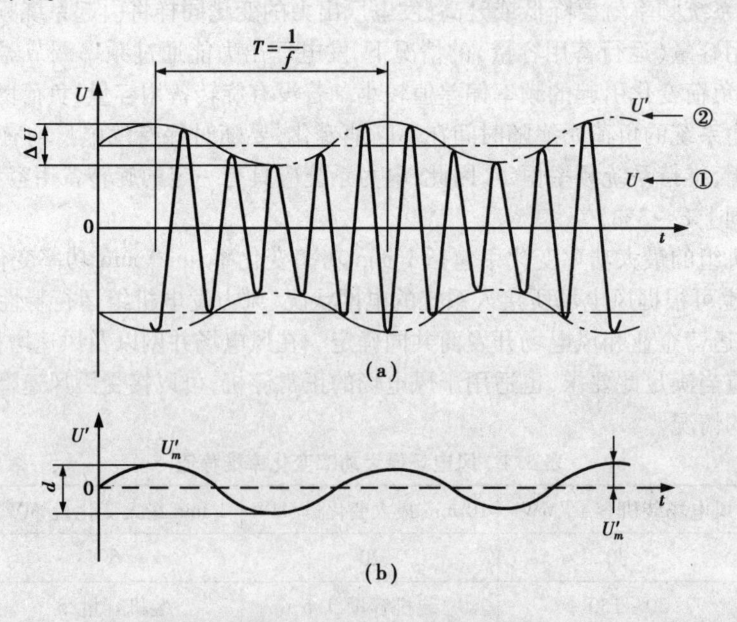


图5.6 波动电压 $U'$ 对工频电压的调制

大容量设备启动或停止会引起母线电源电压的波动,产生瞬态的低电压或高电压。国标

GB/T 12326—1990 规定了我国电力系统公共并网点允许的电压波动:10 kV 及以下为2.5%;35~110 kV 为2%;220 kV 及以上为1.6%。

**(4)电压闪变(voltage flicker)**

电压波动造成灯光照度不稳定的人眼视感反应称为闪变,严格地讲,闪变是电压波动引起的有害结果,是指人对照度波动的主观视觉反应,不属于电磁现象。电压波动和闪变会引起许多电气设备不能正常工作,闪变的主要影响因素是电压波动的幅值和频率,和照明装置特性及人对闪变的主观视感有关。通过对闪变实验的研究发现,闪变的最大觉察频率范围是0.05~35 Hz,闪变敏感的频率范围为6~12 Hz,正弦调幅波在8.8 Hz 的照度波动最为敏感。

1)影响风力发电机组闪变的因素

风况对风电机组引起的电压波动和闪变具有直接的影响,风速变化、塔影效应、风剪切、偏航误差等因素均会引起风电机组输出功率的波动,尤其是平均风速和湍流强度。由于风轮功率的增加与风速的三次方成正比,在额定风速以上的区域,风速波动引起的功率波动也比较大。由于塔影效应、风剪切、偏航误差等因素引起的功率波动频率与风力机的转速有关,对于现代三叶片风电机组而言,其功率波动的频率为三倍的风力机叶片旋转频率,也就是常说的3p 频率。3p 频率范围通常为1~2 Hz,该频率下的风电机组输出功率波动幅度有时可达到瞬时平均功率的20%。

除去风况的影响和风电机组的特性外,风电机组接入系统的电网结构对电压波动和闪变也有较大影响。表征电网强度的参数有:到公共连接点的电源阻抗、电网线路的阻抗和感抗之比($R/X$)、传统发电系统的容量和风电机组容量的比等。风电场公共连接点的短路比和电网线路的$R/X$是影响风电机组引起的电压波动和闪变的重要因素,公共连接点短路容量越大,风电机组引起的电压波动和闪变越小,合适的$R/X$比可以使有功功率引起的电压波动被无功功率引起的电压波动补偿掉,从而使总的平均闪变值有所降低。

2)风力发电机组闪变的测量计算

依据并网风电机组电能质量的国际电工标准 IEC 61400—21 规定,并网型风力发电机组的电压波动测量分为连续运行过程和切换运行过程,分开测量能反映出在连续运行过程中风力发电机组的闪变具有随机噪声的特征,在切换运行状态下的闪变和电压变化则有许多时间上的限制。

①连续运行过程

IEC 61400—21 标准确定了利用风力发电机组输出端处测得的电流和电压时间序列来模拟虚拟电网电压波动的方法,该虚拟电网上只有风力发电机组产生的电压波动,从而在测试地点得到不依赖电网条件的测试结果,可以滤除电网特性对风力发电机组电压波动的影响。基于测量的电压与电流瞬时值建立简化的虚拟电网如图5.7所示。

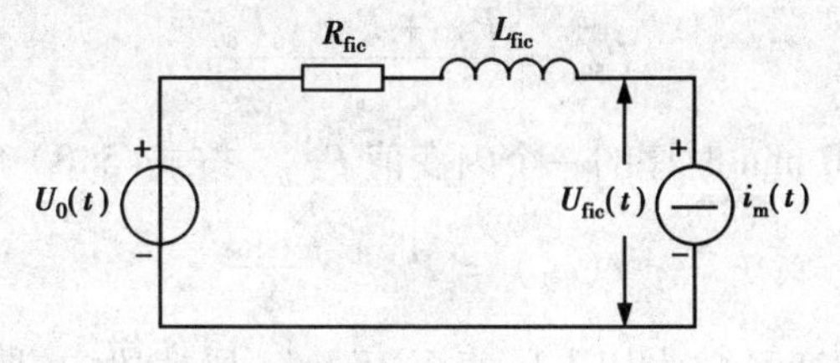


图5.7　模拟风电机组输出电压的虚拟电网

虚拟电网由理想电压源 $U_0(t)$（所测的瞬时相电压）、电网阻抗 $R_{fic}$ 及电网感抗 $L_{fic}$ 串联组成，风电机组用电流源 $i_m(t)$ 等效（所测的瞬时相电流），简化模型依据公式(5.5)提供仿真的瞬时闪变电压 $U_{fic}(t)$，以 $U_{fic}(t)$ 作为电压闪变算法的输入量，即

$$U_{fic}(t) = U_0(t) + R_{fic} \cdot i_m(t) + L_{fic} \cdot \frac{di_m(t)}{dt} \tag{5.5}$$

依据 IEC 61000—4—15 提供的闪变仪时域算法，计算短时闪变值 $P_{st,fic}$，计算过程如图5.8所示。被测信号通过平方器 1 自乘求平方，分离出与调幅波幅值成比例的电压波动量，该量值反映了灯照度变化与电压波动的关系。带通滤波器消除平方解调后电压信号中的直流分量和载波倍频分量，视感度加权滤波器模拟人眼视觉系统在白炽灯受到正弦电压波动影响下的频率响应，平方器 2 模拟了人眼—脑觉察过程的非线性，具有积分功能的一阶低通滤波器起着平滑平均作用，模拟人脑神经对视觉反映的非线性和记忆效应，组成灯-眼-脑模拟环节，输出为瞬时闪变视感度 $S(t)$。

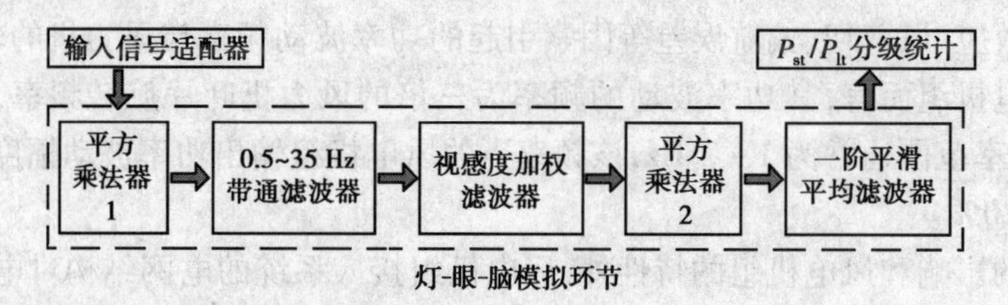


图 5.8　IEC 闪变检测框图

$P_{st}$分级统计执行闪变等级的在线分析，采用多点测定算法可以更准确地反映闪变的严重程度，实际应用时常用5 个概率分布 $P_k$ 测定计算出短时间(10 min)闪变平滑估计值 $P_{st,fic}$。近似计算公式为

$$P_{st,fic} = \sqrt{K_{0.1}P_{0.1} + K_1P_1 + K_3P_3 + K_{10}P_{10} + K_{50}P_{50}} \tag{5.6}$$

其中，$K_{0.1} = 0.031\,4$，$K_1 = 0.052\,5$，$K_3 = 0.065\,7$，$K_{10} = 0.28$，$K_{50} = 0.08$。

式中 5 个测定值 $P_{0.1}$、$P_1$、$P_3$、$P_{10}$、$P_{50}$ 分别为 10 min 内超过 0.1%、1%、3%、10%、50% 时间比的概率分布水平 $P_k$。其中：

$$P_{1s} = \frac{P_{0.7} + P_1 + P_{1.5}}{3}$$

$$P_{3s} = \frac{P_{2.2} + P_3 + P_4}{3}$$

$$P_{10s} = \frac{P_6 + P_8 + P_{10} + P_{13} + P_{17}}{5}$$

$$P_{50s} = \frac{P_{30} + P_{50} + P_{80}}{3} \tag{5.7}$$

对于虚拟电网上每 10 min 时序的一个闪变值 $P_{st,fic}$，按式(5.8)确定闪变系数：

$$c(\varphi_k) = P_{st,fic} \cdot \frac{S_{n,fic}}{S_n} \tag{5.8}$$

式(5.8)所得到的闪变系数为切入风速至 15 m/s 风速段内，取其累积分布概率不超过0.99的闪变系数，每一个风速段要考虑加权系数，来修正与假定风速分布相关的闪变系数出现

频次的测量值,最后取累积概率分布函数 $P(c<x)$,满足 $P(c<c(\varphi_k,v_a))=0.99$ 的 $c(\varphi_k,v_a)$ 为测量的闪变系数。

为了评估一台风电机组引起的电压波动,根据式(5.9)计算短时间闪变值 $P_{st}$,即

$$P_{st} = c(\varphi_k, v_a) \cdot \frac{S_n}{S_k} \tag{5.9}$$

$c(\varphi_k,v_a)$为给定轮毂高度年平均风速 $v_a$ 和给定电网连接点处的电网阻抗角 $\varphi_k$ 时,风力发电机组闪变系数。$S_n$ 为风力发电机组额定视在功率,$S_k$ 为风电机组公共连接点的短路容量。

由于风电场中的风电机组不处于同一位置,在风轮平面上受的风速也不一样,多台风机的功率波动和闪变没有统计相关性。采用统计平均法评价连接到同一公共节点的多台风机产生的闪变值,即

$$P_{st\sum} = P_{lt\sum} = \frac{1}{S_k} \cdot \sqrt{\sum_{i=1}^{N_{wt}} (c_i(\psi_k, v_a) \cdot S_{n,i})^2} \tag{5.10}$$

式中　$c_i(\psi_k,\nu_a)$——单台风机的闪变系数;

$S_k$——公共节点连接的短路视在功率;

$S_{n,i}$——单台风机的额定视在功率;

$N_{wt}$——公共节点连接的风机数量。

②切换过程

单台机组的闪变阶跃系数按下式计算:

$$k_f(\psi_k) = \frac{1}{130} \cdot \frac{S_{k,fic}}{S_n} \cdot P_{st,fic} \cdot T_p^{0.31} \tag{5.11}$$

式中　$T_p$——测量周期,测量时间应足够长,确保消除瞬时切换运行的影响,但是不能完全消除湍流引起的功率波动的影响;

$P_{st,fic}$——在虚拟电网上运行的风力发电机组的闪变;

$S_n$——风力发电机组额定功率;

$S_{k,fic}$——风力发电机组短路视在功率。

单台机组的闪变值:

$$P_{st} = 18 \cdot N_{10}^{0.31} \cdot k_f(\psi_k) \cdot \frac{S_n}{S_k} \tag{5.12}$$

式中　$K_f(\psi_k)$——风力发电机组在电网连接点处对应 $\psi_k$ 的闪变阶跃系数。

由于风力发电机组控制系统的设计限定了切换运行次数,而且同一时间出现2台或多台风力发电机组同时进行切换运行的概率非常小,因此,评估多台风力发电机组引起的电压波动和闪变时不需要考虑累积影响。

$$P_{st\sum} = \frac{18}{S_k} \cdot \left( \sum_{i=1}^{N_{wt}} N_{10,i} \cdot (k_{f,i}(\psi_k) \cdot S_{n,i})^{3.2} \right)^{0.31} \tag{5.13}$$

式中　$N_{10,i}$——单台风力发电机组在10 min内相应的切换次数;

$k_{f,i}(\psi_k)$——单台风机的闪变阶跃系数;

$S_{n,i}$——单台风机的额定功率。

**(5)谐波(Harmonics)**

国际上公认的谐波定义为:“谐波是一个周期电气量的正弦波分量,其频率为基波频率的

整数倍”。我国电力系统的额定频率(简称工频)为 50 Hz,基波频率为 50 Hz,2 次谐波频率为 100 Hz,3 次谐波频率为 150 Hz 等。谐波源主要包括:

1)电力电子设备

电力电子设备主要包括整流器、变频器、开关电源、静态换流器、晶闸管系统及其他 SCR 控制系统等。晶闸管控制设备包括整流器、逆变器、静止无功补偿装置、变频器、高压直流输电设备等。晶闸管家族包括反向阻断三极晶闸管(即晶闸管整流器)SCR、双向三极晶闸管 TRIAC、双向二极晶闸管 DIAC、逆导三极晶闸管、反向阻断二极晶闸管、光触发晶闸管、非对称晶闸管、静电感应晶闸管、门极可关断晶闸管 GTO 等。交流变直流整流器被用于直流电动机驱动、直流稳压电源、充电器、高压直流输电等。

由于工业与民用电力设备常用到这类电力电子设备和电路,如整流和变频电路,其负载性质一般分为感性和容性两种,感性负载的单相整流电路为含奇次谐波的电流型谐波源。而容性负载的单相整流电路,由于电容电压会通过整流管向电源反馈,属于电压型谐波源,其谐波含量与电容值的大小有关,电容值越大,谐波含量越大。变频电路谐波源由于采用的是相位控制,其谐波成分不仅含有整数倍数的谐波,还含有非整数倍数的间谐波。

2)可饱和设备

可饱和设备主要包括变压器、电动机、发电机等。可饱和设备是非线性设备,其铁芯材料具有非线性磁化曲线和磁滞回线,在正弦波电压的作用下,励磁电流为对称函数,并满足:

$$f(\omega t + \pi) = -f(\omega t) \tag{5.14}$$

应用傅立叶级数分解时仅含有奇次项,对于三相对称的变压器,3 次谐波的奇数倍(3 次、6 次、9 次……)谐波均为零序,可认为变压器是只产生奇次谐波的电流源型谐波源。变压器的谐波次数还受到一、二次侧接线方式的影响,谐波的大小与磁路的结构形式、铁芯的饱和程度等有关,变压器空载时,铁芯的饱和程度越高,谐波电流就越大。与电力电子设备和电弧设备相比,可饱和设备上的谐波在未饱和的情况下,谐波的幅值往往可以忽略。

风电给系统带来谐波的途径主要有两种:一种是风力发电机本身配备的电力电子装置。对于直接和电网相连的恒速风力发电机,软启动阶段要通过电力电子装置与电网相连,会产生一定的谐波,不过过程很短,发生的次数也不多,通常可以忽略。对于变速风力发电机则不然,变速风力发电机通过整流和逆变装置接入系统,如果电力电子装置的切换频率恰好在产生谐波的范围内,则会产生比较严重的谐波问题,需要采取相应的抑制谐波措施。另一种是风力发电机的并联补偿电容器可能和线路电抗发生谐振。

注入公共连接点的谐波电流允许值见表 5.5。

**表 5.5 注入公共连接点的谐波电流允许值**

| 标称电压/kV | 短路容量/MVA | 谐波次数及谐波电流允许值/A | | | | | | | | | | | | | | | | | | | | | | | |
|---|---|---|---|---|---|---|---|---|---|---|---|---|---|---|---|---|---|---|---|---|---|---|---|---|---|
| | | 2 | 3 | 4 | 5 | 6 | 7 | 8 | 9 | 10 | 11 | 12 | 13 | 14 | 15 | 16 | 17 | 18 | 19 | 20 | 21 | 22 | 23 | 24 | 25 |
| 0.38 | 10 | 78 | 62 | 39 | 62 | 26 | 44 | 19 | 21 | 16 | 28 | 13 | 24 | 11 | 12 | 9.7 | 18 | 8.6 | 16 | 7.8 | 8.9 | 7.1 | 14 | 6.5 | 12 |
| 6 | 100 | 43 | 34 | 21 | 34 | 14 | 24 | 11 | 11 | 8.5 | 16 | 7.1 | 13 | 6.1 | 6.8 | 5.3 | 10 | 4.7 | 9.0 | 4.3 | 4.9 | 3.9 | 7.4 | 3.6 | 6.8 |
| 10 | 100 | 26 | 20 | 13 | 20 | 8.5 | 15 | 6.4 | 6.8 | 5.1 | 9.3 | 4.3 | 7.9 | 3.7 | 4.1 | 3.2 | 6.0 | 2.8 | 5.4 | 2.6 | 2.9 | 2.3 | 4.5 | 2.1 | 4.1 |
| 35 | 250 | 15 | 12 | 7.7 | 12 | 5.1 | 8.8 | 3.8 | 4.1 | 3.1 | 5.6 | 2.6 | 4.7 | 2.2 | 2.5 | 1.9 | 3.6 | 1.7 | 3.2 | 1.5 | 1.8 | 1.4 | 2.7 | 1.3 | 2.5 |
| 66 | 500 | 16 | 13 | 8.1 | 13 | 5.4 | 9.3 | 4.1 | 4.3 | 3.3 | 5.9 | 2.7 | 5.0 | 2.3 | 2.6 | 2.0 | 3.8 | 1.8 | 3.4 | 1.6 | 1.9 | 1.5 | 2.8 | 1.4 | 2.6 |
| 110 | 750 | 12 | 9.6 | 6.0 | 9.6 | 4.0 | 6.8 | 3.0 | 3.2 | 2.4 | 4.3 | 2.0 | 3.7 | 1.7 | 1.9 | 1.5 | 2.8 | 1.3 | 2.5 | 1.2 | 1.4 | 1.1 | 2.1 | 1.0 | 1.9 |

风力发电机组的谐波允许值应符合 IEC 61000—3—6 的规定。标准给出了由负荷引起的总谐波电流畸变的导则，按式(5.15)推算风力发电机组在电网连接点产生的谐波电流(没有考虑变压器采用不同的接线方式能消除特殊谐波，如果存在这种现象，应充分考虑其影响)。

$$I_{h\sum} = \sqrt[\beta]{\sum_{i=1}^{N_{wt}} \left(\frac{I_{h,i}}{n_i}\right)^{\beta}} \tag{5.15}$$

式中　$N_{wt}$——电网连接点处风力发电机组数；

$I_h$——电网连接点第 $h$ 次谐波电流畸变；

$n_i$——第 $i$ 台风力发电机组变压器的比率；

$I_{hi}$——第 $i$ 台风力发电机组上第 $h$ 次谐波电流畸变；

$\beta$——指数，见表5.6。

**表5.6　指数参数(IEC 61000-3-6)**

| 谐波次数 | $\beta$ |
|---|---|
| $h<5$ | 1.0 |
| $5\leqslant h\leqslant 10$ | 1.4 |
| $h>10$ | 2.0 |

如果每台风力发电机组都等效，而且逆变器都是有源的，则谐波几乎同相，对各次谐波取 $\beta=1$。

对谐波电流放大的抑制，采用并联电容器组串联电抗器是一种有效的技术措施，其参数的确定要根据实际存在的谐波进行选择。并联电容器引起谐波放大，是由于电容器回路在谐波频率范围内呈现容性。因此，在电容器回路串联电抗器，通过选择电抗值使电容器回路在最低次谐波频率下呈现感性，就可以抑制谐波的放大。

①采用补偿法和消除法

A. 补偿法。补偿法通过吸收装置来吸收谐波，通常指应用电力电容器、电抗器和电阻器适当组合成若干滤波支路的“无源型”交流滤波装置。装置和谐波源并联运行，起到吸收谐波分量影响的效果。

B. 消除法。消除法通过改变谐波的工作方法和工作特性，达到降低谐波影响或消除谐波的目的。例如，在整流设备引起的谐波电路中，合理串联电抗器后不仅可以降低或消除谐波的影响，而且可以增加串联感抗，限制合闸涌流，降低短路容量，限制短路电流，改善断路器和熔断器的工作条件，利于灭弧，减少对通信的干扰。但串联的电抗器不合理，不仅会导致谐波放大，而且容易发生系统串联谐振。由于只能补偿固定频率的谐波，需要在现场测试谐波后才能确定补偿的具体参数。

②采用无源滤波器和有源滤波器

A. 无源滤波器。无源滤波器由电容、电感和电阻元件组成。与其他抑制波形和消除谐波的方式相比，无源滤波器的成本相对较小。但存在的问题是：补偿特性要受到电网阻抗的影响；对电力系统有潜在的反向交互作用；在配电网络中使用功率因数校正电容器时，由于结合了电容和电感，在电容器上会出现与电源并联的谐振频率，因此要采取一定的措施来避免谐振，如在大系统中可选择将电容器安装在不会与电源产生并联谐振的部位，改变电容器组输出的千乏值来改变谐振频率,改变电容器组投切步骤的顺序来改变谐振频率等。

B. 有源滤波器。有源滤波器是基于复杂的电力电子技术,达到抑制和抵消谐波影响的新型电力滤波设备。有源滤波器是一种较好的补偿方法,能对谐波和基波的无功功率进行动态补偿并不受电网阻抗的影响;能实时监测输电线路上的电流,并可将所测得的谐波含量转变为数字信号,经数字信号处理器 DSP 处理后控制脉宽调制模块,通过线路电抗器注入反向的谐波电流,达到抵消谐波的目的。有源滤波器不仅可以抑制谐波,而且还可用于功率因数的校正。但目前大容量的有源滤波器造价高、功耗大,因此在实际应用中受到了一定的限制。

C. 混合型有源滤波器。带 LC 电路的并联混合型有源滤波器的设计基于将并联有源滤波器上的基波电压移去,使其只承受谐波电压。其方法是:a. 从减少输出电流考虑,由只承受谐波电压和只输出谐波电流的带 LC 并联谐振回路的小容量逆变器进行谐波补偿,而无功功率补偿则完全由并联的开关频率逆变器承担;b. 只让有源滤波器补偿特定次数的谐波,从而降低并联有源滤波器的容量;c. 用基波无功功率和低次谐波补偿的 PWM 逆变器与对高次谐波进行补偿的 PWM 逆变器共用的方法;d. 并联型补偿方案,既满足对谐波和无功功率的动态补偿要求,又较大程度地降低了谐波补偿逆变器的容量。

**(6)电压暂降和低电压穿越能力**

根据欧洲标准 EN 50160 以及美国国际电气电子工程师协会推荐标准 IEEE Std 1159—1992,电压暂降的定义为:供电电压有效值突然降至额定电压的 10% ~ 90%。即幅值为 0.1 p.u. ~0.9 p.u.(标幺值),然后又恢复至正常电压,这一过程的持续时间为 10 ms ~ 60 s。电压暂降不同于电压波动,指电压均方根值的大幅度快速下降。通常将暂降时的电压均方根值与额定电压均方根值的比值定义为暂降的幅值,将暂降从发生到结束之间的时间定义为持续时间。电压暂降往往还伴随有电压相位的突然改变,称之为相位跳变。电压暂降的幅值、持续时间和相位跳变是标称电压暂降的三个特征量。

引起电压暂降的主要原因是输配电系统中发生雷击、短路故障、感应电机启动、开关操作、变压器以及电容器组的投切等事件。与长时间供电中断事故相比,电压暂降有发生频度高、事故原因不易察觉的特点。

电压暂降的影响有以下几个方面:

①对冷却控制器。当电压低于 80% 时,控制器动作将制冷电机切除,导致生产损失。

②对芯片测试仪。当电压低于 85% 时,测试仪停止工作,芯片、主板被毁坏。

③对可编程控制器。当电压低于 81% 时,可编程控制器(PLC)停止工作,而一些 I/O 设备,当电压低于 90%、持续时间仅几个周波,就有可能被切除。

④对机器人控制的精密加工器具。当电压低于 90%、持续时间达到 40 ~ 60 ms,就可能跳闸。

⑤对直流电机。当电压低于 80% 时,可能发生跳闸事故。

⑥对变频调速器。当电压低于 70%、持续时间超过 120 ms 时,可能被退出运行。而对于一些精密加工机械的电机,当电压低于 90%、持续时间超过 60 ms,也可能发生因跳闸而退出运行。

⑦对交流接触器。当电压低于 50%、持续时间超过 20 ms,可能发生脱扣断电。

⑧对计算机。当电压低于 60%、持续时间超过 240 ms,计算机的数据可能丢失等。

风电装机比例较低时,允许风电场在电网发生故障及扰动时切除,不会引起严重后果。当电力系统中风电装机容量比例较大时，电力系统故障导致电压跌落后，风电场切除会严重影响系统运行的稳定性，就要求风电机组具有低电压穿越(Low Voltage Ride Through，LVRT)能力，保证系统发生故障后风电机组不间断并网运行。

定速风电机组一般采用异步发电机技术(丹麦概念)，电网发生故障时机端电压难以建立，若风电机组继续挂网运行，将会影响到电网电压无法恢复，因此，电网发生故障出现电压跌落时，一般都是采取切除风电机组的方法来处理。因此针对变速机组提出了低电压穿越能力的要求。

不同国家的电网对风电机组低电压穿越能力的要求也不太一样。美国风能协会提出的风电机组低电压穿越能力要求如图5.9所示，风电场必须具有在电压跌至15%额定电压时能够维持并网运行625 ms的低电压穿越能力；风电场电压在发生跌落后3 s内能够恢复到额定电压的90%时，风电场必须保持并网运行(任何时间，只要电压值不低于图中的电压曲线)。

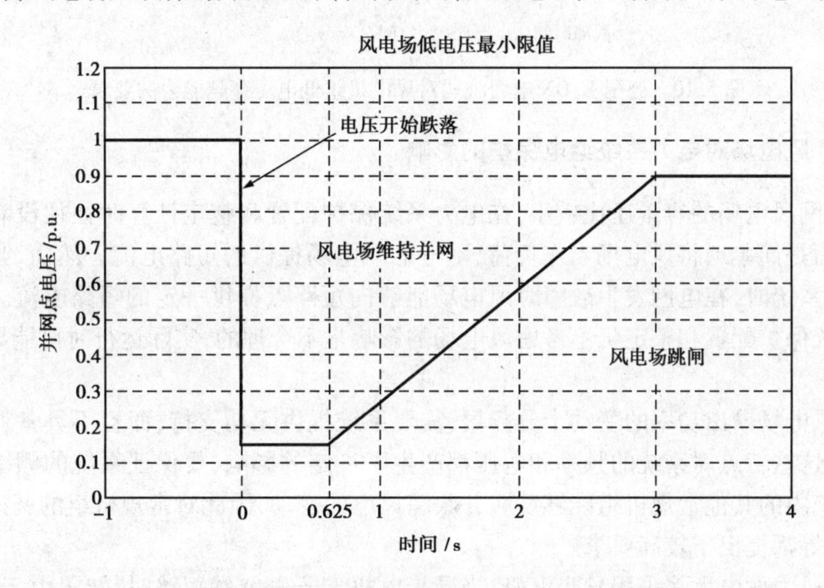


图5.9　美国风能协会提出的低电压穿越标准

从2002年12月1日起，德国E. ON电力公司为了保护电网的自身利益，提出当电网存在短路或网络转接过程的问题时，要求风电场在几秒钟内不脱离电网。图5.10为E. ON电力公司2003年提出的风电机组低电压穿越能力的要求。网络故障时，机组必须能够提供电压支持。有功输出在故障切除后立即恢复并且每秒钟至少增加额定功率的20%。阴影区域中，有功功率每秒钟可以增加额定功率的5%。如果电压降落幅度大于机端电压均方根值的10%，机组必须切换至支持电压。机组必须在故障识别后20 ms内通过提供机端无功功率进行电压支持，无功功率的提供必须保证电压每降落1%的同时无功电流增加2%。

2009年我国《国家电网公司风电场接入电网技术规定》(修订版)中规定了风电机组应该具备的低电压穿越能力：

①风电场必须具有在电压跌至20%额定电压时，能维持并网运行620 ms的能力；

②风电场电压在发生跌落后3 s内能够恢复到额定电压的90%时，风电场必须保持运行；

③风电场升压变高压侧电压不低于额定电压的90%时，风电场必须不间断并网运行。

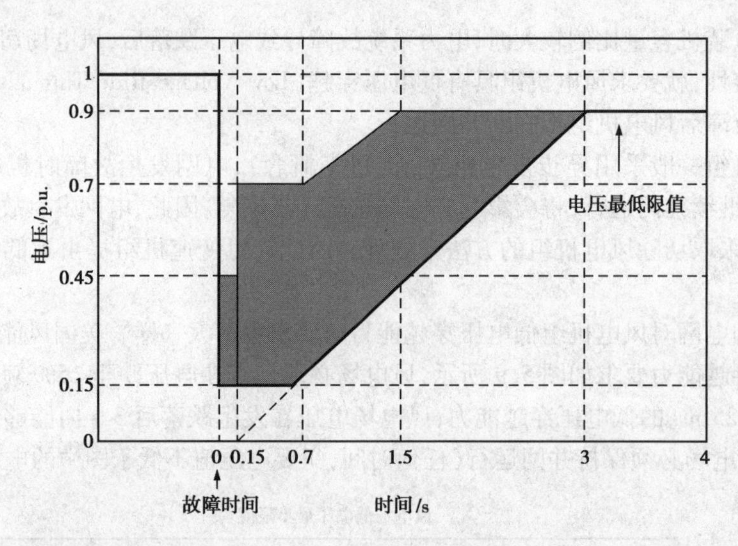


图 5.10 德国 E.ON 电力公司对风电机组低电压穿越能力的要求

### 5.3.2 风电场对电力系统继电保护的影响

目前并网风电场的容量还比较小,在电力系统保护配置和整定计算时往往没有考虑风电场的影响,而是简单地将风电场当作负荷,不考虑风电场提供的短路电流。然而,当大规模的风电场接入系统时,在电网发生故障时风电场能够向短路点提供一定的短路电流。在此情况下,如果系统保护配置和整定仍不考虑风电场的影响是不合理的,实际运行时可能导致保护的误动。

另外,风电场输出功率的变动十分频繁,需要系统提供无功支持,而且不具备调节电压水平的能力。这些特点对系统的频率和电压都产生了一定的影响,要保证系统的频率和电压质量,需要系统内的其他常规机组能够反应并跟踪风电的变动,因此对常规机组的调速器和励磁调节器性能等都提出了较高要求。

目前的风力发电大多采用异步电机,当异步电机定子侧突然短路时,转子由于惯性,保持转速不变。另外,异步电机的定子和转子绕组磁链也不会突变。因此,异步电机也可以用暂态电动势以及相应的暂态电抗表示。由于暂态电动势的值在短路前后瞬间不变,可用暂态电动势和暂态电抗计算短路电流周期分量的起始值。异步电机本身没有励磁电源,周期分量电流衰减很快,一般为 3 ~5 个周波。

根据电机参数和短路前的定子绕组电压、电流,计算出暂态电动势 $L^*$,短路电流周期分量的起始值 $I'$的近似计算公式如下:

$$I' = \frac{L^*}{X'} \tag{5.16}$$

式中 $X'$——暂态电抗。

以相间保护为例,说明并网风电场对继电保护可能造成的影响。线路相间保护一般由电流速断和定时限过电流保护构成。电流速断保护是反应电流增大而瞬时动作的过电流保护,具有简单可靠、动作迅速等优点,但是只能保护线路全长的 70% ~80%。为此,还必须考虑增加一段保护,用来切除本线路电流速断范围以外的故障。对这个保护的要求,首先是在任何情况下都能保护本线路的全长,并且具有一定的选择性和足够的灵敏度,其次在满足上述要求的前提下，力求具有最小的动作时限，因此称之为限时电流速断保护，有时也称为电流二段保护。作为一段和二段的后备保护，通常还需要加装定时限过电流保护，也称三段或四段保护。

如前所述，电流保护是反应电流升高而动作的保护装置，它们之间的主要区别在于根据不同的原则来选择启动电流，即电流速断和限时电流速断是按照躲开某一点的最大短路电流来整定，而过电流保护则是按照躲开最大负荷电流来整定。对联络线保护的配置和整定，如图5.11所示，如果将风电场看作负荷，即认为风电场不会提供短路电流（$I_{k2}=0$）。显然，这与实际情况不符，风电场在系统发生短路时将向短路点提供一定的短路电流，当在 $k_1$ 点发生短路时，$I_{k2}\neq 0$。由于 $k1$ 点靠近保护2，其短路电流大小相当于 $k2$ 点发生短路时的电流，如果 $I_{k2}$ 大于保护2动作电流（假设为电流速断，其动作电流是按照躲开 $k$ 点发生短路时系统提供的最大短路电流 $I_k$ 来整定），保护3将很快动作，结果风电引起保护2的误动。

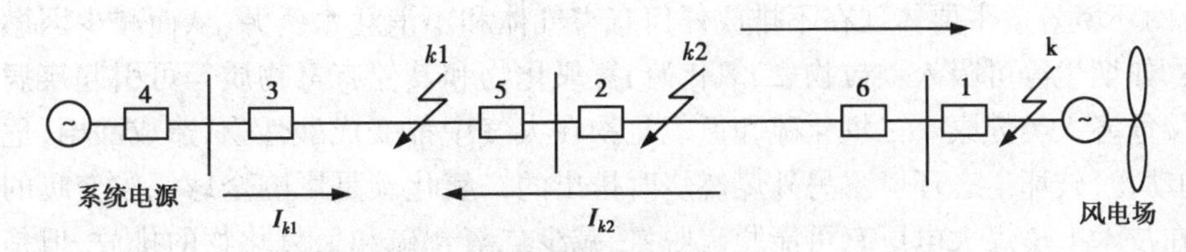


图5.11　风电场与系统联络线的保护配置

1～6—系统配置的保护

综上所述，风电场对系统继电保护将产生一定的影响，在进行系统继电保护的配置和整定时，应该考虑风电场提供的短路电流。对电流保护而言按照如下原则来考虑：

①如果保护动作很快（小于5个周波），必须考虑风电短路电流对保护的影响。保护的配置和整定必须按双电源来考虑，必要时还需加装方向保护。

②当保护动作时间大于5个周波，可以不考虑风电短路电流对电流保护的影响。因为风电短路电流衰减很快，保护从时间上已经躲过。

### 5.3.3　风电场对电力系统自动控制的影响

电力系统调度中心依据负荷预报安排常规机组的发电计划和调频任务，在线机组一般分为调频、调峰和带基荷三类。在日负荷曲线中，全天不变的基本负荷由经济性能好的高参数火电厂、热电厂或核电厂承担；负荷变动部分按计划下达给调峰电厂，调峰一般由经济性能较差的机组担任；实际运行中，预报负荷与实际负荷不可能完全一致，其差值部分称为计划外负荷，由调频电厂担任。

由于风电场的出力尚不能十分准确地预报，可能增加电力系统的计划外负荷，因此，并网风电场的运行对电力系统中调峰和调频机组提出了更高的要求，不仅要求足够的容量，而且要求这些发电机组具有快速响应能力。如果电力系统没有足够的调频容量或者调频机组的响应特性不满足要求，将引起电力系统的频率波动。另外，如果电力系统采用火电机组进行调峰或者调频，并网风电场的运行会增加火电机组的出力变化甚至启停次数，从而显著增加了运行费用。

当电力系统发生严重功率缺额时，自动低频减载装置的任务是迅速断开相应数量的用户负荷，使系统频率在不低于某一允许值的情况下，达到有功功率的平衡，确保电力系统安全运行，防止事故扩大。在电力系统中，自动低频减载装置总是分设在各个地区的变电所中，虽然低频减载的整定是基于系统频率的,但在实际运行中低频减载装置测量的是安装位置的母线频率,在系统频率下降的动态过程中,母线频率与系统频率并不一致。因此,较大幅度的风电功率波动可能导致风电场附近母线频率暂时降低,实际上系统不存在有功缺额,有可能导致低频减载装置误动作,给用户造成不必要的损失。

## 5.4 风电场对环境的影响

### 5.4.1 环境效益评估

风电的环境效益主要体现在不排放任何有害气体和不消耗水资源,从而减少因燃烧煤造成的污染,如烟尘等可吸入颗粒物、二氧化硫、氮氧化物和其他有毒物质等可引起疾病的有害气体,直接危害人类健康。二氧化硫和氮氧化物在大气中都变成酸性物,造成酸雨,危害植物和水中的动物,破坏生态环境。另外煤燃烧时排出的二氧化碳是影响全球气候变暖的温室效应气体,在技术上燃煤火电厂有可能脱硫脱氮,减少二氧化硫和氮氧化物的排放,但是不能避免二氧化碳的排出,因此在环境方面减排二氧化碳是风电的主要贡献。

风电的环境效益取决于它所避免的火电污染,火电的污染程度与火电厂煤的质量、锅炉燃烧及发电技术有关,各地区不尽相同。现以每 1 kW · h 消耗 380 g 标准燃煤为例,评估装机容量 10 万 kW,年发电量 2. 3 亿 kW · h 的风电场环境效益,每年可节约标准燃煤 8. 74 万 t,大约相当于原煤 18 万 t,可减排烟尘 1 150 t,灰渣 2. 76 万 t,二氧化硫 1 403 t,氮氧化物 1 035 t,二氧化碳 26.5 万 t。如果每 1 kW · h 风电可避免的污染成本量为 0. 18 元,则上述 10 万 kW 风电场的环境效益估计每年约 4 000 万元。

### 5.4.2 噪声影响

在人口比较稠密的地区,风电机组发出的噪声应当引起足够的重视。人们在不同的地方和不同的时间对噪声的感受不一样,同样的噪声水平在工业区可以接受,在农业区则不然;在白天可以接受而夜晚则不能。由于背景噪声,如风吹树叶的响声等相对较小,风电机组发出的噪声在低风速时比高风速时感觉更明显。

风力机噪声可分为音调噪声、低频噪声、宽带噪声和脉冲噪声四种类型。按不同风力机噪声又可分为机械噪声和气动噪声。

风力机的机械噪声是由机械部件的运动或相互间的作用产生震动而形成的,主要来自风力机机舱内的齿轮箱、传动系统、发电机、液压系统、冷却系统和偏航系统等部件,其中齿轮箱是主要的机械噪声源。机械噪声可以通过空气传播,也可以通过构件传播。通过空气传播的噪声可以在噪声源周围采用隔声措施加以控制,但通过构件传播的噪声一般不易控制。大型风力机的齿轮箱通过构件传播的噪声,比通过空气传播的噪声大。

风力机气动噪声按噪声产生的机理可分为低频噪声、来流噪声和翼型自身噪声三种。

低频噪声是由于塔影效应、风剪切效应和尾流效应等引起来流速度的变化,使叶片与周期性来流相互作用产生压力脉动,形成周期性的、频率为叶片通过频率整数倍的离散噪声,如下风向水平轴风力机的叶片周期性通过塔架的尾流时会形成这种噪声。

来流噪声是一种宽带噪声,由叶片与来流湍流相互作用产生涡旋而引起,来流湍流噪声与叶片转速、翼型剖面和湍流强度有关。

翼型自身噪声是由翼型自己产生的,主要是宽带噪声,也包括音调噪声。翼型自身噪声有下列几种:

①尾缘噪声。由湍流边界层与叶片后缘相互作用形成的频率范围在750~2 000 Hz,是风力机主要的高频噪声源。

②叶尖噪声。由于叶片三维叶尖效应产生的,是风力机主要噪声源之一。另外叶片尖部扰流器和其他操纵面突然动作时还会引起脉冲噪声。

③失速效应引起的噪声。当叶片失速时,在叶片表面产生非定常流动,使宽带噪声辐射增加。

④钝尾缘噪声。由于叶片后缘厚度引起旋涡脱落形成的噪声,是一种音调噪声。

⑤表面缺陷引起的噪声。当叶片表面有缝隙和空穴时,会产生音调噪声。

丹麦规定单台风电机组与居民住房最小的距离为200 m,风电场则应该是500 m。另外一种限制的指标是风电机组运行时的噪声水平,应当不超过当地现有的夜间背景噪声水平5 dB(A)(图5.12)。

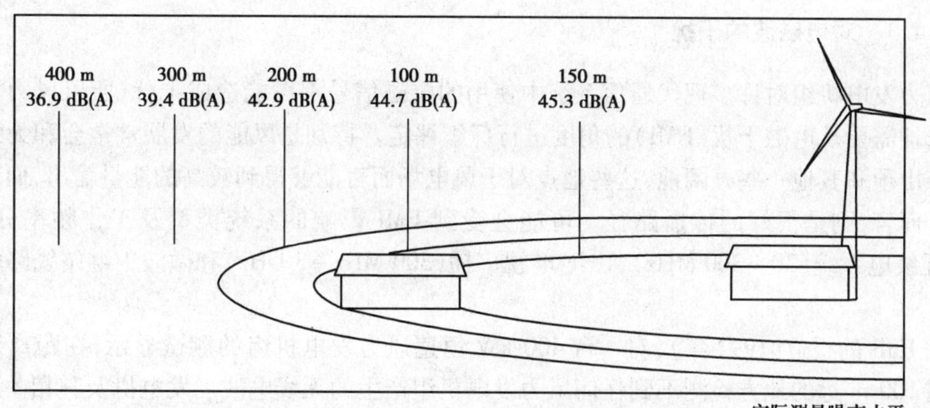


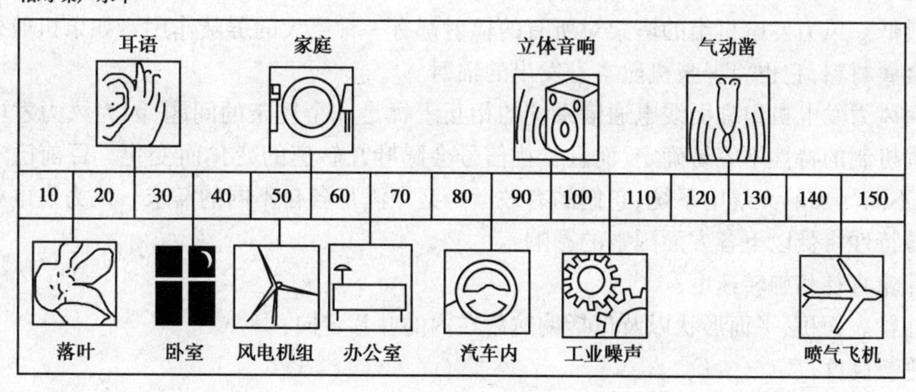


图5.12 风电机组的噪声水平

衡量风电机组的噪声水平有两个指标,一个是声源的声强水平 $L_w$,另一个是接受声音处的声压水平 $L_p$。$L_w$ 和 $L_p$ 的单位用dB(A)(分贝)表示,声强水平描述声源的强度,声压水平则描述噪声传播到任何一点的情况。

风电机组的噪声，即声源的声压水平可表达为

$$L_w = 10 \log 10\left(\frac{p}{p_0}\right) \tag{5.17}$$

式中 $p$——声源的声强水平；

$p_0$——参考声强水平，一般取 $10^{-12}$W。

现代大型风电机组制造商提供的典型声强水平值的范围在 95 ~ 105 dB(A)。声强水平随风速变化，所以与风电机组的运行状态有关。大风吹过灌木和树林时产生的噪声会掩盖风电机组的噪声，对于噪声评估来说低风速是关键，厂家通常提供的是 8 m/s 风速时的声强水平。

噪声的声压水平 $L_p$，定义如下：

$$L_p = 20 \log 10\left(\frac{p}{p_0}\right) \tag{5.18}$$

式中 $p$——均方根声压水平；

$p_0$——参考声压水平，通常取 $20 \times 10^{-6}$Pa。

距离风电场 350 m 处声压水平的典型值是 35 ~ 45 dB(A)。

### 5.4.3 对电磁波的干扰

风力发电机组对许多现代通信系统中使用的电磁信号都可能造成干扰，所以风力发电机组的选址需要从电磁干扰(EMI)的角度进行仔细评定。特别是风能的发展常常会和无线电系统争夺山顶和其他一些开阔地，这些地点对于风电场而言能够得到较高的能量输出，而对于通信信号而言，则是很好的传播路径。可能会受到 EMI 影响的系统类型及工作频率分别为：VHF 无线电系统(30 ~ 300 MHz)，UHF 电视广播(300 MHz ~ 3 GHz)和微波中继站线路(1 ~ 30 GHz)。

据 Hall 的报道(1992 年)，对一台 400 kW 恒速风力发电机组的测试显示，在距离风力发电机组 100 m 远的地方检测不到任何风力发电机组产生的无线电波。发电机及其相关的控制装置和电子设备会产生无线电辐射，但是通过在发电机侧采用恰当的抑制和屏蔽措施可以将其降到最低。风力发电机组的塔架对所有的辐射都有一种巨大的屏蔽作用。如果机舱外壳采用的是金属材料，它也将屏蔽机舱本身发出的辐射。

然而风力发电机组和无线电通信系统的相互干扰是一个复杂的问题，因为风力发电机组电磁干扰机制的特性不容易确定，而且干扰信号会随叶片转速的变化而变化。目前已经存在大量的、不断增加的无线电系统，它们的有效运行必须满足各自不同的需求。风力发电机组叶轮的电磁特性将受以下各方面因素的影响：

①叶轮直径和旋转速度；

②叶轮表面积、平面形状以及包括偏航角在内的叶片定向；

③轮毂高度；

④叶片材料结构及其表面光洁度；

⑤轮毂结构；

⑥表面污染(包括雨水和冰)；

⑦内部金属元件，包括避雷装置。

风轮旋转的平面会像镜子一样反射电磁波，可能对广播电视节目的接收产生干扰。干扰的大小取决于风电机组的位置和大小、传输信号的强弱及叶片的材料等。对于来自风力发电机组的 EMI，存在两种基本的干扰方式：前向散射和后向散射，如图 5.13 所示。当风力发电机组安装在发射器和接收器之间时出现前向散射，干扰方式是风力发电机组对信号的散射或折射，对于电视信号而言，叶片的旋转会导致图像褪色。当风力发电机组安装在接收器后方时会出现后向散射情况，使预期信号和反射干扰后的信号之间存在一定的延时，导致电视屏幕出现重影或变形。

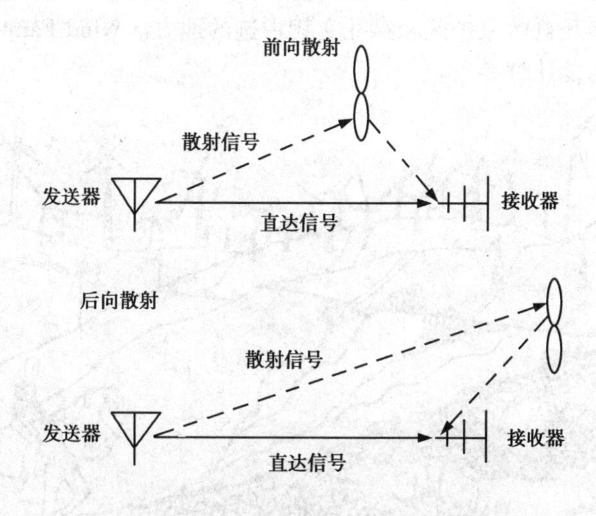


图 5.13　风力发电机组对无线电系统的干扰

只有当金属叶片组成的大型风轮与高频的弱信号相互作用，机组又正好位于信号源和接收器的连线上，接收器本身的质量也比较差的情况下才会显示出严重的干扰。现代大型风电机组的叶片采用玻璃钢材料，风电场选址时已注意避开微波传输的路径，通常电磁波干扰对附近居民接收电视的影响是很小的。

### 5.4.4　对生态环境的影响

建设风电场对当地生态环境的影响主要是土地利用、施工期间对植被的改变以及对鸟类习性的改变等。为了减小尾流的影响，风电机组之间应该有足够的距离，一般是风轮直径的 5 ~ 8 倍。风电场的总面积很大，若采用 600 kW 的机组，在平坦的地方 7 000 kW 装机容量需要 1 $km^2$，但是实际占用的土地面积不到 1%，包括机组的基础、变电站设施和道路等。其余 99% 的土地原来是牧场的仍可放牧，是耕地的仍可耕种，相当于双重利用。只是在施工期间因吊装需要，有些植被特别是林地中的树木被铲除或砍伐。不过风电场的施工期都很短，工程结束后可恢复原来的植被。风电场在运行过程中不排放任何废弃物，不消耗水资源，所以对当地生态环境的影响很小。

人们曾担心风电场会威胁鸟类的安全或生活习性，而且确实发生过猛禽类的大鸟撞到风轮叶片上的事故，但这是极其罕见的。经过许多国家设置专门的课题研究，发现风电场对鸟类的影响要比常规高压输电线或交通运输小得多。当然在选址时应注意避开候鸟迁徙的路径或鸟类的栖息地，机舱和塔架的结构设计要考虑防止鸟类筑巢。

巨大的塔架和旋转的风轮，几十台及上百台的机群分布在广袤的土地上，必然改变当地的景观。如果规划得好，机组排列整齐或错落有致，塔架结构和尺寸相似，风轮叶片数、颜色和旋转方向相同，在视觉上给人以和谐的感觉，当地居民也乐于接受，成为吸引人的旅游资源。但是在实际中往往受项目规模的限制，在同一地点分期建设项目选用的设备各异，机组有大有小，桁架式和塔筒式塔架混杂其中，风轮有两叶片和三叶片的，这台风轮逆时针旋转，那台顺时针旋转，便显得杂乱无章。美国加州及荷兰早期建成的风电场曾经发生过这种情况，因此也成为许多人反对风力发电的理由，教训相当深刻，图 5.14 至图 5.16 所示为不同景观的对比。随着经济和社会文化的发展，人们的审美观念也发生了改变，保护自然景观和人文景观的意识增强，风电场的选址要避开自然保护区和存在文物古迹的地方。Wind Farmer 软件可以模拟未来风电场的景观，供规划设计时参考。

图 5.14　风电场景观的对比示意图

建设风电场时通常会通过环境报告，评估当地的生态，说明维持资源的重要性和风电场的影响（包括建设期间和运行期间），以及缓解这些影响的措施。在考虑可再生能源规划对生态的影响时，需要考虑以下各个方面：

①在风电场建设过程中对野生生物生活环境的直接破坏；

图5.15　美国加州棕榈泉附近风电场景观

图5.16　新疆达坂城风电场景观

②在风电场运行过程中对个别物种的直接影响；

③由于风电场建设或是对土地使用管理的改变,从而引起野生生物生活环境的长期改变。

进行生态评估时,应该包括以下几个方面的内容：

①一个完整的植物调查,包括风电场场址内的植物种类的鉴别和布局；

②对现存的鸟类和非鸟类动物的理论和现场调查；

③对当地生态保护重要性的评估；

④对风电场潜在影响的评估；

⑤提出减缓影响的措施,包括风电场对本地影响中的哪些部分应该避免。

### 5.4.5　光影闪烁

光影闪烁用来形容当太阳位于发电机后面时,由于叶片旋转而带来的光影晃动。当光线扫过窗户的时候,这种晃动会给当地居民带来一些影响。在欧洲很重视光影闪烁的问题。

易引起干扰的频率大概在2.5～20 Hz,此时风力机对人类产生的影响则类似于电网电压波动导致灯光的光照强度变化对人的影响。在这种情况下,主要考虑的是2.5～3 Hz频率的光闪会造成人的不规则行为,如一些癫痫症状。较高频率段 15 ~ 20 Hz 则可能会导致类似痉挛等的症状。一般的人群中,大约有 10% 的成年人和 15% ~ 30% 的儿童会对某些频段的光闪有不适应症状。

大型的现代三叶片风力机旋转转速在 35 r/min 以下,单个叶片穿越频率低于 1.75 Hz,低于标准的 2.5 Hz 频率。要求最近的风力机和居住地之间相隔为 10 倍的叶轮直径距离,能够起到防止持续的光影闪烁的作用。另外,这样的距离同时还符合噪声和视觉的要求。

## 5.5 风电场的产能预报

风的波动性和间歇性,使得大容量的风电接入电网对电力系统的安全、稳定运行以及保证电能质量带来严峻挑战。当风电的波动性大于电力需求的波动性时,常规电站的调度不足以一如既往地保持电力系统的可靠性,使电力系统的运行费用增大。改变常规电站的输出对风电场的输出变化进行补偿,将导致常规电厂消耗更多的燃料和运行费用。在欧洲电力市场,每日交易的热力和电力部分需要有储备的电网容量。这种有储备容量的电网需要电力生产者提前 36 h 给出其发电量。在这样的市场结构和时间范围内,风能的不可预测性越大,风能生产者额外的成本就越多。

对风电场出力进行短期(0 ~ 72 h)预报,将使电力调度部门能够提前根据风电出力的变化,及时调整调度计划,减少系统的备用容量,降低电力系统运行成本,减轻风力发电对电网造成的不利影响,提高系统中风电的装机比例。典型的风电场短期产能预测系统主要由 4 部分组成:数值天气预报模型、风电场数据采集模块,预测模块和软件实现模块,其运行结构流程图如图 5.17 所示。

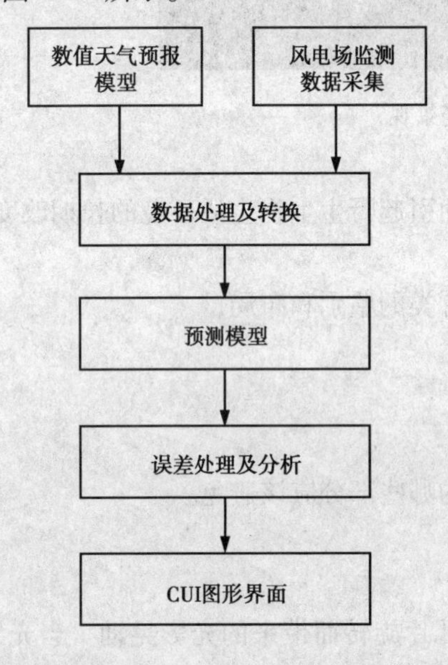


图 5.17 风能预测系统结构流程图

数值天气预报模块提供风电场所在位置近地层的各种气象预报数据,每 12 h 预报一次,一天预报 2 次,每次预报 72 h。数值天气预报模块提供的数据为二进制格式,要经过数据处理及转换,转换成我们熟悉的十进制格式作为预测模型的输入。风电场数据采集模块主要是在风电场关键位置点设立测风塔,采集风速、风向、温度、气压等数据,这些数据经过转换后作为预测模型的输入数据。预测模块主要对风速和功率进行预测,是预测系统的核心。为满足风电场的要求,提供了短期(1 ~ 3 d)和超短期(1 ~ 4 h)的预测。因为每个风电场的地理位置、气象条件各不相同,所以预测模块要具有可调整性。软件实现模块主要包括数据处理转换及 GUI 图形界面,提供友好的操作界面。下面对各个模块进行简单介绍。

### 5.5.1　数值天气预报模块

数值天气预报根据大气的实际情况，在一定初值和边界条件下，通过数值计算，求解描写天气演变过程的流体力学和热力学方程组，预报未来的天气状况，是一种定量和客观的预报方法。预报量有气压、温度、湿度、风速、风向、降水等。风电场的范围一般在几千米之内。预测系统可以使用中尺度预报模型 MM5 来进行数值天气预报。

中尺度数值预报模式是进行中尺度天气预报的有效手段，是对中尺度天气过程进行深入的模拟研究和预报试验。随着近年来计算机技术的迅速发展，中尺度数值模式已日趋成熟，成为中尺度气象预报的重要研究和应用手段，受到预测、航空航海、环保、军事等部门的重视，并开始获得巨大的经济效益和社会效益。

MM5 是美国宾州大学（PSU）和美国国家大气研究中心（NCAR）联合研制的有限区域中尺度大气模式，是目前气象领域应用最广泛的中尺度预报模式之一。在我国已经建成的有限区域数值天气预报业务系统中，上海区域预报中心、沈阳区域预报中心、北京市气象局和天津气象局等均采用该模式作为业务模式。MM5 模式水平分辨率为 5 km，垂直分辨率为 40 层，网格嵌套层数最多可达 10 层。MM5 模式计算规模巨大，为了满足天气预报精度的不断提高和时效性要求，必须借助于高性能巨型计算机，采用分布并行计算平台来实现。

MM5 中尺度数值模式可以考虑高分辨的地形和陆面使用状况等重要的局地迫动因子，使用复杂的物理参数化方案，研究和预测高分辨的局地中尺度天气现象。MM5 模式相对于大模式具有灵活性、细致性，应用范围比较广泛，在美国已为 40 多所院校、近 30 个国家实验室和军事单位及 20 多个工业咨询公司所使用，在全世界各大洲约有 50 多个单位使用。

在实时预报应用方面，全球约有 30 余个单位使用 MM5 开展实时区域天气预报，在国际互联网上发布预报结果，成为一种潜在的、有发展前途的业务区域预报工具。在区域气候预报方面，区域气候模式作为全球气候模式与中尺度气象模式相结合的产物，已灵活地用于全球各区域的过去、现在和将来的气候研究中。

### 5.5.2　风电场数据采集

风电场数据采集包括历史功率数据采集和历史风速数据采集。历史功率数据采集可以在风电场的中央监控系统中取得。中央监控系统每十分钟采集风电场的出力情况，保存在指定的文件夹中。不同公司开发出的中央监控系统的数据存储格式不同，需要在指定环境下才能打开。

风速数据的采集需要在风电场具有代表性的地点建立测风塔。在地形简单，风速稳定的小风电场，一个测风塔基本上就能代表整个风电场的风速情况。但在地形复杂的风电场（比如山地地形），则需要选择多个典型地点建立测风塔才能正确表示出该风电场的风速情况。

测风塔的高度一般是 70 m，根据预报系统数据的需要，在测风塔上安装风速传感器、风向传感器、温度传感器、气压传感器和湿度传感器，图 5.18 为风向传感器，图 5.19 为风速传感器。风速和风向传感器在塔架的 10 m 和 70 m 处各安装一个，温度、气压、湿度传感器安装在塔架的 10 m 处。这是因为风速具有风切变特性，风速随高度的增加而增大，根据风切变公式可以计算出测风塔所在位置不同高度处风速的大小。

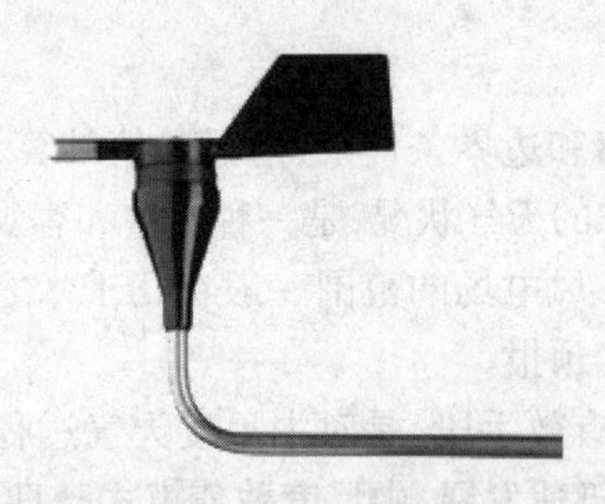

图 5.18 风向传感器

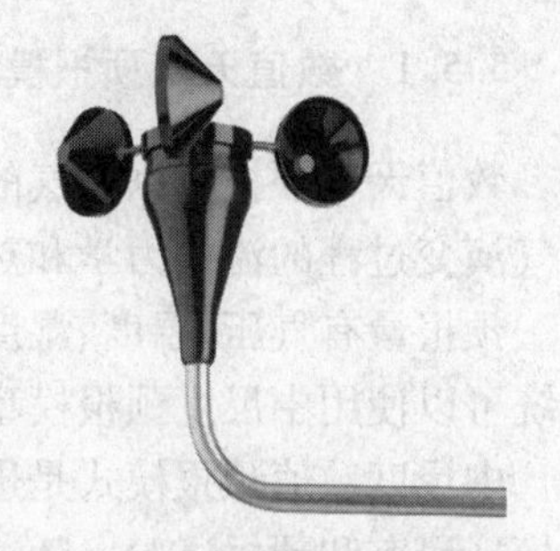

图 5.19 风速传感器

图 5.20 为实验风电场测风塔处 10 m 与 50 m 风速相关性图，两点处风速的相关系数为 0.96。由 10 m 和 50 m 处平均风速数据算出该处风切变指数为 0.13。当 50 m 处风速为 10 m/s时，风切变图如图 5.21 所示。

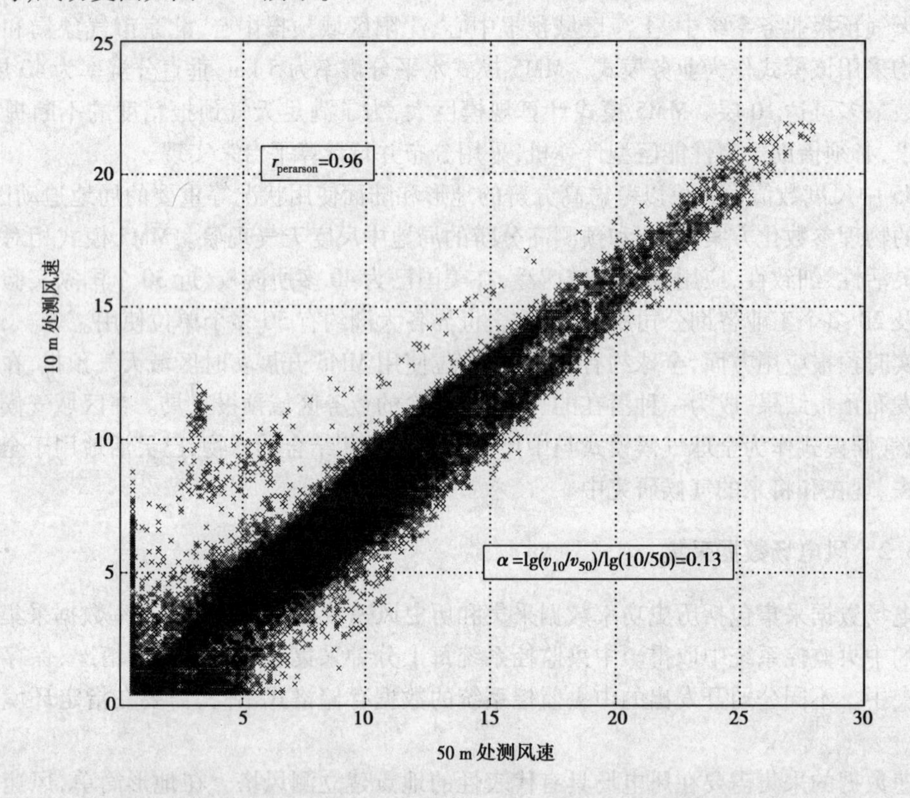


图 5.20 测风塔 10 m 及 50 m 处测量风速相关性及风切变系数

在设备安装过程中要注意以下几点：

①风速、风向传感器的安装要水平，如果安装不水平，测量的风速值均小于实际值，并且误差随水平的偏差角度增大而增大。

②仪器信号线的捆扎要牢固。由于仪器信号线自身重量和环境影响，信号线捆扎的间隔距离不宜太远，越高捆扎密度越大。信号线如果捆扎不牢固可能会导致信号传递时断时续，导致数据流失。

③风速、风向传感器应安装在主风向的方位侧，避免塔体对风的影响。

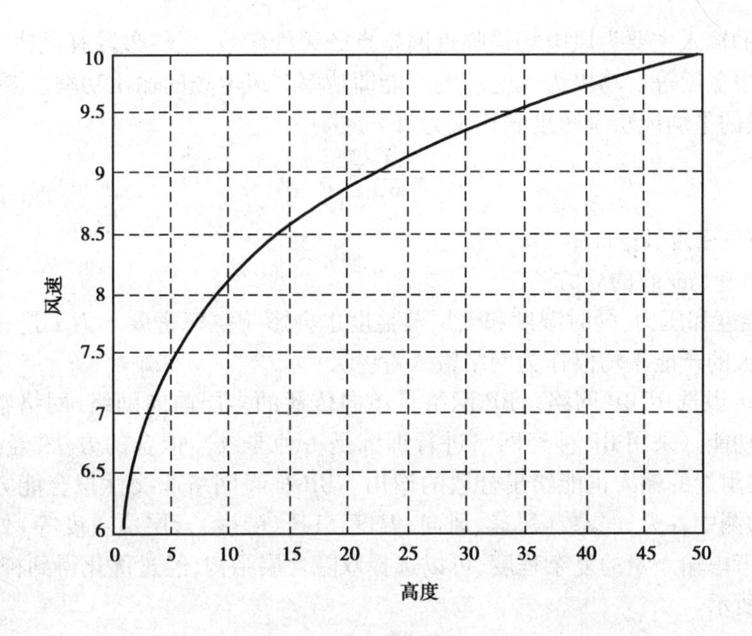


图5.21　测风塔50 m处风速为10 m/s时风切变图

数据的传输采用GPRS无线传输,一天两次,定时发送到设定邮箱中,如图5.22所示。

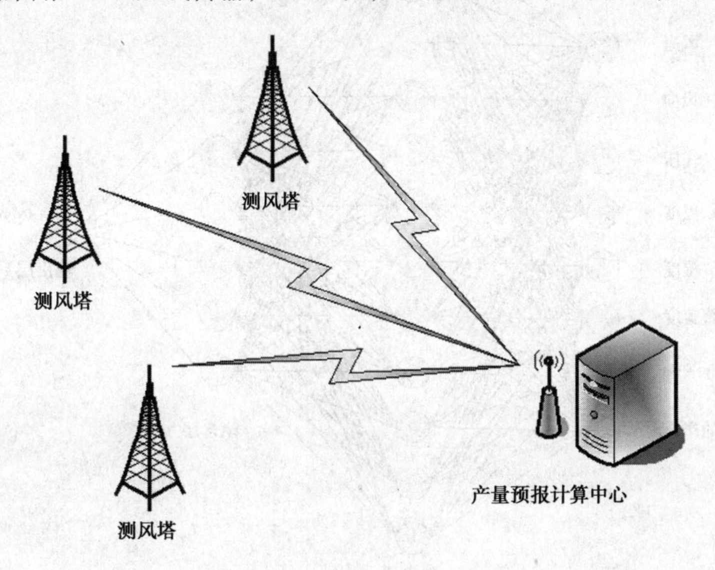


图5.22　GPRS方式传输测风塔数据示意图

## 5.5.3　预测模型

人工神经网络(ANN)是非线性映射系统,具有强大的模式识别能力,可以对任意复杂状态或过程进行分类和识别,具有良好的自适应性、自组织性和容错性,具有较强的学习、记忆、联想、识别能力。由于ANN能够建立任意非线性的模型,并适于解决时间序列预报问题,尤其是随机平稳过程的预报,在电力系统短期负荷预报方面已经得到了广泛的研究应用。所以,神经网络也适合于风电场的短期产能预报。

预测模型的输入主要为风电场最临近网格点的天气参数,天气参数有风速、风向、温度、气压、湿度、云层覆盖度等。输出为风电场的产能即功率。风电场的输出功率主要受风功率密度影响,一定时段的平均风功率密度表达式为

$$D_{WP} = \frac{1}{2n}\sum_{i=1}^{n}\rho \cdot v_i^3 \tag{5.19}$$

式中 $\rho$——空气密度,kg/m³;

$v_i^3$——风速(m/s)的立方。

$\rho$ 取决于温度和压力,同时湿度和云层覆盖度也会影响空气密度。为了进一步提高精度,可以把最近两天的产能平均值作为网络输入量。

预测算法可以选用 BP 网络。BP 网络是单向传播的多层前向网络,网络整理算法成熟,具有导师学习功能。采用 BP 神经网络进行训练是一种非线性拟合的方法,经过训练的神经网络,对样本集附近的输入也能给出合适的输出。BP 神经网络非线性拟合能力强,学习规则简单,尤其对预测中各天气参数(风速、风向、温度、气压、湿度、云层覆盖度等)处理方便,便于计算机实现。考虑输入量的复杂程度,可以选择双隐含层结构,经过优化得到神经网络预测模型,如图 5.23 所示。

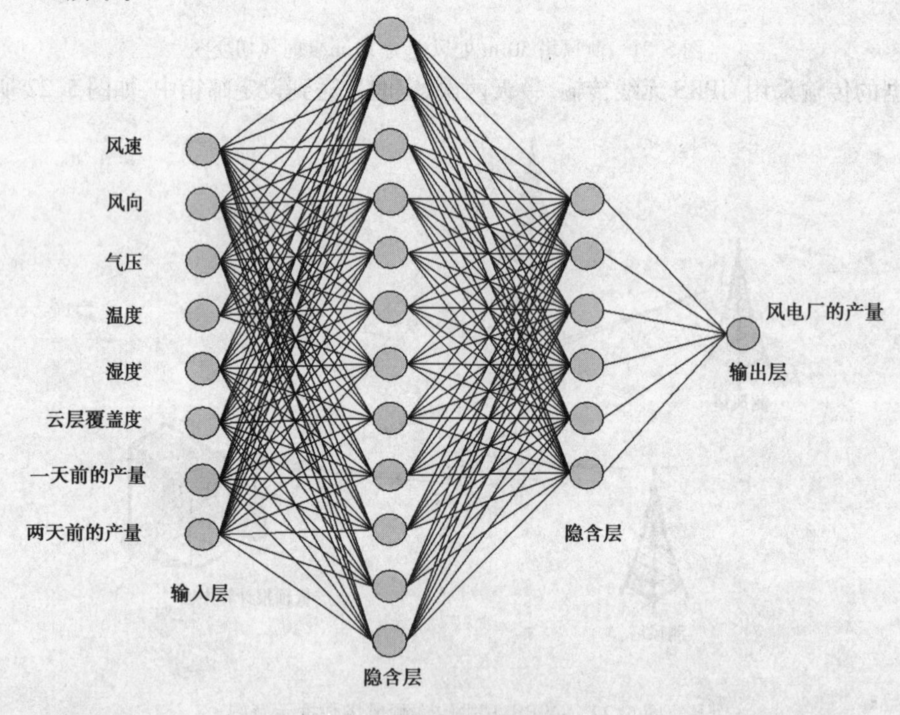


图 5.23　神经网络预测模型结构

### 5.5.4　软件实现

产量预报需要借助于每个风电场的气象预报,通过大量的计算来完成。根据软件设计,所有观测数据从各个风电场和观测站发送到预测中心服务器,同时气象卫星获得的中尺度预报数据也被发送到预测中心,由预测中心经过运算后,将预报结果发送到各数据客户端上。

预报系统为浏览用户和程序用户提供了不同的界面。对于浏览用户,可以直接访问 WEB 界面来查看预报结果和提交观测数据;对于程序用户,提供了通用的 CSV 数据接口来交换数

据,保证远程的程序能够通过HTTP协议提交数据和发布预报结果。预报系统软件结构如图5.24所示。

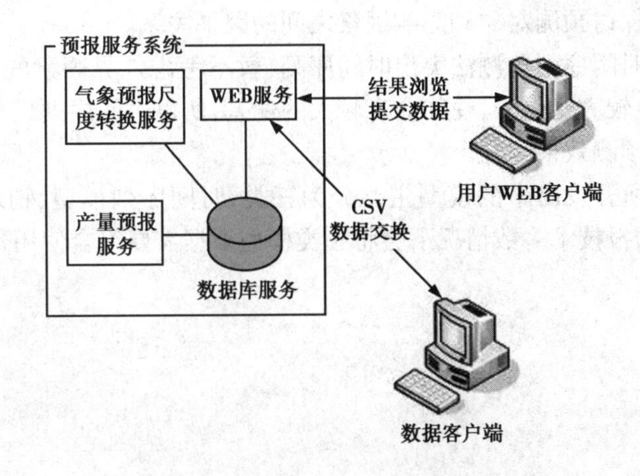


图5.24　预报系统软件结构图

### 5.5.5　技术趋势

风电场短期产能预测系统的发展已有20多年历史,不同的地区使用要求也各不相同,预测系统的复杂度也不相同。目前大部分的风能预测系统都以数值天气预报(NWP-Numerical Weather Prediction)为基础,数值天气预报根据大气实际情况,在一定初值和边界条件下,通过数值计算,求解描写天气演变过程的流体力学和热力学方程组,预报未来的天气状况,是一种定量和客观的预报方法。预报的项目有气压、温度、湿度、风速、风向、降水等。

风速和风向是风能预测最重要的变量。风能预测系统的任务是把分辨率不高的NWP模型得到的"粗糙信息"转化为风电场的产能输出。风的预测转化为风能的预测通常有两种方法:一种是物理系统,以低大气边界层的物理现象为基础,把NWP模型风速以必要的精度推算成风电场所在位置的风速状态,参数化风廓线或气流,仿真计算出轮廓高度处的风速,再通过相应的风速-功率曲线决定风能输出的大小。另一种为统计系统,对预测风速和测量功率之间的关系进行"学习",根据学习经验由预测风速得到预测功率。统计系统不需要使用功率曲线,与物理系统相比需要对输入和输出进行训练,需要较多的数据。

超短期风能预测(0~3 h)除了使用NWP为基础的预测系统,还可以利用时间序列法进行预测。时间序列分析法是根据系统观测得到时间序列数据,通过曲线拟合和参数估计建立数学模型的理论和方法。时间序列分析法的基本思想是通过分析不同时刻变量的相关关系,揭示其相关结构,利用这种相关结构对时间序列进行预测。这种方法有两个特点:

①时间序列分析预测法是根据过去的变化趋势预测未来的发展,它的前提是假定事物的过去会同样延续到未来。事物的现实是历史发展的结果,而事物的未来又是现实的延伸,事物的过去和未来是有联系的。风速预测的时间序列分析法,正是根据风速的这种连续规律性,运用过去的历史数据,通过统计分析,进一步推测未来时刻风速的发展趋势。其意思是说,风速不会发生突然跳跃式变化,而是渐进变化的。

②时间序列分析预测法突出了时间因素在预测中的作用,暂不考虑外界具体因素的影响。时间序列在时间序列分析预测法中处于核心位置,没有时间序列,就没有这一方法的存在。虽

然,预测对象的发展变化受很多因素影响,但运用时间序列分析法进行量的预测,实际上是将所有的影响因素归结到时间因素上,只承认所有影响因素的综合作用,并在未来对预测对象仍然起作用,没有分析探讨预测对象和影响因素之间的因果关系。

需要指出的是,时间序列预测法突出时间序列,暂不考虑外界因素的影响,所以存在着预测误差。当外界发生较大变化时,往往会有较大的偏差,所以时间序列预测法只适合短时间预测。预测时间越短,预测效果越好。

总的来说,目前所开发出来的模型主要分为三类,时间序列模型、物理模型和统计模型。未来风电场的产量预报技术多数情况下会将三类模型根据需要组合使用,以提升预报的精度。

# 第6章 风能系统的经济性

## 6.1 引言

风力机要想在激烈的市场竞争中占据一席之地,必须做到:

①将不断变化的风能转换成质量可靠的电能;

②安全稳定地运行;

③具有成本效益,才能成为具竞争力的发电设备。

风电场在安装风力发电机组之前,首先预测风电机组的年发电量,再进行生产、安装、运行、维护以及融资,从而确定所设计的风电系统是否具有成本效益,如图6.1所示。讨论风力发电的经济效益时,要注意区别对待风力发电的成本价值以及风力发电产生电能的市场价值(货币价值)。风力发电的经济性取决于这两个变量的匹配。评价风电系统是否具有经济竞争性时,要保证风电系统的市场价值大于风电系统的成本价值。

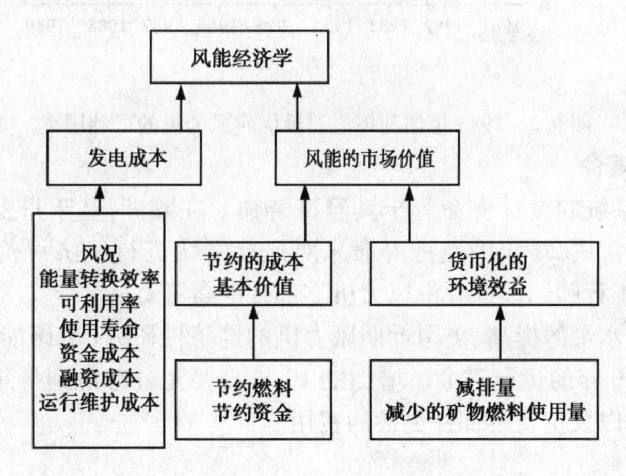


图6.1 风电系统的经济性分析模型

风电系统的应用环境不一样,经济性评价也不一样。从电能供应的角度考虑,和独立运行的风力机相比,并网型风力机作出了更大的贡献。因此,重点讨论并网型风力发电系统,涉及的内容和材料也适用于独立运行的中小型风力机。

## 6.2 风能系统经济评价概述

### 6.2.1 并网型风力机的发电成本概述

风力发电机系统的总发电成本由下列因素决定:风况,风力机的能量转换效率,系统的有效性,系统的使用寿命,资金成本,融资成本,运行维护成本。第2章已介绍了风况,第3章介绍了风力机的能量转换效率,这里讨论其他影响因素。

**(1)可利用率**

可利用率是指一年中风力机能够用于发电的时间所占的比重。风力机不能发电的时间包括定期维护以及临时维修的停工期。多台风力机经过多年运行后,才能得到有效的风力机可利用率。到20世纪90年代为止,只有美国和丹麦能提供足够的数据,如图6.2所示。到20世纪80年代末,美国最优质的风力机经过5年的运行,可利用率达到95%的水平(世界能源委员会1993年数据)。近期的运行数据显示,该风力机的可利用率已达到98%。

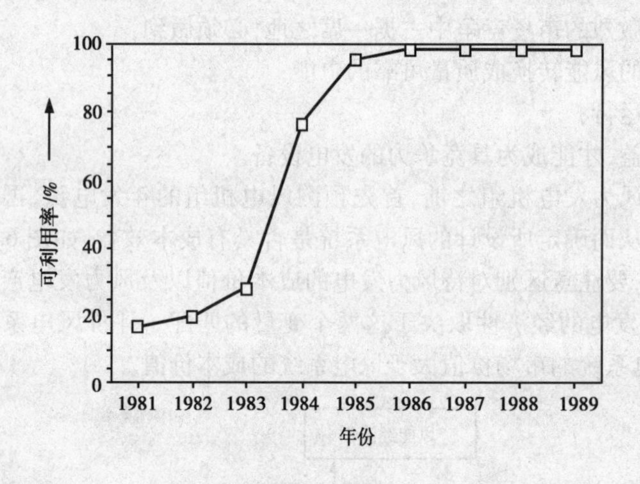


图6.2 1993年加利福尼亚最优质风力机的可利用率

**(2)系统的使用寿命**

按照惯例,风能系统的设计寿命等于其经济寿命。在欧洲,基于丹麦风力机制造商协会(1998年)的建议,通常用20年的经济寿命来对风能系统进行经济评价(世界能源委员会,1993年),20年也是工程师们设计开发风力机零部件的参考寿命。

随着风力机研发水平的提高,美国近期风力机的经济性研究(美国能源部/电力科学研究院,1997年)采用了30年的运行寿命。增加的10年需要充分考虑到每年对风力机进行足够的维护,大规模检修,以及主要零部件更换的费用。

**(3)资金成本**

风力机的资金成本(或总投资成本)通常包括风力机成本和安装费用。风力机的成本差别很大。图6.3给出了丹麦风力机产品的成本变化范围(不包括安装费用)(丹麦风力发电机制造商协会,1998年)。在图6.3中,机组成本随风力机的额定功率变化,风力机的额定功率

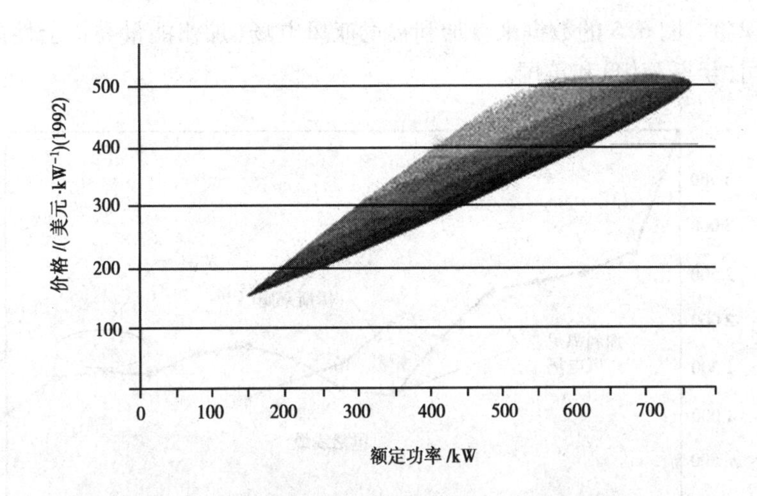


图6.3　不同容量的丹麦风力机成本(1997年)

越大,塔架高度和风轮直径越大,机组的成本越高。

分析风力机的经济性时,通常把风力机的安装成本归一化至每单位风轮面积的成本或是每千瓦的成本。图6.4和图6.5分别列出了两种方法进行归一化的风力机成本。图6.4列出了美国和欧洲(哈里森等,2000年)早期实验机型和商用机型的每单位风轮面积的具体成本。需要注意的是,实验机型的制造成本远远高于商业化生产机组的制造成本。

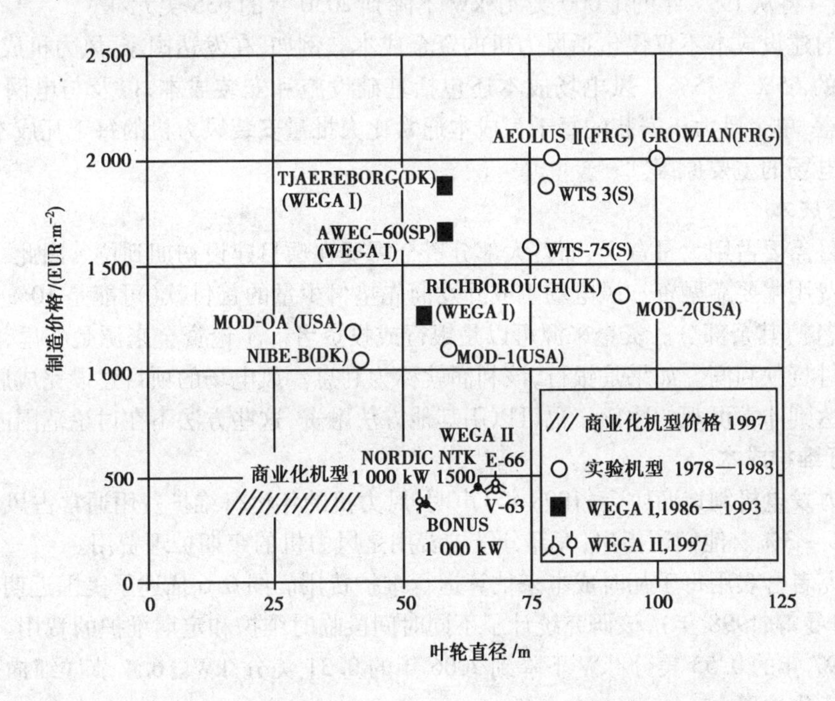


图6.4　每单位风轮面积(哈里森等,2000年)的大型风力机成本

风力机的安装成本按单位功率进行归一化,更适用于大规模并网发电的系统,因而并网型风电机组常采用这种方法计算安装成本。在过去的25年里,风电场中使用的商用风力机每单位功率的安装成本逐年下降,图6.5列出了1980—1995年风电场的安装成本美元/kW,同时

也说明了这一现象。图6.5的数据来自加利福尼亚风电场(加州能量委员会性能报告系统)、丹麦的风电公司(伊斯莱姆)和英国。

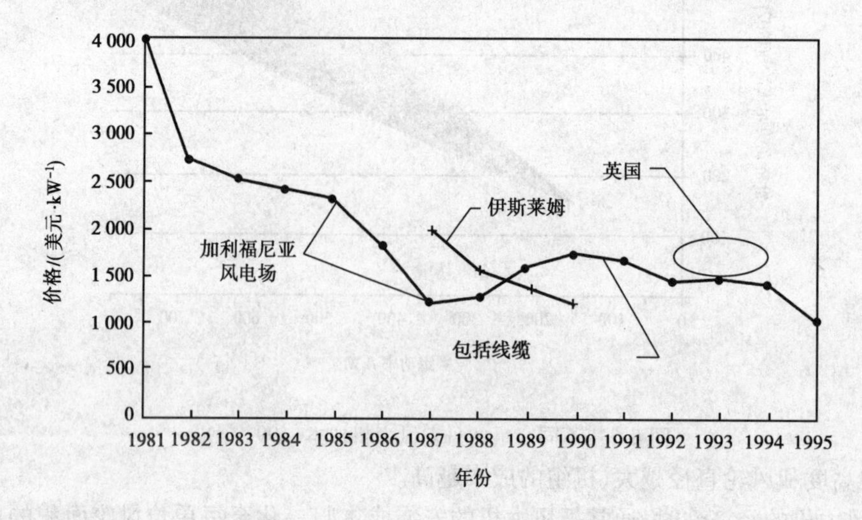


图6.5　风电场安装成本(盖普,1995年)

其他研究机构对1997年至2030年大型风电场的风力机资金成本数据进行了分析研究。美国能源部和电力科学研究院的数据结果显示,风力机的资金成本(美国能源部/电力科学研究院,1997年)将从1997年的1 000美元/kW下降到2030年的635美元/kW。

风电场的建设成本不仅仅包括风力机的资金成本。例如,在发达国家,风力机成本大约占总投资成本的65%~75%。风电场成本还包括基础设施和安装成本,以及与电网连接的成本。还应注意,单个风力机安装的每千瓦成本通常比大批量安装风力机的每千瓦成本要高,这也是发展风电场的主要原因。

**(4)融资成本**

风电项目需要占用大量资金,而且大部分资金需要在项目建设初期到位。因此,购买风力机和安装的费用主要靠融资。风电场主或开发商先垫付少量的首付款(可能是10%~20%),然后融资(借贷)其余部分。资金来源可以是银行或投资者。不论资金来源是哪里,贷方都会要求借方支付贷款利润。如果是银行,该利润就称为利息。风电场的项目建设完成后,累积利息有可能会达到非常可观的数额。也可以用其他方法融资,这些方法不在讨论范围内。

**(5)运行维护成本**

丹麦风力发电机制造商协会(1998年)声明,风力机的年运行维护费用通常占风力机本身成本的1.5%~3%。他们还指出,大部分维护费用是风力机的定期护理费用。

有些研究者喜欢用每千瓦时成本来估算运行维护费用。图6.6描述了美国近期的一项研究成果(查普曼等,1998年),该研究统计了不同时间段临时维护和定期维护的费用。注意,这些费用从1997年的0.55美分/kW下降到2006年的0.31美分/kW。6.4节详细描述了运行维护成本的变化过程。

### 6.2.2　并网型风电的价值综述

风能利用的价值取决于具体的应用环境。风能用于并网发电时,其价值还要考虑与其他发电方式相比,产出同样多的电能所占用成本的大小。要决定价值,首先应了解"市场的承受

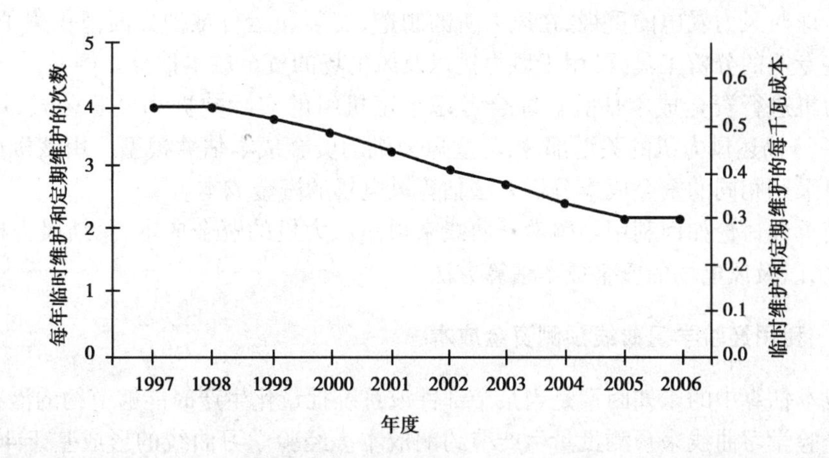


图6.6　预测的运行维护费用(查普曼等,1998);包括临时维护和定期维护

能力”。例如,制造商定价后,应调整价格,直到找到买家(议定价)。对于买主而言,比如电网公司通常采用竞价选购的方式,选择质量最好,价格最低的电能产品。

风能是一种洁净、无污染、可再生的绿色能源,在世界各国蕴藏十分巨大,是目前具有大规模开发利用前景的能源。风力发电是风能的主要利用方式,它对减少温室效应,保持生态平衡,改善电力结构将起到重要作用。如果货币化风电对改善全球环境的影响,就更能体现风电的市场价值了。

## 6.3　风能系统的资金成本

### 6.3.1　综述

风能系统资金成本的确定是风能工程中一项具有挑战性的课题。这个问题很复杂,因为风力机生产商不愿意向世界或竞争对手公开他们的制造成本,特别是风力机的零部件成本对比。也就是说,风能系统的开发成本很难在同样条件下进行对比。

要确定风力机的成本价值,必须区分清楚下列几类资金成本的估算:

①当前风力机的价格。这种价值估算,可以由开发商或工程师联系风力机的制造商,获得公开报价。

②未来风力机的价格。要进行这种成本估算(建立现有风力机的模型),需要一些应用工具:

a. 历史趋势图;

b. 经验学习曲线;

c. 对现有设计(包括整机以及零部件)进行全面检查,以确定从何处入手降低成本。

③新机型设计的成本价格。这种价值估算要复杂得多,因为该成本要包含新机型初步设计的所有费用。资金成本总额包括各种零部件的价格,设计的费用,生产费用,以及测试费用。

④新机型批量生产的未来成本。这种成本估算会涉及上述第二类和第三类的成本估算。

假设第一类成本评估很容易实现,下面着重分析后面三类成本估算。

随着全球对风力发电的重视,在风力机的制造、安装和运行维护方面都积累了一些数据,形成了一些专业的分析工具,可用于风力机以及风电场的资金成本估算。例如,基于各种简化技术对风力机进行资金成本估算。综合考虑给定机组的实际数据和经验公式,用特征参数(如叶轮直径)描述风力机的关键部件,建立风力机的资金成本估算模型。用该机型组成的风电场也可以采用相同的资金成本分析方法估算风电场的资金成本。

下面简单地讨论如何利用经验学习曲线来预测风力机的资金成本,总结风力机的资金成本估算方法,以及风电场的资金成本估算方法。

### 6.3.2 利用经验学习曲线预测资金成本

资金成本估算中的未知因素是当某个部件或系统批量化生产时能够节约的潜在成本。也可以利用经验学习曲线来预测批量生产节约的成本。经验学习曲线的形成基于 40 多年来主要工业产品资金成本的减少数据(约翰逊,1985 年;科迪和迪杰,1996 年)。

经验学习曲线给出了某个对象的成本 $C(V)$ 和其批量生产的数量 $V$ 之间的函数关系:

$$\frac{C(V)}{C(V_0)} = \left[\frac{V}{V_0}\right]^b \tag{6.1}$$

其中,$b$ 为经验学习指数,初值为负,$C(V_0)$ 和 $V_0$ 分别对应初始状态下的成本和产量。依据式(6.1),产量的增加导致了成本的下降,可以用以 2 为底的指数形式表示:$s = 2^b$,$s$ 称为增长比,用百分比表示,是度量成本减少量的技术指标。

图 6.7 用图例表示了这一关系,增长比的变化范围为 70%~95%,归一化成本 $C(V_0)=1$。如图所示,给定原始成本和估算的增长比,就能够推算出十倍产量、百倍产量或任意倍数产量的成本了。

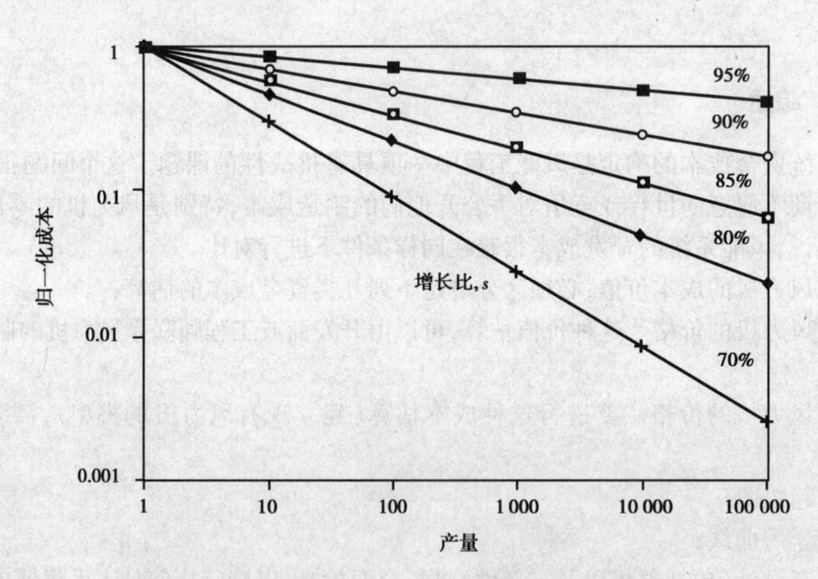


图 6.7 不同增长比对应的归一化成本与产量的关系

经验表明,增长比 $s$ 通常为 70%~95%。比如,约翰逊于 1985 年推算出,电能的增长比 $s$ 约为 95%,飞机的增长比 $s$ 约为 80%,而手提电脑的增长比 $s$ 约为 74%。风力机的不同部件,增长比也各不相同。风力机专用的部件如叶片、轮毂等,增长比 $s$ 较小;然而发电机属于较为成熟的技术,增长比 $s$ 比较高。

### 6.3.3　风力机成本

#### (1)综述

估算风力机资金成本的一个方法是:通过现有小型机组的成本数据,计算出归一化单位成本,通常使用每单位风轮面积的成本或是每千瓦的成本。这一技术已应用于发电系统以及风电场规划研究,但还不适用于计算特殊机型和新机型的成本减少量。

确定风力机资金成本另一种较为基本的方法是把风力机分为各个部件,确定每个部件的成本。这种计算方法工作量比较大,公开的文献资料中很少有相关的研究记载。美国曾对三种机型作过研究:200 kW 丹麦概念型风机(NASA Lewis 研究中心,1979 年),MOD2(Boeing,1979 年),以及 MOD5A(General Electric Company,1984 年)。

这样深入的研究需要强有力的技术支撑,包括对风力发电机组的了解,机型的设计,以及经济分析方法的相关知识。如需了解近期风力机设计的部件成本百分比的差异,请参阅豪等人 1993 年的文章。基于这篇文章,图 6.8 列出了欧洲三大主流风力机主要部件的资金成本比例。从图中可以看出,各类风力机部件成本百分比的差别很大。

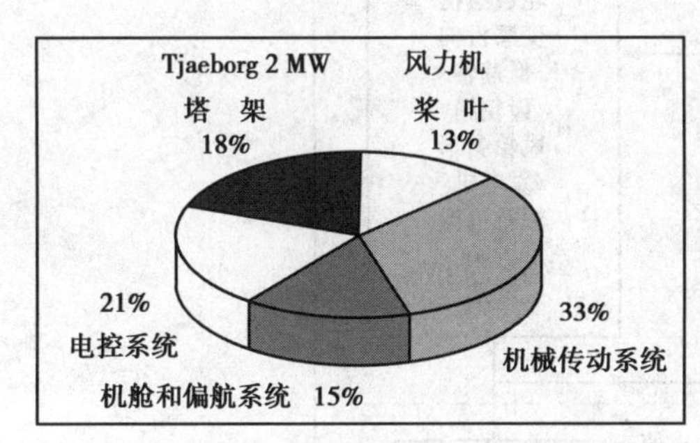


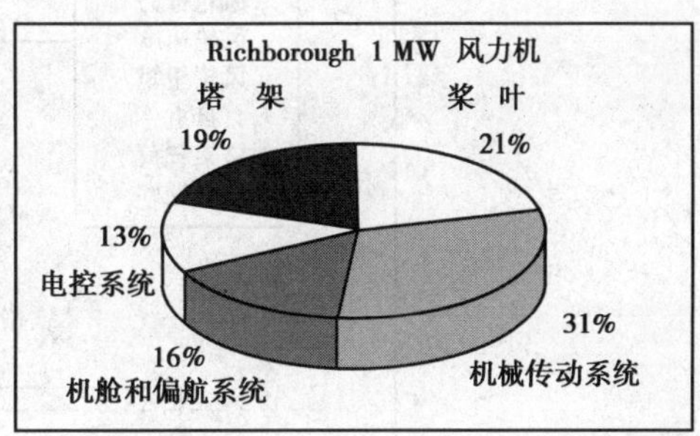


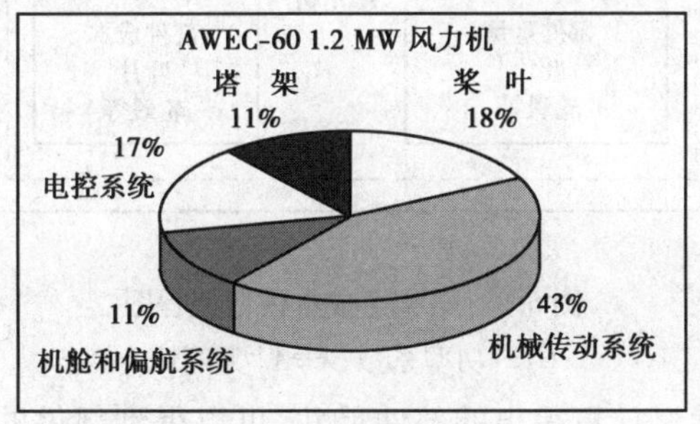


图 6.8　20 世纪 90 年代欧洲风力机的成本比例(豪等,1993 年)

#### (2)详细资金成本模型

为了量化水平轴风力机的资金成本,桑德兰大学(豪等,1996 年;哈里森和杰金斯,1993 年;哈里森等,2000 年)研发了水平轴风力机详细的资金成本模型。首先对两桨叶、三桨叶风力机建立初步模型,利用一些基本的设计参数,编制相应的程序,能够对特定机型进行资金成本估算。图 6.9 列出了该模型(以重量为基础)的关键参数。

根据输入数据,该模型首先分析出影响指定风力机成本的重要因素。如图 6.9,这些因素称为“驱动设计”,包括叶片载荷,作用于风力机的水平推力,齿轮箱和发电机等参量。然后,该模型估算出作用于风力机主要子系统的载荷，确定主要部件的大概尺寸。例如，利用分析方法可以估算低速轴的尺寸，低速轴要能够承受风轮传递过来的扭矩和轴向载荷。对于更为复杂的部件，分析方法不够用时，可以查部件尺寸与能够承受载荷的关系表。某些情况下会指定部件的复杂级别，从而表示部件生产过程中所需工作量的多少。

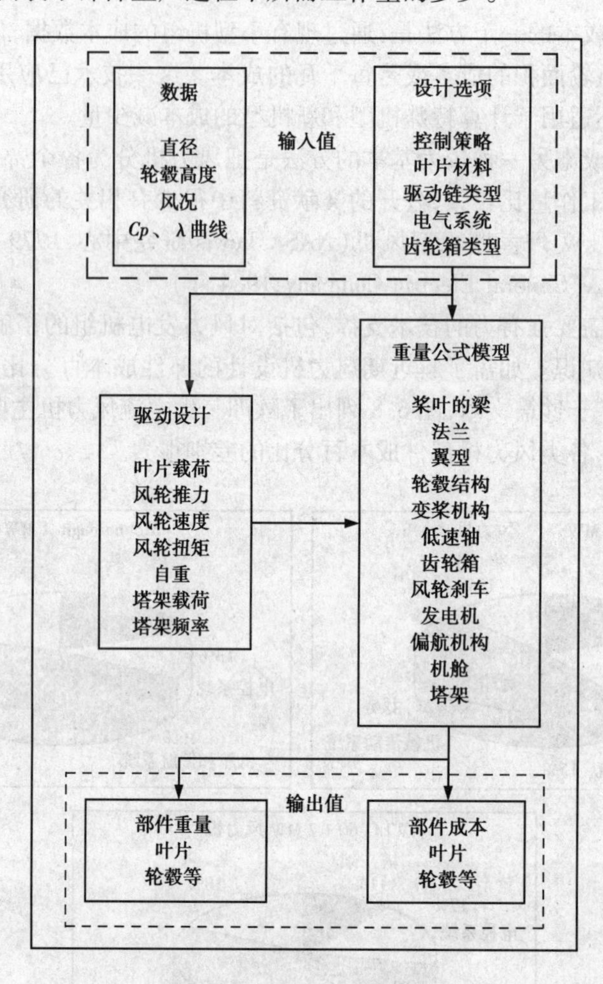


图 6.9 桑德兰成本模型流程图

$C_P$—功率系数；$\lambda$—叶尖速比

假设材料密度已知，通过计算得出的部件尺寸，可以得到部件的重量。应该注意到，有些重量用来计算其他部件上作用的负荷，但主要目的还是用于估算风力机的成本。每个子系统的成本可以用下列公式算出：

$$成本 = 校准系数 \times 重量 \times 单位重量的成本 \times 复杂因子 \tag{6.2}$$

每个子系统的校准系数是常量，通过统计分析现有风力机的成本和重量数据得到。复杂因子的值在部件根据复杂程度分级时确定，从而反映每个子系统所需的工作量。

每个子系统的成本估算值相加，得到风力机的总资金成本。该程序已经计算了大量已安装运行的风力机的重量和资金成本关系（哈里森等，2000 年），以验证资金成本估算方法的有效性。图 6.10 针对三种叶片材料（实线、点画线和虚线），根据实际运行的风力机数据以及模型的预测值,分别绘出了两种情况下的叶片重量和风轮直径的关系曲线。针对三桨叶风力机,图6.11绘出了早期风力机与当代商业化运行的主流机型的资金总成本对比曲线,以及模型预测值对应的曲线。两个图表都表明,模型预测值与实际机型的重量以及资金成本数据基本吻合。

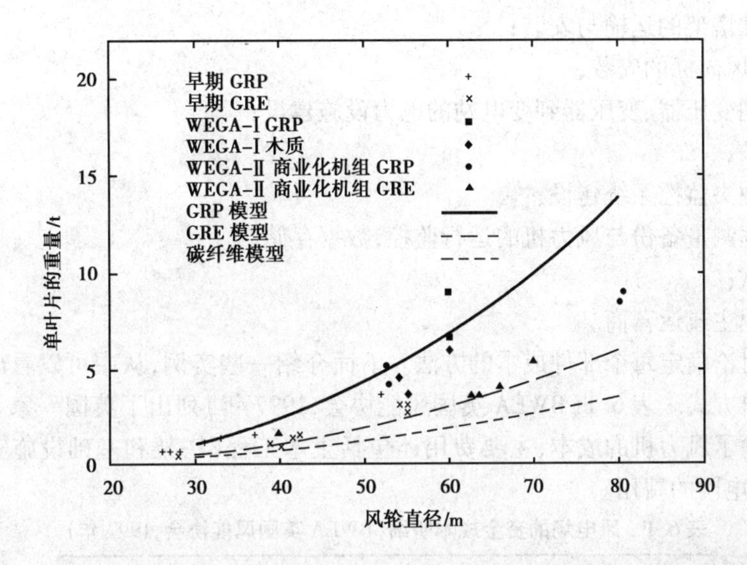


图6.10　桑德兰成本模型的重量与风轮直径关系曲线(哈里森等,2000年)

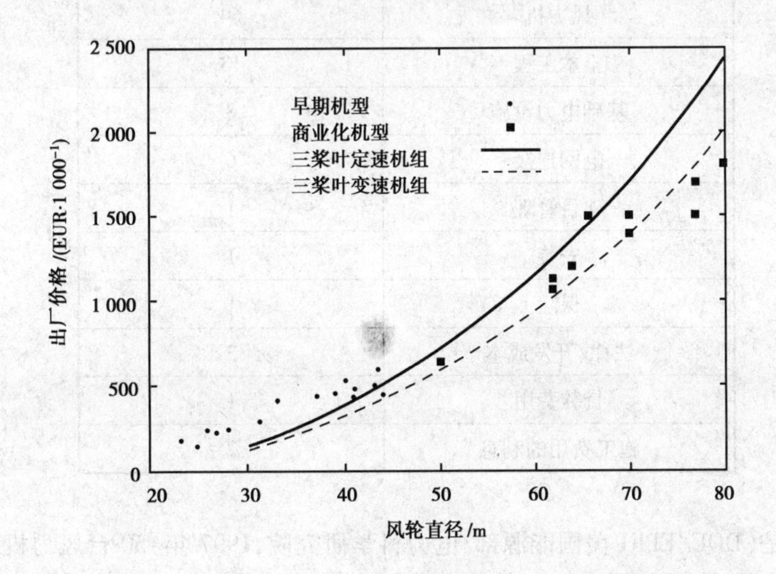


图6.11　桑德兰成本模型的整机价格与风轮直径关系曲线(哈里森等,2000年)

### 6.3.4　风电场成本

风电场的资金成本,或者说是风电场的建设成本,不仅仅包括风力发电机组的成本。NWCC(National Wind Coordinating Committee,1997年)指出,风电场的建设成本包括下列内容:

①风资源的评估与分析；
②项目审批、调查和融资；
③辅助道路的建设；
④风力机的基础建设，变压器和变电站建设；
⑤风力机和塔架的运输与安装；
⑥风速仪、风向标的安装；
⑦风力机到变压器、变压器到变电站的电力设施建设；
⑧运行维护；
⑨风电场中央监控系统建设；
⑩电能数据测量备份与风力机的运行监控，数据存储；
⑪整机调试；
⑫移交给业主或运营商。

这里暂不讨论确定每个部件成本的方法。下面介绍一些实例，从中可以看出当代风电场的资金成本分摊方式。表6.1（BWEA英国风能协会，1997年）列出了英国一家5 MW风电场的成本明细。除了风力机的成本，主要费用还包括土木工程（塔架和基础设施安装以及道路施工）和并入主电网的费用。

**表6.1　风电场的资金成本明细（BWEA英国风能协会，1997年）**

| 项　目 | 百分比/% |
| --- | --- |
| 风力机 | 64 |
| 土木工程 | 13 |
| 基础电力设施 | 8 |
| 电网连接 | 6 |
| 项目管理 | 1 |
| 安装 | 1 |
| 保险 | 1 |
| 法律/开发成本 | 3 |
| 贷款费用 | 1 |
| 施工费用的利息 | 2 |

另一实例是（DOE/EPRI美国能源部/电力科学研究院，1997年）50台风力机组成的大型风电场如表6.2所示，列出了1997年的基本成本，归一化为美元/kW，以占总成本百分比的形式表示。

不同的国家，风电场各个部分的成本分摊也有所不同。例如，表6.3列出了美国和荷兰（WEC世界能源委员会，1993年）风电场的成本明细。一样可以看出，除了风力机的成本以外，风电场的总成本还包括基础建设、安装和施工的费用。

根据上述风电场成本明细的实例和相关的数据分析，可以假定风力机的成本大约占世界工业化国家风电场的总资金成本的65%～75%。然而对于发展中国家，比如印度，风电场的成本明细略有不同。近年的调查数据显示,30% ~50%的总资金成本用于基础设施、安装和并网(WEC 世界能源委员会,1993 年)。

表 6.2　50 台机组风电场的资金成本明细
(DOE/EPRI 美国能源部/电力科学研究院,1997 年)

| 项　目 | 成本/(美元·$kW^{-1}$) | 总成本中百分比/% |
|---|---|---|
| 风轮安装 | 185 | 18.5 |
| 塔架 | 145 | 14.5 |
| 发电机 | 50 | 5.0 |
| 电气设备和控制系统 | 155 | 15.5 |
| 传动系统、驱动系统和机舱 | 215 | 21.5 |
| 现场施工 | 250 | 25.0 |
| 总安装费用 | 1 000 | 100.0 |

表 6.3　美国和荷兰的风电场成本比较(WEC 世界能源委员会,1993 年)

| 项　目 | 美国/% | 荷兰/% |
|---|---|---|
| 风力机 | 74.4 | 76.8 |
| 施工和安装 | 6.7 | 3.4 |
| 塔架和基础 | 11.1 | 6.6 |
| 电网连接 | 6.9 | 11.8 |
| 道路 | 0.9 | 1.4 |

## 6.4　运行维护成本

风电场在风力机安装完毕后,关心的是每年的运行维护费用(O&M)是多少,以及如何减少每年的运行维护费用。风电场业主准备再融资或者出售这个项目时,了解运行维护的成本就特别重要。运行成本包括:风力机的保险费用、税金和土地租金。维护成本包括:常规检查,定期维护,定期测试,叶片清理,电气设备维护,临时维护费用。

前期的研究一直认为,风力机的运行维护成本是不好预测的,随机因素太多(弗瑞里斯,1990 年)。根据加利福尼亚风电场的经验(李内特,1986年),丹麦风力机制造商协会(1998年)提供的信息,以及近期美国的研究数据(DOE/EPRI 美国能源部/电力科学研究院,1997年),已经不认同这种观点。然而现有的数据表明,由于风电场的规模和容量不同,风力机的运行维护成本仍然处于很大的变化范围内。

运行维护成本可以分为两部分:固定成本和可变成本。固定的运行维护成本指与风电场的运行水平无关,每年固定会发生的费用,通常用美元/kW 或占风力机成本百分比表示。不管风电场的发电量是多少,这部分成本都是一样的。可变的运行维护成本与风电场的发电量(通常用美元/(kW·h)表示)有直接关系。固定成本与可变成本结合起来,构成风电场的运行维护成本。

运行维护成本实例之一,数据来自1987年EPRI电力科学研究院(斯帕拉,1994年)对加利福尼亚风电场的成本研究。研究结果显示,可变运行维护成本的变化范围为0.008~0.012美元/(kW·h)(1987年的美元价值)。当时的数据分析结果表明,小型风力机(50 kW以下机型)的可变运行维护成本高于中型风力机(50~200 kW机型)。该项研究还总结出,运行维护费用明细大致按表6.4分类。

**表6.4 运行维护成本明细(斯帕拉,1994年)**

| 成本构成 | 成本百分比/% |
|---|---|
| 人力费用 | 44 |
| 备品备件 | 35 |
| 运行费用 | 12 |
| 设备 | 5 |
| 工具 | 4 |

丹麦风力机制造商协会(1998年)统计了在丹麦安装的4 400台风力机的数据。统计结果显示:新机型的运行维护费用比老机型的相对要低。较老机型(25~150 kW)的年运行维护费用平均占风力机资金成本的3%,而新机型的年运行维护费用约占风力机资金成本的1.5%~2%,合0.01美元/(kW·h)。德国劳埃德船级社Germanischer Lloyd(纳斯,1998)报告指出了风力机的年运行维护费用范围,占风力机成本的2%~16%,允许的变化范围比较大。欧洲市场调查人员声称,大型风力机的年运行维护费用可以低于0.006美元/(kW·h)(克莱恩等,1994年)。

维肯(1996年)提出了预测风力机运行维护费用的新方法。他使用统计学方法,把风力机的部件故障率(以及维护费用)当成时间的函数。基于实际风电场的数据,表6.5给出了丹麦能源协会的一项研究成果(莱明等,1999年)。结果表明,风力机容量和使用年限不同,风力机的运行维护费用(用占风电场总成本的百分比来表示)也不一样。注意,随着风力机使用年限的增加,运行维护费用呈上升趋势。

**表6.5 不同容量和不同使用年限风力机的运行维护费用比较(莱明,等,1999年)**

| 风力机容量 | 风力机的使用年限 | | | | |
|---|---|---|---|---|---|
| | 1~2 | 3~5 | 6~10 | 11~15 | 16~20 |
| 150 kW | 1.2 | 2.8 | 3.3 | 6.1 | 7.0 |
| 300 kW | 1.0 | 2.2 | 2.6 | 4.0 | 6.0 |
| 600 kW | 1.0 | 1.9 | 2.2 | 3.5 | 4.5 |

注:运行维护费用以占风电场总成本的百分比表示。

## 6.5　风能价值

### 6.5.1　概述

评估风能价值的传统方法认为风能价值等同于应用风能发电以后节约其他能源而产生的直接效益,不考虑其他因素。节约能源的费用称为“节约成本”。节约成本通常表现为常规发电所减少的燃料价值,还可以当作是常规发电厂发电容量的减少量。

随着近几十年风力机成本的下降,风能在新能源中已具有一定的经济价值。然而仅仅从节约成本的角度来考虑风能的经济效益,还远远不够。

把风能的价值全部体现在节约成本上,并未考虑风能发电的环保效益。风力发电不排放任何污染物质,在减排氮化物、硫化物、$CO_2$ 气体等方面起重要作用,具有极好的环境效益。风力发电能够减少大气中化学物质的聚集,避免酸雨,有效地遏制温室效应,减少有害气体的排量,为人们的健康带来诸多好处。把风能的环保效益转换成具体的货币形式十分困难。然而这样做非常有意义,许多项目都可以从经济的角度来衡量。

把风能的环保效益转化为市场效应,需要通过两步来实现:①量化环保效益;②货币化环保效益。量化效益需要确定风力发电给社会带来的正面影响。货币化效益则需要确定这些影响的经济价值,业主或开发商可以计算出能够获得的经济回报。货币化行为通常由政府相关职能部门实施。

从两个方面考虑风能的潜在收益:①节约成本带来的收益;②环保效益货币化带来的收益。图6.12表示了两种收益的关系。如图所示,加上货币化的环保效益后,风能的总价值增长了近50%。由于风能切实的环保效益以及将其纳入经济性评估的迫切要求,许多国家已经制定了法律法规促进风能的发展。

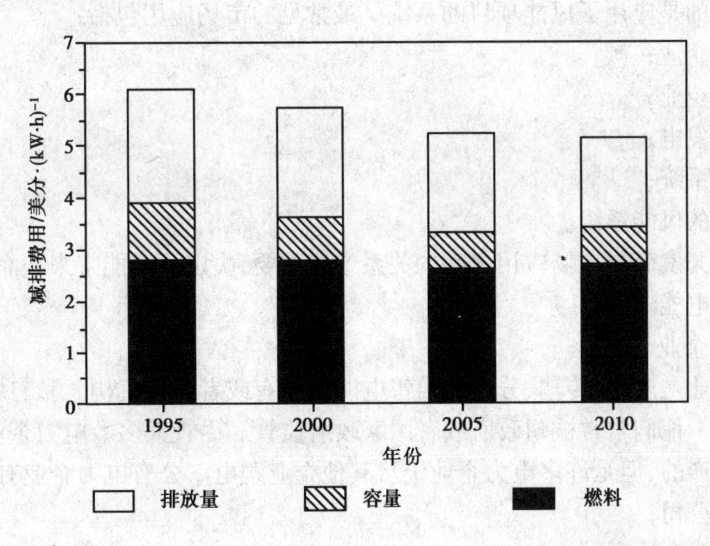


图6.12　荷兰1995—2010年风能的节约成本(WEC世界能源委员会,1993年)

### 6.5.2 风能的环保效益

风能的主要环境价值在于绿色无污染，替代常规化石燃料发电，能够减少污染物的排放。常规能源的污染排放物包括二氧化硫、氧化氮、二氧化碳、微粒状物质，以及炉渣炉灰等。常规发电系统类别不同，采取的排放物处理措施不同，使用风能系统后减少的排放量也不同。

如何确定风能系统减少的排放量，已经进行了不少研究。表6.6列出了三个欧洲国家的比较结果（EC欧洲委员会，1988年）。注意，产生每单位电能的排放量差异较大，主要取决于发电设备类型和发电厂采取的排放控制措施。目前还没有计算风能系统排放减少量的标准方法。多数情况下都参考采用常规发电形式产生同样电量所产生的排放量。

**表6.6 化石燃料发电设备的排放量（g/(kW·h)）（欧洲委员会，1988年）**

| 污染物 | 荷兰 | 英国 | 丹麦 |
|---|---|---|---|
| $CO_2$ | 872 | 936～1 079 | 850 |
| $SO_2$ | 0.38 | 14.0～16.4 | 2.9 |
| $NO_x$ | 0.89 | 2.5～5.3 | 2.6 |
| 炉渣和炉灰 | 不可知 | 不可知 | 55 |
| 灰尘 | 不可知 | 不可知 | 0.1 |

除了减少污染物排放量，风力发电还有其他效益，包括人类的健康效益，减少石油进口带来的间接效益等。对于能源来说，所有这些效益统称为能源的社会效益。尽管我们可以算出风力发电的直接减排量，但是如何得到风能社会效益的具体货币价值，专家们还未达成一致。不过在一些国家，风能的社会效益被认为是风能发展的推动力，比如可再生能源法，减免税金，风电价格保护等。

**(1)风能的市场应用**

市场应用指的是应用了风能项目的系统。最常见的市场应用包括：

①传统电力企业；

②重构电力企业；

③用户专用发电；

④远程电力系统；

⑤独立运行的风能系统。

风电场主或开发商与市场应用之间的关系十分重要，决定了风能带来利润的方式，减少生产成本或者出售电能。

1)传统电力企业

传统电力企业是产生、传输、分配和出售电能的私有或者公有机构。私有电力企业被认为是自然垄断企业。他们常常被州政府或者国家政府监管。尽管大多数电力企业出售的电至少一部分是自己生产的，但是许多电力企业仍从其他企业购电。公有电力企业有两种类型：

①市属电力公司；

②农村电力联合体。

市镇政府或者用户们（电力联合体的情况下）拥有并运作这些电力企业。他们通常从美国南部的田纳西州流域管理局之类的大型公有发电企业购买大部分或者全部的电能。

2)重构电力企业

最近数年里,许多电力企业经历了结构重组或者解除管制。他们被按类分为三个部分:

①发电公司;

②电网公司;

③电力销售公司。

电网公司只拥有和维护一定服务区内的传输和配电线路,没有自己的发电设备(至少在那些服务区内)。发电厂是独立存在的。电能的销售商,并不一定是电力公司本身。它们从电厂买电,租用电网用来转移电能卖给用户。用户原则上自由地选择电力供应商(销售商)。电力销售商往往提供具有某种特性的电力"产品"来吸引顾客。

这些可能涉及系统的稳定性、可中断性或者燃料的来源。用于监控电能买卖的独立系统控制器,可以确保系统功能正常。通常,电网公司也处于管理下。

3)用户专用发电

无论是传统电力企业还是重构电力企业,它们的用户可能会希望自己生产一些电能。这种情况下用户可以购买风力机并将它接在当地配电线上,通常接在计量表的用户一侧。因此用户专用发电也被认为是"计量后"的发电。这种应用在很大程度是可行的,从经济的角度上分析也是值得的,是否能够得以实施取决于当地的法律法规。在这种类型的项目中,大部分的用户专用发电用来减少需要购买的电能,有时生产过剩的电能也可能被卖到电网中去。

4)远程电力系统

远程电力系统在许多方面都和大型电力企业相似。主要区别在于:

①使用不同的发电机类型(通常是柴油机);

②不能和其他任何电力企业交换电能。

5)独立运行的系统

独立运行的风能系统相对较小,但设备齐全。他们可能作为电力企业内连接的备选系统,或者作为柴油、汽油发电机的替代品。

**(2)风能项目的业主和开发商**

业主和开发商的类型及其与市场应用的关系,对可行性收益的类型有着极为重大的影响。业主和开发商的类型一般包括:

①传统电力企业本身;

②独立发电企业;

③希望减少电力购买的用户;

④负责孤立电力系统的机构;

⑤需要独立运行风力机的用户。

1)传统电力企业

一个传统电力企业可以开发和拥有自己的风能发电容量。风能发电可以节省燃料或者减少从其他电力企业购电。风能项目也可能提高一些容量值。

2)独立发电企业

独立发电企业(IPPs)拥有并运作他们自己的发电设备,将电能卖给电力企业。他们可能在传统的电力企业或者重构电力企业中运作。风能项目的独立发电企业和其他的发电企业很相似,除了他们可能要忍受风能发电的不可调度性(不能按照意愿运行或停机)。但是,由于驱动发电机的动力并不来源于化石燃料,他们可以充分利用并受益。一般来说,他们需要签一个长期合同(《电能购买合同》,简写为 PPA)来确保融资。对于项目是否在经济上切实可行,PPA 的条款通常起到决定性作用。

3)小型业主

包括普通用户、农场主和小型工厂企业。

**(3)收益类型**

如上所述,基本上有两种可行的收益类型,一种立足于减少费用,另一种立足于环保津贴。

第一种类型包括:

①减少电能、燃料、固定设备的采购费用或者其他支出(成本自身的减少);

②电的销售(电价将反映成本的减少)。

第二种类型包括:

①销售可再生能源许可证;

②税收优惠;

③高于市场电价的保证;

④净计量。

1)减少采购

当风力机发电像传统发电一样多时,风能项目产生的收益确实是一项开支节省。对于传统电力企业或者远程电力系统的管理者来说,收益通常表现为减少燃料或者电力采购费用,减少其他发电机运作和维护费用,还可能减少其他发电机的换代或者升级费用。

节省开支的价值(即减少的开支)通常在 0.03 美元/(kW·h)到 0.04 美元/(kW·h)的范围内,取决于燃料来源和所使用的常规发电机种类。对于远程电力系统,节省开支的价值在 0.10美元/(kW·h)左右。对于“计量后”项目的所有者,减少采购值将为零售电价。这比批发电价(传统电力企业中为 0.10 美元/(kW·h)左右,在远程电力系统中为 0.30 美元/(kW·h)左右或者更高)高很多。

2)电力销售

独立的发电企业将电卖到电网以获取收益。理想状态下,价格通过长期合同设定。对于买电的电力企业来说,这个价格接近预算的电价。一般来说,可调度发电的合同电价是最高的。如果产品从某种程度上可预测,那么运作风能项目也可以提供更实惠的价格。电也可以按日计价出售(现货市场),这样计算电价较低。有些情况下,用户为了确保发电能源是环保的愿意出高价,IPP(独立电厂)可以将风能发电作为“绿色能源”卖给这些用户。

3)可再生能源许可证

在过去的几年里,很多新的激励政策出台促进了重构电力企业引进更多的可再生能源。这些激励政策之一就是可再生能源许可证或者“绿色”许可证。在适用这个激励政策的系统中,对“绿色”性的要求设定为与能源本身无关,用来指定许可证的价值。这样许可证就有了价值,通常在几美分每千瓦时的范围内。这样的许可证可以用来确保项目符合例如“可再生投资标准”(RPS)的授权要求。风能项目将会按照其发电量比例获得一定数量的许可证。然后许可证可以被出售,这又扩大了电能销售本身的收益。

4)税收优惠

多年来,政府颁布了许多种类的税收减免政策来促进风能的发展。投资税收减免政策一时间被广泛应用。这给项目的开发者提供了一个立足于项目成本而非生产的收益渠道。现在生产税收减免政策成为一种更普遍的激励手段。它适用于实际的电能生产,通常为大约0.01美元/(kW·h)。

5)高于市场电价的保证

比如德国、西班牙等一些国家,为风能发电提供高于市场电价的保证。这种约定的方式和上述的能源销售方式作用相似。区别在于由政府来确定电价,这个电价高于电力市场内常规发电的预期销售价格。在这种情况下,电价通常已经接近了零售电价。

6)净计量

同最初相比,小型"计量后"发电面临的形势确实有一点复杂。鉴于风能和负载的可变性,即使平均发电功率低于平均负载功耗,也可能经常出现风力涡轮瞬时发电功率大于负荷功耗的情况。根据电力行业规范和计量类型,对于风能发电的运作方来说,超出负载的电能可能只能获得很少的收益甚至零收益。这可能严重影响发电的有效平均价值。

为了应付这种情况并给小型发电企业提供格外的激励,美国的一些州已经颁布了"净计量"规则。在这些规则下,考虑的关键因素是一段长时间内(通常是数月或更长)的净发电量,而不是消耗量。只要净发电量低于消耗量,所有的发电量都将标以零售价。不仅独立发电厂可以应用这个规定,发电量超过消耗量的情况都可以参照这个规定。净计量规定通常应用于相对较小的发电厂(50 kW 或者更少),加利福尼亚州目前有更高的限制标准(1 MW)。

**(4)范例**

根据以上应用的详细信息,风能发电单元很明显具有范围很广的收益或者价值空间。接下来是一些相关的设想范例。

①一个使用燃煤发电机的私有发电企业,燃料成本是0.02美元/(kW·h)且不需要新增容量。它所运作的项目上无法获得州政府提供的环保津贴。这样,风能的价值为减少的约为0.02美元/(kW·h)燃料开支。

②在有重组电力企业的州里,风能项目开发者可以将电以0.02美元/(kW·h)的价格卖给电网。州政府颁发的可再生能源许可证,可以卖到0.015美元/(kW·h),还可以利用联邦产品税收减免政策,价值为0.01美元/(kW·h)。风能发电的全价值为0.045美元/(kW·h)。

③某市属发电企业以0.05美元/(kW·h)的固定价格购买所有的电。这样,风能的价值即为减少了的电力购买开支,约为0.05美元/(kW·h)。

④某农场主在考虑是否建一个50 kW的风力机来给农场提供一部分电能。目前支付0.11美元/(kW·h)。利用净计量和一项产品税收减免政策,获得0.01美元/(kW·h)。风能发电的价值将为0.12美元/(kW·h)。

### 6.5.3　风能应用的壁垒

尽管风能开发有很大的潜力,不过仍然有很多障碍存在,影响风电的发展进程。在风能应用中存在的壁垒可以分为以下几个方面:

**(1)直接成本**

投资风电项目普遍存在的缺点是:总成本高度集中在初期建设阶段,导致资金成本较高。

(2)风电项目规划与项目审批

风电场场址的批复以及风电项目的审批通常由当地市政机构负责,而市政机构对于风电项目几乎没有成熟的经验,因而存在一定的规章及政策瓶颈。

(3)环境影响

风电项目的实施或多或少都会对周围环境有影响,不利的影响需要再考虑如何去克服。

(4)电力系统规划

将大量的风电纳入电力系统规划的范畴,对电力系统而言也是比较新的课题,缺乏经验。有些地区的电力系统已经含有风力发电。但是针对不同的地域,风电在电力系统中所占容量的比例能达到多少,风电并网容量的预测功能等等,都需要研究。

然而与其他可再生能源技术所面临的困难相比,风力发电已具备规模效应。在有些市场,风力发电已经比传统能源发电便宜。由于技术的进步,风电项目融资成本下降,以及风力机和零部件的制造和建设已形成经济规模,风力发电的成本呈下降趋势。欧洲风能协会预测,到2020年风力发电成本将下降到3美分/(kW·h)。如果把环境、社会和人类健康的成本反映在发电成本之中,风力发电成本会远远低于化石燃料发电。风力发电场不同于传统的发电厂,不会产生促使气候变暖的温室气体,也不会排放其他大气污染物。

风电提供的不仅仅是清洁能源,而且风电的价格稳定,不受化石燃料价格波动的影响;风力发电可以支持当地的经济发展,可以提供就业机会和土地使用费。风能取之不尽、用之不竭,可以长久地保障能源安全。

# 第7章 风力发电政策

## 7.1 世界可再生能源状况

### 7.1.1 全球能源危机

能源指的是可以提供能量的物质。一般说来,常规能源指的是技术上比较成熟、使用比较普遍的能源,如煤炭、石油、天然气、水能(三峡水电站将是世界上规模最大的水电站,发电量相当于10座大亚湾核电站或15座120万kW的火电站)等;而新能源指的是新近才利用的或正在开发研究的能源,这种能源包含有太阳能、风能、核能、沼气能、氢能、地热能、海洋能、电磁能等。

石油是现代世界一次能源消费构成中的主要能源。由于石油、煤炭等目前大量使用的传统化石能源枯竭,同时新的能源生产供应体系又未能建立,在交通运输、金融业、工商业等方面造成的一系列问题统称能源危机。

世界能源危机是人为造成的能源短缺。石油资源将会在一代人的时间内枯竭。它的蕴藏量不是无限的,容易开采和利用的储量已经不多,剩余储量的开发难度越来越大,到一定限度就会失去继续开采的价值。在世界能源消费以石油为主导的条件下,如果能源消费结构不改变,就会发生能源危机。煤炭资源虽比石油多,但也不是取之不尽的。

根据经济学家和科学家的普遍估计,到本世纪中叶,即2050年左右,石油资源将会开采殆尽,其价格升到很高,不适于大众化普及应用的时候,如果新的能源体系尚未建立,能源危机将席卷全球,尤以欧美地区极大依赖于石油资源的发达国家受害为重。最严重的状态,莫过于工业大幅度萎缩,甚至因为抢占剩余的石油资源而引发战争。

人类必须估计到,非再生矿物能源资源枯竭可能带来的危机,从而将注意力转移到新的能源结构上,尽早探索、研究开发利用新能源资源。否则,就可能因为向大自然索取过多而造成严重的后果,以至于使人类自身的生存受到威胁。

### 7.1.2　京都议定书

随着人类经济活动的加剧，大气资源变得越来越有限，需要各国间协调分配，有偿使用。《京都议定书》全称为《联合国气候变化框架公约的京都议定书》，规定了世界各国怎样分配大气资源，是联合国气候变化框架公约的补充条款，1997 年 12 月在日本京都，由联合国气候变化框架公约参加国第三次会议制定。《京都议定书》需要在占全球温室气体排放量 55% 的至少 55 个国家批准之后才具有国际法效力。联合国气候变化会议就温室气体减排目标达成共识，在《京都议定书》中规定工业化国家要减少温室气体的排放，减少全球气候变暖和海平面上升的危险，发展中国家没有减排义务。

《京都议定书》规定，到 2010 年，相对于 1990 年的温室气体排放量全世界总体排放要减少 5.2%，包括 6 种气体：二氧化碳、甲烷、氮氧化物、氟利昂（氟氯碳化物）等。2008 年至 2012 年的五年间，欧盟国家应减少 8%，美国 7%，日本 6%，加拿大 6%，东欧各国 5% ~8%。新西兰、俄罗斯和乌克兰则不必削减，可将排放量稳定在 1990 年水平上，允许爱尔兰、澳大利亚和挪威的排放量分别比 1990 年增加 10%、8%、1%。各个国家之间可以互相购买排放指标，也可以用增加森林面积吸收二氧化碳的方式按一定计算方法抵消。我国年排放 28.93 亿 t 二氧化碳，人均 2.3 t，美国年排放 54.1 亿 t 二氧化碳，人均 20.1 t，欧盟年排放 31.71 亿 t 二氧化碳，人均 8.5 t。

我国于 1998 年 5 月 29 日签署了该议定书。2002 年 8 月 30 日，我国常驻联合国代表王英凡大使向联合国秘书长安南交存了中国政府核准《联合国气候变化框架公约京都议定书》的核准书。

美国曾于 1998 年 11 月签署了《京都议定书》，美国人口仅占全球的 3%，而排放的二氧化碳却占全球排放量的 25% 以上。2001 年 3 月，布什政府以“减少温室气体排放将会影响美国经济发展”和“发展中国家也应该承担减排和限排温室气体的义务”为由，单方面退出了京都议定书。

欧盟及其成员国于 2002 年 5 月 31 日正式批准了《京都议定书》。京都议定书最终获得 120 多个国家确认履行公约，包括俄罗斯于 2004 年 11 月接纳后，终使议定书能在 2005 年 2 月 16 日起正式生效。这是人类历史上首次以法规的形式限制温室气体排放。

截至 2005 年 8 月 13 日，全球已有 142 个国家和地区签署该议定书，其中包括 30 个工业化国家，批准国家的人口数量占全世界总人口的 80%。2007 年 12 月，澳大利亚签署《京都议定书》，承诺 2050 年前温室气体减排 60%，至此世界主要工业发达国家中只有美国没有签署《京都议定书》。

2007 年 3 月，欧盟各成员国领导人一致同意，单方面承诺到 2020 年将欧盟温室气体排放量在 1990 年基础上至少减少 20%。英国公布确定二氧化碳减排目标法案草案，确定到 2020 年英国的二氧化碳排放量要在 1990 年基础上减少 26% ~32%，到 2050 年减少 60%。

2012 年之后如何进一步降低温室气体的排放，即所谓“后京都”问题是在内罗毕举行的《京都议定书》第二次缔约方会议上的主要议题。2007 年 12 月 15 日，联合国气候变化大会产生了“巴厘岛路线图”，“路线图”为 2009 年前应对气候变化谈判的关键议题确立了明确议程。

《京都议定书》建立了旨在减排温室气体的三个灵活合作机制——国际排放贸易机制、联合履行机制和清洁发展机制。以清洁发展机制为例，它允许工业化国家的投资者从其在发展中国家实施的并有利于发展中国家可持续发展的减排项目中获取“经证明的减少排放量”。为了促进各国完成温室气体减排目标,议定书允许采取以下 4 种减排方式:

①两个发达国家之间可以进行排放额度买卖的“排放权交易”,即难以完成削减任务的国家,可以花钱从超额完成任务的国家买进超出的额度。

②以“净排放量”计算温室气体排放量,即从本国实际排放量中扣除森林所吸收的二氧化碳的数量。

③可以采用绿色开发机制,促使发达国家和发展中国家共同减排温室气体。

④可以采用“集团方式”,即欧盟内部的许多国家可视为一个整体,采取有的国家削减、有的国家增加的方法,在总体上完成减排任务。

## 7.2　全球可再生能源政策

可再生能源是清洁能源,指在自然界中可以不断再生、永续利用、取之不尽、用之不竭的资源,它对环境无害或危害极小,而且资源分布广泛,适宜就地开发利用。可再生能源主要包括太阳能、风能、水能、生物质能、地热能和海洋能等。随着化石能源的逐渐耗竭,可再生能源在人类能源持续发展中的作用日益增大,在能源供应中的份额将逐步提高,进而成为人类持续、协调、稳定发展的支柱。

自从人们认识到气候变化的危机,随着国际政治努力的深入,可再生能源的利用也逐渐成熟。可再生能源取之不尽,用之不竭。一旦建成,不必再有原料的投入。有了可再生能源,我们的文明方有永续的可能。

### 7.2.1　全球可再生能源的政策目标

2006 年下半年公布了英文版《全球可再生能源状况报告》,使国内相关人士更方便地了解全球可再生能源状况以及有关国家与地区的政策。2005—2006 年,克罗地亚、约旦、尼日利亚、巴基斯坦等四个国家新制定了可再生能源发展目标,全球制定了政策目标的国家达到了 49 个。

克罗地亚的目标是用可再生能源生产 400 MW 的电能;约旦到 2020 年可再生能源的用量达到 15%;尼日利亚到 2025 年可再生能源发电量要达到 7%;巴基斯坦到 2030 年可再生能源发电量达到 5%,包括 1 100 MW 风力发电的短期目标。

美国的佛蒙特州和伊利诺斯州也在 2005 年制定了政策目标。佛蒙特州要求到 2012 年用可再生能源产生的电量满足本州全部新增电力负荷的增长量。伊利诺斯州的目标是到 2013 年可再生能源发电量达到 8%。美国和加拿大制定了可再生能源政策目标的州/省数量达到了 31 个。

许多国家对可再生能源开发利用的政策目标都进行了补充、修订和完善。法国宣布到 2010 年可再生能源的使用量将占一次能源使用量的 7%,2015 年达到 10%。荷兰宣布到 2020 年可再生能源使用量占一次能源使用量的 10%。西班牙的目标是把可再生能源使用量从 2004 年的 6.9% 增加到 2010 年的 12.1%,并对每种技术都制定了具体的目标。泰国的目标是到 2011 年,可再生能源使用量达到 8%。

我国的目标是到2020年可再生能源用量达到16%（包括大型水力发电），2005年的实际份额是7.5%。其中水力发电300 GW、风力发电30 GW、生物质发电30 GW、太阳能光伏发电1.8 GW和小量的太阳热能发电及地热发电。太阳能热水器达到3亿$m^2$，生物燃料增加到150亿L。

印度到2012年的短期目标是包括制糖业和其他以生物质为原料的产业全面采取合并发电，增加10%的电力。到2032年的长期目标是电力增加15%，生物燃料、合成燃料和氢达到油料消费的10%，在可能使用太阳能热水器的地方百分之百地使用太阳能热水器（到2022年全部宾馆和医院使用太阳能热水器）。

### 7.2.2 世界各国的可再生能源政策

德国位于利用可再生能源领域的世界领先地位。在风力发电方面，德国始终位居世界第一，这与德国政府颁布的一系列可再生能源方面的法律和政策有很大的关系。德国的政策核心是优惠贷款、津贴以及对可再生能源生产者给以较高标准的固定补贴。1991年1月1日，为了推动可再生能源的开发利用，德国政府颁布了《电力入网法》，这是德国开始风能商业利用后制定的第一部促进可再生能源利用的法规，它规定了电网经营者优先购买风电经营者生产的全部风电并给予合理价格补偿的强制义务，有力地促进了德国风电产业的发展。

为了更广泛有效地促进可再生能源的发展，解决1998年以后出现的可再生能源发电企业和输电商之间存在的利益矛盾等问题，2000年4月1日，德国出台了《可再生能源法》。可再生能源法实施后，德国的可再生能源发展迅猛，成为世界上可再生能源发展步伐最快的国家。这期间德国制定了可再生能源发展目标，至2010年可再生能源电力占全国电力供应的12.5%，2020年达到20%。为此，2004年修订了《可再生能源法》。目的是在保护大气和环境条件下实现能源供应的可持续发展，并进一步提高可再生能源对电力供应的贡献。为了解决风电产业的发展对环境和生态造成的不良影响，如风机噪音扰民、破坏风景区景观等，2002年德国政府制定了《环境相容性监测法》，规定自2002年开始，风力发电设备应选择在符合环境和生态要求的合适地点安装和使用。

丹麦政府于1976年、1981年、1990年和1996年，先后公布了四次能源计划，在1996年的能源计划中，能源远景规划扩展到2030年，提出了届时风电比重达50%的目标。丹麦政府制定和采取了一系列政策和措施，支持风力发电发展。

**（1）支持风能研发**

丹麦国家实验室的风能部门约有50名科学家和工程师，从事空气动力、气象、风能资源评估、结构力学和材料力学等各方面的研究工作。为了保证风机的质量和安全性能，丹麦政府专门立法，要求风机的型号必须得到批准，并由国家实验室审批执行。

**（2）财政补贴和税收优惠**

为了促进技术成熟，政府对每台风力发电机组投入相当于成本30%的财政补助。此项补贴计划共实行了10年。规定风电等可再生能源的最低价格，风电场每发电1千瓦时，除了可得到电网付款0.33丹麦克朗外，还可得到0.17克朗的补贴和0.1克朗的$CO_2$返还税。设有电力节约基金，政府对提高能源效率的技术和设备进行补贴。最新的激励措施是，对使用化石燃料的用户征收空气污染税，而使用风能则享受一定的税收优惠。由于政策到位，丹麦风力发电技术日益成熟和市场化。

(3)实行绿色认证

在绿卡市场上,可再生能源发电商每发出一定可再生能源电量,除回收一定电费外,还得到与该电量相关数量的绿卡。可再生能源发电商发出的电量,电网必须收购,所有可再生能源发电都有优先上网权,电网有责任收购并付款。绿卡的市场需求通过配额的办法来保证。每个电力消费者必须购买分配给自己的可再生能源配额,以扩大风能等可再生能源的使用,2003年以后,全国所有消费者的可再生能源消费比重须高于20%。

(4)市场准入和上网优惠

政府通过强制措施和税收优惠等多重政策,消除风电在开发初期的市场准入障碍,建立行之有效的投融资机制,对风电上网给予鼓励。电力公司须将售电收入优先付给私人风机所有者。

英国可再生能源的发展起步较晚。为了促进可再生能源的开发利用,英国于1990年实施了《非化石燃料公约》(Non-Fuel Obligation,简称NFFO)。NFFO规定:可再生能源开发利用项目由政府发布,通过招投标方式选择可再生能源项目开发者,竞标成功者将与项目所在地的电力公司按中标价格签订购电合同。由于可再生能源发电成本通常会高于常规能源发电成本,对于中标合同电价与平均电力交易市场价格之差即地区电力公司所承受的附加成本,将由政府补贴,补贴费用则来源于政府征收的“化石燃料税”。NFFO确立的这种制度被称作在可再生能源政策中的“投标制度”。

1997年,英国签署了《京都议定书》,并承诺将在2050年之前将温室气体排放量减少到1996年排放量的40%。2003年2月24日,发布了《能源白皮书》,确定了可再生能源电力2010年要占到电力总消费量的10%、2020年要占到20%的具体目标。近年来,英国一直利用自身优势,努力开发风能、波浪能、潮汐能等多种可再生能源。英国可再生能源的研究工作发展十分迅速,在把垃圾通过掩埋转换成天然气的技术方面,英国处于世界领先水平。另外,英国在利用氢能、太阳能方面也取得了很大进展。2005年,英国新增风机容量46.5万kW,2005年底风机总容量达到135.3万kW。

欧盟的其他几个国家都从推进可再生能源利用的角度修改补充了电力政策。捷克共和国采用了新的购电法,确定了所有可再生能源技术的税收政策。希腊降低了许可证的要求,制定了新的税收政策,增加了太阳热发电,提供补贴和税收优惠政策。瑞典对家庭安装太阳能光电实行30%的税率优惠,投资用生物燃料取代取暖用油。在为期3年的计划中将提供1亿瑞典克朗(1 200万美元)的补贴在公共建筑物上安装太阳能光伏。爱尔兰用新的购电法代替原有的竞争性投标方式,确定了新的税率,宣布在今后5年间,对可再生能源再增加2.65亿欧元(3.30亿美元)的补贴。意大利在2005年开始执行对太阳能光伏发电的新的国家购电政策。西班牙成为世界上第一个把在新的建筑物上安装太阳能光伏发电作为国策的国家。2006年初起要求在新建和改装的建筑物(购物中心、办公大楼、仓库、宾馆和医院)安装太阳能光伏。

美国对太阳能光伏发电免收30%的联邦税,风能生产税抵减法案的有效期延长到2007年底。除风力发电外,对其他可再生能源技术都延长了优惠政策。加利福尼亚州将太阳能光伏发电补贴计划延长到2011年,补贴32亿美元。到2017年的11年计划给住户、学校、商业和农场安装3 GW的太阳能光伏。内华达州把它的发电配额制政策延期2年,确定到2010年可再生电力达到20%的目标。康涅狄格州要求到2015年可再生能源发电达到10%。另外三个州也对太阳能光伏发电采用了新的投资补贴和税收优惠政策:康涅狄格州0.20~0.50

美元/W，缅因州 1～3 美元/W，新墨西哥州是 30% 的税收优惠。

### 7.2.3 发展中国家越来越重视可再生能源

越来越多的发展中国家通过立法和行政手段，推进可再生能源发展。中国、巴西、智利、哥伦比亚、埃及、印度、伊朗、马达加斯加、马来西亚、墨西哥、巴基斯坦、菲律宾、南非、泰国、突尼斯、土耳其和乌干达等国都出台了新政策，实施了新计划。

与其他风电国家相比，印度更加注重本地资源的利用，限制进口机组的进入。由于印度仍处于发展中国家地位，其经济实力、工业基础和市场规范体系相对欠缺，针对这样的状况，印度推行了一系列的措施：

**（1）推广示范项目**

即在同一风电场运行不同种类和设计的风机。为国产技术和引进技术国产化提供了实验场所，同时示范项目提供的信息对投资者的决策非常有用。另外，示范项目还从风电场的计划、选址、布局、结构设计、基础设施和电网安排，到电量控制、传输、测试和维修等方面，为大规模商业化风电场提供运行管理经验。

**（2）示范项目主要由邦政府和邦一级电力委员会负责实施**

风力发电机的 60% 成本，包括零部件和安装费用由印度非常规能源部承担。印度非常规能源部为支持示范项目专门设立了资助标准，即每兆瓦 3 200 万卢比（约 80 万美元），项目开支的其余部分由有关邦承担。目前示范项目的实施已达到了预期的效果。不但推动了风力发电技术的推广和应用，而且使风力资源评估计划不断扩大。

**（3）制定综合指导方针**

为了保障风电业健康有序地发展，高效低成本地开发电力资源，政府制定了综合指导方针，其内容涉及如何准备详细的项目报告、如何选址、风力发电设备的选择、操作与维护、运行情况的评估等。

**（4）建立风能创业园**

建立风能开发联合公司的方式，被称为“风能创业园”。私人投资者、邦政府、非常规能源部以及印度可再生能源开发署作为合作伙伴共同参与到联合公司中，联合实施风能开发项目。风能创业园建在专为私人投资者提供的风能开发区内。联合公司为私人投资者承担土地征集或租赁、基础设施和电力设施的开发、风机等发电设备的安装及维护工作。为小型投资者提供了进入风电业的基础。

**（5）建立风能技术中心**

专门从事研究与开发、技术更新、测试、认证、标准化、培训和信息服务的自行管理机构。从而减少风能开发对国家财政投入的依赖。

**（6）项目的监察和评审**

政府有关机构对风力发电项目定期监察，并制定了一套“风电场运行评估”措施，按月、季度和年度对运行情况进行考察和总结。

印度上述一系列措施，从宏观的角度对整个风电行业及风电项目的开发提供了有力的环境支持，很值得我国政府借鉴。

我国 2005 年通过了新的电力法，2006 年初生效，作为推广可再生能源的法律；上海启动了在 100 000 个屋顶上安装太阳能光伏的计划。印度在 2006 年初宣布了新的国家税收政策，目的是推行可再生能源发电;Karnataka、Uttaranchal 和 Uttar Pradesh 邦等6个邦在2005年也采用了购电税收政策;Maharashtra 邦也修订了在2003年制定的对风力发电的购电政策,还包括了生物质、甘蔗渣和小型水力发电。巴西对小水电、风力发电和生物质发电实行优惠价格。巴基斯坦对风力发电开发者确定9.5美分/(kW·h)的税收补贴,取消了对风力机的进口关税,旨在促进风力发电的发展。埃及正在开发风力发电。马达加斯加制订了新的水力发电计划。土耳其在2005年通过了新的可再生能源推广法。伊朗正在制定新的推广法。泰国对小水电生产者实行补贴政策。

### 7.2.4　促进风电产业发展的政策

**(1)直接政策**

1)要求一定的国产化率

要求风电场使用国产风机是促进风机本地化的一条直接途径。政策一般规定,在安装的风机设备中,国产化率必须占到一定比例。这样的政策要求进入当地市场的风机制造商将其生产基地向当地转移,或向当地企业采购风机所需的零部件。

2)鼓励使用当地产品的优惠或激励政策

采用优惠政策鼓励使用一定比例的当地产品和风机设备的本地化生产,但不是强制性地要求这样的行为。这些激励政策包括:如果在工程中选择当地风机产品,政府将向开发商提供低息贷款;向那些将产品制造基地迁入当地的企业提供优惠的税收激励政策;或向采用本地风力发电设备的风电场提供电力补贴。

3)关税激励政策

通过控制关税来鼓励进口风机设备的零部件而不是整机系统是另外一种直接激励政策。同进口国外制造的风机整机系统相比,这个激励政策可以使它们支付较低的关税进口零配件,从而为那些打算在当地制造或组装风机系统的企业创造一个良好的环境。但是,这种政策在未来可能会受到挑战,因为这种政策会被视为在技术贸易上制造了壁垒,违反了世界贸易组织(WTO)的规定——成员国之间不能设置贸易壁垒。

4)税收激励政策

政府可以通过各类税收激励政策来支持风机产业本地化。首先,可以使用税收激励政策鼓励当地公司涉足风电行业,例如采用风机制造或研发税收激励措施。或者,降低风机技术的采购者或销售者的销售税或收入税,以此来加强国际竞争。税收优惠政策还可以适用于国内外合资公司,以促进在风电领域的国际合作和技术转让。此外,税收减扣措施也适用于风电产业的劳动力成本之中。

5)出口援助项目

政府可以通过出口信用援助的方式帮助本国企业生产的风机产品扩大国际市场。这样的援助可以是低息贷款方式,也可以是风机制造商所在的国家向其他购买技术的国家提供的“附带条件的援助”方式。

6)认证和检测

提高新的风电公司的风机质量和信用等级的最根本途径是使他们加入到达到国际标准的认证和检测制度中。目前正在使用的风机国际标准有很多种,最为普遍采用的是丹麦的认证体系和ISO 9000认证体系。标准能帮助增强用户对不熟悉的产品的信心,也能帮助用户分辨产品的优劣。顺利通过这些国际通行的认证,对产品进入国际市场是至关重要的。

7)研究、开发和示范项目

研究表明风机研发上的可持续投入对当地风电产业的成功发展至关重要。私营风电企业和国立科研院所(像国家实验室和大学)结合共同研发是一条非常有效的途径。新开发的国产风电机组,在正式大规模投入商业化运作之前,可以通过一些示范工程和商业化试点项目来检测风机实际运转情况和可靠性。

**(2)间接政策**

在国内市场取得成功是国产风机顺利进入国际市场的先决条件,并且政府也可通过本地风电产业的发展有效地促进当地经济发展(Connor, 2004 年)。稳定并具有一定规模的国内风电市场是本国风电行业不断发展的根本条件。下面讨论的一系列政策旨在扩大国内风电市场。

1)购电法

根据已有的经验,购电法,或为鼓励风电发展而设定的固定电价,为国内风电制造行业成功的发展提供了最根本的条件,因为购电法为风电项目的开发提供了最直接稳定和具有效益的市场。购电法的风电价格水平和风电价格构成特点是随着国家的不同而不同的。只要充分考虑了长期收益和一定的边际效益、设计得当,购电法是非常具有价值意义的,因为购电法为风电场投资商营造了一个长期稳定的市场环境,同时鼓励风电公司对风电技术研发进行长期的投资。

2)可再生能源强制性目标

可再生能源强制性目标,也称可再生能源配额制、可再生能源强制市场份额或购买义务,是在一些国家实施的、相对较新的政策机制。该政策要求由可再生能源产出的电力需在整个发电量中占到一定的比例,各国需根据自身市场结构来确定本国的配额。与购电法(固定电价政策)相比,可再生能源强制目标政策的实施经验还比较少,因此目前无法将其与固定电价政策的效果相比较去评价这种政策是否能促进当地风电的发展。

3)政府拍卖或特许权政策

政府直接与风电开发商签订长期购买风电合同是为风电发展创造良好市场环境的方式之一。因为政府支持风电项目的开发,从而消除了在开发过程中的许多不确定因素,这样就降低了风电开发商的投资风险。但是,这种方式需要使用政府招标制度,从历史上看,这样的招标制度不会给风电市场带来长期的稳定性和获利性,会引起招标者之间长时间竞标和项目开发商之间激烈的竞争。

4)财政激励政策

通过财政手段激励可再生能源发展的方式多种多样,例如可从对非可再生能源发电企业的收费中拿出一部分资金,或直接从电力消费者的能源账单收费中拿出一部分资金(经常被称为系统效益收费)来支持可再生能源的发展。但是,如果不签订长期购电合同,在鼓励可再生能源市场的稳定和规模化发展过程中,同其他优惠政策相比,这种财政激励政策也就只能扮演补充的角色。

5)税收激励政策

一些国家政府通过税收激励政策促进对可再生能源发电的投资,包括减免投资于风电技术开发的企业所得税,减免风机所在地的土地拥有者的财产税。同时,税收激励政策也适用于风力发电公司,可以减免其所得税或增值税。但税收激励机制不能替代固定电价政策和可再生能源强制目标政策。

6)绿色电力市场

一些国家的政府允许用户支付比普通电价高一些的费用购买可再生能源电力。尽管通过这样的机制而获得的投资是十分有限的,但这些资金仍可支持较高成本的可再生能源发电和鼓励对新的可再生能源发电项目进行投资。

## 7.3　我国能源结构与环境现状

### 7.3.1　我国的能源结构

目前我国的能源消费结构中煤炭占68%,石油占23.45%,天然气仅占3%。2005年我国发电装机已达5亿kW,其中新装机已超过6 000万kW,能源资源条件决定了我国以煤为主的能源消费结构在短期内难以转变,未来煤炭仍将在整个能源过程中发挥不可替代的作用。由此导致污染物排放居高难下。从有关部门的统计来看,全国烟尘排放量的70%、二氧化硫排放量的90%、氮氧化物的67%、二氧化碳的70%都来自于燃煤。除了能源消费过程中的污染物排放外,能源在开采、炼制及供应过程中,也会产生大量有害气体,严重影响着大气环境质量,"十五"期间,我国主要污染物排放量原计划到2005年比2000年减少10%,但2005年的统计数据表明,烟尘、化学需氧量等相当一部分污染物的减排量均未实现预期目标。我国与发达国家相比,每增加单位GDP的废水排放量要高出4倍,单位工业产值产生的固体废弃物要高出10倍以上,大气污染造成的经济损失占GDP的3%~7%。

从能源资源条件分析,我国目前面向外需的产业结构发展,在很大程度上也是以我国的土地、环境、资源的高度消耗和破坏为代价,其中包括大量以矿产资源和高能耗为基础的产品、甚至是能源资源的直接出口,这种发展片面追求直接经营者的短期利益,忽视了全社会的利益和长远利益。我国是以煤为主要能源的国家,石油储量仅占世界储量的2%,2003年人均石油、天然气、煤炭可采储量分别为世界平均值的11%、5%和57%。从20世纪90年代初期开始,我国已经从石油净出口国转变成石油净进口国,2005年我国进口原油1.27亿t,石油进口依存度达到43%,如果按近5年的净进口增长速度推算,到2010年我国的石油净进口将突破5亿t。到2020年,中国人口按14亿~15亿计算,则需要26亿~28亿t标准煤;到2050年,人口按15亿~16亿计算,则需要35亿~40亿t标准煤。我国原煤的开采大部分属于掠夺性开采,是不可持续的开采模式,按专家的估计,我国煤炭剩余可采储量为900亿t,可供开采不足百年;石油剩余可采储量为23亿t,仅可供开采14年;天然气剩余可采储量为6 310亿$m^3$,可供开采不过32年。专家测算,21世纪初期我国国内能源的缺口量将超过1亿t标准煤,2030年约为2.5亿t标准煤,到2050年约为4.6亿t标准煤。除煤炭资源尚能满足21世纪的需求外,如不考虑进口,石油、天然气和铀矿资源只能维持到2010年的能源消费增长。据有关部门测算,国际油价每桶变动1美元,将影响进口用汇46亿元人民币,直接影响我国GDP增长0.043个百分点。2000年国际油价上涨64%,影响我国GDP的增长率0.7个百分点,相当于损失600亿元人民币。世界经济发展进程表明,能源供应已成为制约经济增长的基本因素,这一现象在我国将长期存在。

### 7.3.2 我国环境污染现状

人类在征服自然的进程中,以空前的速度建立了现代的物质文明,同时也造成了对自然环境的破坏。人类现在的许多疾病可以认为是人类对迅速改变的环境适应性的失调。过去人类为了生存所获得的适应性,正日益受到环境污染的挑战。环境质量不仅关系当代人的健康,还影响到子孙后代,必须予以关注。世界银行发展报告列举的世界污染最严重的20个城市中,我国占了16个,瑞士达沃斯世界经济论坛公布的"环境可持续指数",在全球144个国家和地区的排序中,我国竟然位居第133位。世界银行根据目前发展趋势预计,2020年我国燃煤污染导致的疾病需付出经济代价达3 900亿美元,占国内生产总值的13%,发达国家在工业化中后期出现的污染公害已经在我国普遍出现,它不仅导致贫富分化加剧,社会矛盾激化,到2020年以后我国将难以回避对温室气体排放限制的承诺。目前我国环境面临的主要问题有:

**(1)人口众多,可利用的土地资源急剧下降**

我国人口已接近13亿人,人均农田仅占世界人均的1/4,拥有世界7%的土地,却要养活占世界22%的人口。由于荒化、沙化和建设用地,我国平均每年净减土地500万亩。土地使用面积逐年减少,却要在仅有的土地上收获更多的粮食,于是大量使用化肥、农药、杀虫剂、除草剂,使土壤微生物遭到破坏,土地质量不断下降,造成对环境的巨大压力。

**(2)乡镇企业的发展带来新问题**

有些乡镇企业技术差、设备简陋、环保意识缺乏、污染严重,农村原本清新的环境正在遭受破坏。一个小造纸厂污染一条河的现象在全国随处可见;土法炼焦、冶炼更是把大片区域弄得乌烟瘴气、寸草不生。加上我国环境监督工作滞后,有法不依、执法不严、违法不究的问题普遍存在,使得这些过热的短期经济行为对环境造成严重冲击。

**(3)我国能源结构以煤为主、污染严重**

我国的工业和民用煤量都很大,改煤为油或核能在今后很长一段时间内还很困难,燃煤污染还将继续;一些农村仍在砍树作为燃料,植被继续减少,生态破坏严重。

**(4)国家拿不出更多的资金用于治理环境**

我国污水排放处理率还很低,工业污水不到26%,生活污水不到3%,全面处理至少要上千亿基础建设投资,每年运行还要几十个亿,再加上用于治理大气、固体废物的资金,国家目前还难以承受。政府治理环境的决心很大,但在全国各地具体落实将有一个较长的过程。我国的环境形势十分严峻,环境工作任重而道远。目前我国已经加入多个国际环境公约,无论国内的环境形势还是国际的环境压力,都使我国必须承担起与发展水平相适应的国际环境义务。但由于我国对能源活动实施的是一种分散的多部门管理模式,从而造成能源方面的法律法规不一致,资源重叠和冲突。2005年我国通过了《可再生能源法》,制定了《节约能源法》《清洁生产促进法》《固体废物污染环境防治法》等有关法律,这些法律已经体现了循环经济的发展理念。目前我国正在抓紧启动《能源法》立法工作,能源法将涵盖能源资源勘探、研究开发、生产运输、贸易与消费、利用与节约、对外合作、能源安全与监管等诸多环节。通过一部全面体现能源战略和政策导向的基础性法律,强化各级政府的管理职能,进一步法制化和规范化,做到有法可依,有章可循。同时,适时开征燃油税,完善消费税税制,倡导资源节约型的生活方式,逐步推动建筑节能和交通节能,对公共建筑和民用建筑达不到建筑节能设计规范要求的,不准施工、验收备案、销售和使用。我们必须以最小的资源代价发展经济,以最小的经济成本保护环境,通过能源结构的调整和优化,使能源供应从简单满足经济发展的基本需求为目标,转向在满足需求的基础上重视环境效益的双重目标,实现经济、社会、环境的协调发展。

人类要生存,世界要发展,我们就要用自己的智慧保护全球赖以生存的资源,这对于经济发展和民族昌盛都非常重要。让我们大家来共同努力,使我们的天常蓝、水常青。

## 7.4　我国可再生能源政策

我国的可再生能源资源丰富,水能的可开发装机容量为3.78亿kW,年发电量1.92万亿kW·h,居世界首位,太阳能在2/3的国土上,年辐射量超过60万J/cm$^2$,每年地表吸收的太阳能大约相当于17万亿t标准煤的能量,开发利用前景广阔;风能资源量约16亿kW,可开发利用的风能资源约2.5亿kW,地热资源的远景储量为1 353.5亿t标准煤,探明储量为31.6亿t标准煤。生物质能资源亦十分丰富,秸秆等农业废弃物的资源量每年有3.1亿t标准煤,薪柴资源量为1.3亿t标准煤,加上城市有机垃圾等,资源总量可达6.5亿t标准煤以上。

### 7.4.1　近年来我国的可再生能源政策实施

我国经过近20年的研究开发和示范推广,可再生能源的应用已取得重要进展,技术水平有了很大提高,市场不断扩大,产业化建设已粗具规模。在农村地区(特别是中西部和边远地区),推广太阳能光伏发电、风/柴/蓄独立供电系统和秸秆气化、沼气、小水电等可再生能源,即“光明工程”和“百县建设”等。在电网覆盖地区(一些大城市或距离城市较近的地区),推广大型并网风力发电、太阳能屋顶发电等可再生能源技术,以“乘风计划”为龙头,带动国产化发展。

我国1995年开始实施“乘风计划”项目,国家计划发展委员会(现在的国家发展和改革委员会)开始倡导“政府创造需求、合资公司生产、市场有序竞争”的模式(SDPC,1996年)。通过这个项目开始实施技术转让,首先国产化比率从20%开始,随着中方在学习过程中不断进步,最终达到80%的目标。在这个计划下,一些国外公司和中国公司为了满足这个要求,投资组建了合资公司,生产600 kW或660 kW风力发电机组。国家经济贸易委员会组织实施了国债风电项目,利用优惠的国债贴息贷款,使用国产风机建设风电场。国债风电项目支持了“乘风计划”。到2000年,通过国债项目建设了4个示范风电场,总装机容量达到了73 MW(NREL,2004年)。但是这个“乘风计划”只取得了有限的成功,由于外国公司不能选择他们的中国合作伙伴,而是由中国政府进行选择,因此这个计划也备受指责;从中国政府认为适合风力技术的行业(主要是航空工业)中选择公司,但是这些公司没有经验或者对风机制造不感兴趣,这点与美国的情况很相似。

我国正在实践国产化要求的多种方式。在九五计划期间(1996—2000年),国家发展和改革委员会在批准风电场项目时,要求这些项目所购买的风机设备至少含有40%本地生产的零部件。另外,政府发起了风电特许权项目,包含国产化比例要求,并且随时间的推移,要求越来越严格。自从2001年项目启动以来,政府邀请了国际和国内投资商通过竞标方式来开发大型风电场(100~400 MW),以降低风电成本。在2004年9月最近一次特许权项目投标中,开发商必须证明他们具有满足 70% 的风机国产化比例的技术能力。同时,海南省政府最近发布了 300 MW 项目的招标,鼓励使用“技术上成熟的国产风机”(WPM,2004 年 10 月)。很明显,这些国产化要求正在促使那些愿意在中国销售风机的国外公司制定在中国制造风机的战略。很多公司都正在中国建立生产厂或组装厂,而风机部件可以分包给中国制造厂商。

早在 1990 年到 1995 年就采取对进口风机免除关税的优惠政策。由于计划建立国内风机产业,1996 年我国改变了关税税则,进口完整风机的关税高于进口零部件的关税。在 1998 年,完全免征进口零部件的增值税附加税,而进口整套风机则没有这个优惠政策,因此两者之间的差别进一步加大。然而,1998 年的最新关税税则中免征进口风机的关税,但是进口主要零部件继续征收 3% 的关税,从而使激励政策本末倒置,由过去的鼓励国产化转变到鼓励进口外国风机(Liu et al., 2002 年)。现在我国又对风电整机进口征收关税。

科学技术部(MOST)已向风电研发提供了多种补贴(Liu et al., 2002 年)。为了帮助我国风机制造厂商开发产品和技术,科技部在第九个五年计划(1996—2000 年)阶段资助了开发 600 kW 风机的研发项目。通过此项目,样机研制完成,通过了国家级的验收,并在风电场中成功运行。中国专业部件制造厂商已经可以生产 600 kW 风机的关键部件,包括叶片、齿轮箱、发电机、偏航系统以及控制系统。在“863”风能计划中,从 2001 年到 2005 年(第十个五年计划)科技部正在支持兆瓦级风机的研发,包括变桨距和变速发电机的技术研究。

### 7.4.2 我国历年的风电政策

我国采取了一系列措施鼓励国产化,包括鼓励大型风机合资企业和技术转让的政策、国产化要求、鼓励国产化的关税优惠以及政府的研发支持。我国历年风电政策如下:

国家计委、国家科委、国家经贸委共同制定了我国《新能源和可再生能源发展纲要》,提出了“九五”以至 2010 年新能源和可再生能源的发展目标、任务以及相应的对策和措施,并于 1995 年 1 月 5 日发布并施行;

1997 年 11 月我国通过了《中华人民共和国节约能源法》,并于 1998 年 1 月 1 日起施行。此法明确提出国家鼓励开发、利用新能源和可再生能源;

国家陆续出台了《中国 21 世纪议程》《乘风计划》《光明工程》《关于加快风力发电技术装备国产化的指导意见》《“国债风电”项目实施方案》以及《关于部分资源综合利用及其他产品增值税政策问题的通知》等政策规定,以加快我国开发、利用新能源和可再生能源的步伐;

2003 年以来国家发改委下放 5 万 kW 以下风电项目审批权,5 万 kW 以上风电项目由国家进行特许权招、投标;

国家发改委相继组织开展江苏如东、广东惠来、吉林通榆、内蒙古辉腾锡勒、江苏东台、甘肃安西风电项目特许权招标;

国家发改委于 2005 年 7 月下发文件,要求所有风电项目采用的机组本地化率达到 70%,否则不予核准;并且 5 万 kW 以下项目由各省(区、市)发展改革委核准;

国家发改委下发文件支持国内风电设备制造企业与电源建设企业合作,提供 50 万 kW 规模的风电市场保障,其中包含了“金风”同“龙源”的新疆、甘肃地区 50 万 kW 电场以及“华能”同“大重”的阜新地区 50 万 kW 电场,加快国内风电制造业发展;

2005 年 2 月,国家颁布《可再生能源法》,出台了相关《可再生能源法实施细则》。

### 7.4.3　特许权机制

风电特许权是将政府特许经营方式用于我国风力资源的开发。特许权是针对我国大规模风电开发而言的(10万kW及以上项目)。在风电特许权政策实施中涉及三个主体,即政府、项目单位和电网公司。政府是特许权经营的核心,为了实现风电发展目标,政府对风电特许权经营设定了相关规定:一是项目的特许经营权必须通过竞争获得;二是规定项目中使用本地化生产的风电设备比例,并给予合理的税收激励政策;三是规定项目的技术指标、投产期限等;四是规定项目上网电价,前3万利用小时电量适用固定电价(即中标电价),以后电价随市场浮动;五是规定电网公司对风电全部无条件收购,并且给予电网公司差价分摊政策。项目单位是风电项目投资、建设和经营管理的责任主体,承担所有生产、经营中的风险,生产的风电由电网公司按照特许权协议框架下的长期购售电合同收购。电网公司承担政府委托的收购和销售风电义务,并按照政府的差价分摊政策将风电的高价格公平分摊给电力用户,本身不承担收购风电高电价的经济责任。

### 7.4.4　我国正在生效的相关政策

**(1)税收机制**

增值税减半征收,由此,我国风电电价有可能平均降0.05~0.06元,新建风电场电价有望降至0.50元/(kW·h)以下;进口关税:设备按照5%,零部件按照1%征收;征地:按照实际占用面积计征,即点征。

**(2)可再生能源法**

《可再生能源法》规定,可再生能源发电价格高出当地平均上网电价的部分,要在全国范围内的销售电价中分摊,以实现可再生能源发展的公平分摊原则。此外,《可再生能源法》还要求有关部门制定支持风电发展的投资税收和信贷优惠政策。

# 附　录
# 世界各国的可再生能源政策

## 附录1　德国可再生能源发展状况和有关法律政策

**(1)德国可再生能源发展状况**

德国是全球可再生能源利用最成功的国家。2005 年,德国可再生能源营业额达 164 亿欧元,17 万人从事可再生能源领域的工作。来自太阳能、风能、生物质能、地热能等各种可再生能源的电力占到了最终能源消费的 6.4%,其中,电力消费的 10.2%、热力分配的 5.3%、燃料消耗的 3.6%来自各种可再生能源。德国政府对可再生能源的发展制定了宏伟目标,即 2010 年可再生能源电力将占全国电力供应的 12.5%,2020 年达到 20%;2020 年可再生能源在一次能源消费中的比例至少达到 10%(2005 年为 4.6%),2050 年达到 50%。

德国自 1998 年成为世界第一风电生产大国以来,无论是风电装机总容量,还是年新增风机容量,始终保持世界领先地位。2005 年,新增风机容量 179.9 万 kW,风电装机总容量达到 1 842.8万 kW,约占总装机容量的 14%。遥遥领先于世界其他国家。德国风电发展的特色主要体现在以下方面:

①最早进行风电产业化道路探索。1989 年,德国全国风电装机总容量仅为 1.8 万 kW。为了发展风电产业,政府制订了一项"25 万 kW 风能计划",对风力发电的市场化运作进行前所未有的探索,参加计划的风电经营者每生产 1 kW · h 的风电可获得 0.06 ~ 0.08 马克的津贴,并可享受低息专用贷款和流动资金资助。至 1996 年计划合同期结束时,参加计划的风电经营者共购买风机 1 500 台,总功率 35 万 kW。

②)建立覆盖全国的风能参数测评系统。对风能参数进行精确测定和评价分析是风能开发利用的基础,德国恺塞尔的太阳能供给技术研究所组织实施了"科学测量与评价计划",建立了全球第一个覆盖全境的风能参数测评系统。此外,根据在远程测量网天线塔 30 米和 50 米高度测得的气压、大气湿度、温度、降水量和太阳光照等气候参数以及风速、风向等风能参数,可以确定一个地区的风指数和预测风功率,为新型风机的研发提供可靠的设计依据。

③产业步入良性发展轨道。德国有着全球最大的风机市场。2002 年以前,德国共有 46 家风机生产企业,2002 年,经历了一次并购和联合的高潮后,只剩下 12 家继续生产。德国风

机制造技术已非常成熟,其风机制造业处于世界领先地位,德国的 ENERCON 和 Nordex 都位居全球最具影响力的风机生产公司之列。

④风机参数不断变大,生产成本大幅下降。2007 年,1 000 kW 风机生产的风电的平均价格仅为 4.1 美分/(kW · h),15 年内,风电价格降低了 50%。因此,现在各生产厂家竞相推出各种型号的兆瓦级风机,市场上商用风机的功率已达到 2 500 kW 和 3 600 kW。ENERCON 公司已研制成功转子直径 112 m、功率 4 500 kW 的新型大功率风机。5 000 kW 供海上风力发电场使用的大型风机即将投入商业运行。风机大型化使每年新装风机的数量比以前少得多,占用土地面积变少了,但生产的电力却增加了。随着新装风机单机额定功率的不断增大,风电生产成本将进一步下降。根据国际能源机构预测,至 2010 年,当全球风电装机总容量达到1.975 亿 kW · h,风电价格将降至 3.03 美分/(kW · h);2020 年,当全球风电装机总容量达到 12 亿 kW · h,风电价格将进一步降至 2.45 美分/(kW · h)。

⑤用新型大功率风机更换早期安装的接近经济使用寿命的小型风机,提高风电产业的综合经济效益。德国政府通过延长风电补偿期限的办法,运用经济杠杆鼓励德国北部濒海的小功率风机持有者更换使用新型大功率风机,明显提高了沿海风能资源丰富地区的风能利用密度,同时噪声污染也得到大幅度降低,风电经营者可以获得较高的收益。

⑥大规模风电生产的环保效应逐渐显现。专家研究结果表明,每生产 100 万 kW · h 风电,平均可减排 $CO_2$ 600 t。据此测算,2004 年,德国因其风电共减排 $CO_2$ 2 070 万 t;2005 年,减排近 8 400 万 t。风电产量的逐年稳步增长,为德国完成《京都议定书》规定的温室气体减排指标作出了重要贡献。

⑦向海洋进军。目前在全德 16 个联邦州中,除联邦政府所在地柏林外,其余 15 个州,尤其是滨海 3 个州,风能资源利用已近饱和,再在陆地上选址建立大型风电场几乎已无可能,在这种情况下,德国人又将目光投向了海上。在海上,当 60 m 高度的平均风速超过 8 m/s 时,在欧洲那些绝大多数计划要建立海上风电场的水域,海上风机的能量收益预计要比沿海风能资源丰富地区陆地风机的能量收益高 20% ~40%。在欧洲规划建设的 70 个新的海上风电场中,31 个将建在德国海域。就地域分布来说,这 31 个海上风电场,21 个建在北海,10 个建在波罗的海。就距海岸线距离来说,有 8 个建在离海岸线 12 海里之内的海域内,23 个建在 12 海里之外的专属经济区内。德国已经批准在北海和东海建设 6 个大型海上风电场,总装机功率 120 万 kW。2010 年以前,德国将在北海 Borkum West 地区距海岸 100 km、水深 30 ~40 m 的水域内安装 208 台单机功率 5 000 kW 的风力发电机组,总装机功率 104 万 kW,年发电能力 35 亿 kW · h。根据 2002 年 1 月德国政府制定的一项发展风电长期计划,2010 年,德国海上风力发电设备的总装机功率要达到 300 万 kW,2030 年达到 2 000 万 ~2 500 万 kW。2025—2030 年,海上风力发电量将占德国电力需求总量的 15%,而风力发电量的总和将占德国电力需求总量的 25%。

**(2)德国可再生能源发展相关法律政策**

德国在可再生能源领域处于世界领先地位,在风力发电方面,德国始终位居世界第一,这与德国政府颁布的一系列可再生能源方面的法律和政策有很大的关系。德国的政策核心是优惠贷款、津贴以及对可再生能源生产者给以较高标准的固定补贴。

1)电力入网法

1991 年 1 月 1 日,为了推动可再生能源的开发利用,德国政府颁布了《电力入网法》,这是德国开始风能商业利用后制定的第一部促进可再生能源利用的法规,它规定了电网经营者优先购买风电经营者生产的全部风电并给予合理价格补偿的强制义务,有力地促进了德国风电产业的发展。1991—1999年间,德国风机总装机增加了48倍,达438万kW。

但在1998年,德国电力行业市场化,销售电价整体下降,导致电网支付给可再生能源发电商的电力价格也随之下降,许多发电商面临沉重压力,输电商和配电商也抱怨《电力入网法》增加了它们的电力成本。

2)可再生能源法

为了更广泛而有效地促进可再生能源的发展,解决1998年以后出现的可再生能源发电企业和输电商之间存在的利益矛盾等问题,2000年4月1日,德国出台了《可再生能源法》,并于2004年7月31日公布了修订版。其目的是在保护大气和环境条件下实现能源供应的可持续发展,进一步提高可再生能源对电力供应的贡献。

《可再生能源法》主要包括以下几个方面的内容:

①对输电网的义务作出规定:a.强制入网,输电商有义务将可再生能源生产商生产的电力接入电网;b.优先购买,输电商有义务购买可再生能源生产商生产的全部电量;c.固定电价,输电商有义务根据《可再生能源法》规定的价格向可再生能源发电商支付固定电费。

②针对不同可再生能源发电类型、不同资源条件、不同装机规模,尤其是针对不同发电技术水平规定了不同的电价。同时,考虑技术进步的原因,明确了可再生能源固定电价降低的时间表,如:对沼气发电,规定自2002年起新建电厂电价每年减少1%。这一措施一方面有利于促进技术进步,一方面激励新的可再生能源项目尽快投产。

③建立了可再生能源电力分摊制度,规定输电商负责对全国范围内各个地区和电网间的可再生能源上网电量进行整体平衡,使可再生能源固定的高电价带来的电力增量成本平均分摊在全国电网的全部电力上,以确保各个输电商之间能够公平竞争。

④规范了可再生能源发电商和输电商应承担的并网设施和电网扩建费用,发电商有义务支付联网费用,而电网扩建费用由输电商承担。

⑤德国政府按电力产出量或设备能力成本提供高额补贴。投资风电项目的企业可向地方政府申请总投资20%~45%的投资补贴。德国政策银行还可为销售额低于5亿马克的中小风电场提供总投资额80%的融资。这使有关投资者的投资积极性得到长期鼓励。

⑥将风电补偿时间按不同补偿标准分为两个时期,即按较高标准补偿的前期和按较低标准补偿的后期。在风力资源丰富的地区,前期补偿时间为5~10年,在风力资源相对较弱的地区,前期补偿时间可达21年。海上风机获得较高补偿标准的时间至少为12年,具体补偿期的长短,随海上风机安装地点至海岸距离和风机安装海域的海水深度而定。这样,无论是在北部濒海风力资源丰富地区,还是在南部风力资源较为贫弱的中等高度山脉地区,都可以获利。该措施有利于提高在风力资源较小的地区开发风电的积极性,使风电开发在区域上趋于平衡,同时又适度限制了在风力资源较好地区开发风能盈利过多的情况,限制了一些不稳定因素,使风电产业健康发展。

⑦对于已经具有电力成本竞争能力的可再生能源技术,不再给予价格优惠。

3)环境相容性监测法

在风机数量和风电生产量不断增加的同时,德国人对环境影响的认识也增强了。为了解决风电产业的发展对环境和生态造成的不良影响,如风机噪音扰民、破坏风景区景观等,2002

年德国政府制定了《环境相容性监测法》,规定自2002年开始,风力发电设备应选择在符合环境和生态要求的合适地点安装和使用。

## 附录2　丹麦可再生能源发展状况和有关法律政策

**(1)丹麦可再生能源发展状况**

20世纪70年代爆发世界第一次石油危机后,丹麦审时度势,抓紧制定适合本国国情的能源发展战略,大力调整能源结构,积极开发可再生能源,取得了令世人瞩目的成就。经过20多年的努力,丹麦已经成为世界上利用可再生能源的先锋。可再生能源占总能源消耗量的比例逐年增长,由1990年的6%左右增至2003年的近13%。利用可再生能源发电占总发电量的比例由1994年的不到5%增加到2003年的23%,计划在2008年进一步提高到29%左右。

在能源生产和供应不断增长的同时,由于重视能源结构的调整和可再生能源的开发,对环境有害物质的排放量逐年减少,与1990年相比,2002年二氧化碳、二氧化硫及氮氧化物的排放量分别减少18%、80%、25%,使得能源生产与生态环境保护协调发展,呈现出能源可持续发展之路越走越宽广的前景。

丹麦拥有丰富的风能资源,是世界上最早大规模开发利用风力发电的国家。在利用风能方面,丹麦的风电水平居世界领先地位。至2005年底,丹麦风力发电的装机容量达到312.2万kW,风力发电为全国提供了25%的电力。丹麦政府在早先制订的目标中,计划到2005年风能比重达到10%,但早在1999年就已经达到12%。在丹麦环境能源部的长远计划中,2015年风电比重预计达到35%,2030年则达到50%。随着科技的不断进步,风机的功率也越来越大,提高很快。在2000年,全国每台风机平均功率为856 kW,2002年增至1 356 kW,2003年则跃增至2 045 kW。

在过去20多年中,丹麦的风电成本减少了4/5,1981年风电成本为12克朗/(kW·h),1999年降到3克朗,由于技术进步和成本优化,今后5年内将再下降20%,接近化石燃料的发电成本,从而可以和新建燃煤电厂竞争。目前,风电的销售价格平均为0.43丹麦克朗/(kW·h)(约合人民币0.55元/(kW·h))。随着各项支持政策的实施,丹麦风能的经济效益有了巨大的提高,投资回收期只有8年左右,在风能充足的地方,设计最先进的风电经济效益能够同效率最高的煤电相媲美。

在风电制造技术方面,丹麦也居于世界领先水平。目前,世界排名前10位的风机公司中,丹麦占4家,其中居首位的是丹麦的Vestas公司,约占世界总产量的35%。现在,世界投入使用的风电设备中,有一半是丹麦制造的。近两年来,丹麦风机仍占世界市场的40%左右。

近年来,海上风场成为新亮点。目前,已安装和在建的海上风场有6个,装机容量超过75万kW。

丹麦也较早开始利用生物能和太阳能。丹麦农作物主要有大麦、小麦和黑麦,其秸秆过去除小部分还地或做饲料外,大部分在田野烧掉了。1992年和1997年联合国《气候变化公约》及《京都议定书》先后出台后,为建立清洁发展机制,减少温室气体排放,丹麦进一步加大了生物质能和其他可再生能源的研发和利用力度。丹麦BWE公司率先研发秸秆生物燃烧发电技术,1988年,丹麦诞生了世界第一座秸秆生物燃烧发电厂。丹麦现已建立了13家秸秆发电厂,还有一部分烧木屑或垃圾的发电厂也兼烧秸秆。目前,以秸秆和木屑为主要原料的生物质能在丹麦可再生能源中的比重已超过40%。丹麦的秸秆发电技术现已走向世界,被联合国列为重点推广项目。

尽管丹麦的气候条件并不十分理想,但仍十分重视对太阳能的利用。多年来,丹麦致力于研发提高太阳能利用效率的相关技术。目前,丹麦共有3万个太阳能加热站(厂),主要用于居民家用热水和空间加热。此外,从1997年以来,丹麦加大废物回收利用力度,约有超过1/4的废物在CHP中焚烧,18家大型的垃圾焚烧厂已经或正在与CHP结合起来。平均每家垃圾焚烧厂年处理垃圾量达4万t,总共能够处理和利用丹麦90%左右的可燃性废物,做到了变废为宝。

丹麦对燃料电池、潮汐能及氢能的研发也十分重视。2003年,第一个并网的潮汐能试验性示范电站建成。

**(2)丹麦可再生能源发展相关激励政策**

丹麦政府对风力发电一直持积极的支持态度。1976年、1981年、1990年和1996年,政府先后公布了四次能源计划,在1996年的能源计划中,能源远景规划扩展到2030年,提出了届时风电比重达50%的目标。丹麦政府制定和采取了一系列政策和措施,支持风力发电发展。

1)支持风能研发

丹麦国家实验室的风能部门约有50名科学家和工程师,从事空气动力、气象、风力评估、结构力学和材料力学等各方面的研究工作。为了保证风机的质量和安全性能,丹麦政府专门立法,要求风机的型号必须得到批准,并由国家实验室审批执行。

2)财政补贴和税收优惠

为促进技术成熟,政府为每台风力发电机投入相当于成本30%的财政补助。此项补贴计划共实行了10年。规定风电等可再生能源的最低价格,风电场每发电1 kW·h,除可得到电网付款0.33丹麦克朗外,还可得到0.17克朗的补贴和0.1克朗的$CO_2$税返还。设有电力节约基金,政府对提高能源效率的技术和设备进行补贴。最新的激励措施是,对使用化石燃料的用户征收空气污染税,使用风能则享受一定的税收优惠。由于政策到位,丹麦风力发电技术日益成熟和市场化。

3)实行绿色认证

在绿卡市场上,可再生能源发电商每发出一定可再生能源电量,除回收一定电费外,还得到与该电量相关数量的绿卡。可再生能源发电商发出的电量,电网必须收购,所有可再生能源发电都有优先上网权,电网有责任收购并付款。绿卡的市场需求通过配额的办法来保证。每个电力消费者必须购买分配给自己的可再生能源配额,以扩大风能等可再生能源的使用,2003年以后,全国所有消费者的可再生能源消费比重须高于20%。

4)市场准入和上网优惠

政府通过强制措施和税收优惠等多重政策,消除风电在开发初期的市场准入障碍,建立行之有效的投融资机制,对风电上网给予鼓励。电力公司须将售电收入优先付给私人风机所有者。

## 附录3　英国可再生能源发展状况和有关法律政策

**(1)英国可再生能源发展状况**

英国可再生能源的发展起步较晚。1997年,英国签署了《京都议定书》,并承诺将在2050年之前将温室气体排放量减少到1996年排放量的40%。2003年2月24日,发布了《能源白皮书》,确定了可再生能源电力2010年要占到电力总消费量的10%、2020年要占到20%的具体目标。

近年来,英国一直利用自身优势,努力开发风能、波浪能、潮汐能等多种可再生能源。英国可再生能源的研究工作发展十分迅速,在把垃圾通过掩埋转换成天然气的技术方面,英国处于世界领先水平。另外,英国在利用氢能、太阳能方面也取得了很大进展。2005年,英国新增风机容量46.5万kW,2005年底风机总容量达到135.3万kW。

**(2)英国可再生能源发展相关法律政策**

为了促进可再生能源的发展,英国政府从多个方面探索扶持政策。

1)非化石燃料公约

英国可再生能源发展从1990年开始稳步增长。为促进可再生能源的开发利用,英国于1990年实施了《非化石燃料公约》(Non-Fossil Fuel Obligation,简称NFFO)。NFFO规定:可再生能源开发利用项目由政府发布,通过招投标方式选择可再生能源项目开发者,竞标成功者将与项目所在地的电力公司按中标价格签订购电合同。由于可再生能源发电成本通常会高于常规能源发电成本,对于中标合同电价与平均电力交易市场价格之差即地区电力公司所承受的附加成本,将由政府补贴,补贴费用来源于政府征收的"化石燃料税"。NFFO确立的这种制度被称作在可再生能源政策中的"投标制度"。

"非化石燃料公约(NFFO)"首先在英格兰等地区推行,继而在苏格兰和北爱尔兰地区也制定了与之对应的非化石燃料公约。实施非化石燃料公约的主要目的,一是通过控制化石燃料能源的使用,使英国可再生能源发电量的比重不断增加,限制或减少有害物排放,减少环境污染,二是建立一定的资金渠道,以支持可再生能源的发展。在"非化石燃料公约"政策框架内,电力供应商必须购买一定量的非化石能源电力。如非化石能源生产的电力成本高于化石原料电力,就从向煤电征收的税款中拨付补助金。

"非化石燃料公约"及其相关政策的主要内容,一是用可再生能源发电的企业或项目前五年可享受政府基金补贴,后15年电力公司以固定价格收购其电力,当市场价格低于固定价格时,其差额由政府补贴;二是向电力用户征收化石燃料税(占总电价的1.5%)建立发展基金,用于补贴可再生能源项目的研究与建设;三是对拟投资的可再生能源项目进行公开投标,使项目可行性研究中提出的电价最低的公司中标,政府对项目进行投标补贴的同时,约定收购其电力。

"非化石燃料公约"做法的优点,一是由电力消费者承担的税赋较小;二是由于政府对可再生能源发电公司有收购电协议,有效保障银行及这些新建项目投资者的利益,促使投资者投资可再生能源;三是通过公开的招投标,对可再生能源项目的建设引入竞争机制,从而可以显著地降低可再生能源的电力成本,使可再生能源更具有市场竞争力,同时大幅减少政府的项目补贴资金。

推行 NFFO 以来,从 1990 年到 1997 年,英国风电电价从 10.0 便士/(kW·h)降低到 3.8~4.95 便士/(kW·h),小水电电价从 7.5 便士/(kW·h)降低到 4.4 便士/(kW·h),垃圾填埋气发电电价从 6.4 便士/(kW·h)降低到 3.2 便士/(kW·h),城市和工业废弃物燃烧发电电价从 6.0 便士/(kW·h)降低到 2.8~3.4 便士/(kW·h),能源庄稼和农业及森林废弃物气化发电电价从(1994 年的)8.75 便士/(kW·h)降低到 5.79 便士/(kW·h)。另外,通过实施此公约,每年可减少 260 万~300 万 t 含碳化合物的排放。

通过 NFFO,英国政府在 1990 年到 1999 年期间接连五次以竞标的方式定购可再生能源电力,实现 150 万 kW 的新增可再生能源电力装机容量,大致相当于英国总电力供应的 3%。到 1997 年,实际完成合同可再生能源发电装机 44 万 kW,平均电价下降了 19.5%,但还是没有完成政府的可再生能源发展目标,其原因主要来自地方政府的阻力,政策本身设计的缺陷也造成了实际操作中存在恶性竞争的现象。

2)可再生能源义务令

1997 年,英国作为欧盟成员参加了在东京召开的国际能源与环保峰会,并承诺到 2010 年使 $CO_2$ 排放量降低 12.5%,政府内部控制目标是减少 20%。为实现这一目标,政府规划到 2010 年可再生能源发电比例要达到 10%,同时停止按 NFFO 公约签订新的可再生能源建设项目(原已签的五期仍不变),在充分吸取“非化石燃料公约”精神的基础上,1999 年 7 月,制定并通过了《可再生能源义务令》,2002 年 4 月开始实施。该令至少要履行到 2025 年以后,以保障可再生能源发展的可持续性,其中心内容是确立可再生能源义务制度,该制度的实质是对可再生能源的开发利用实行配额制。主要内容有:

①供电商有义务购买一定比例的可再生能源电力。此项法令明确规定,供电商在其所提供的电力中,必须有一定比例的可再生能源电力。可再生能源电力的比例由政府每年根据可再生能源的发展目标和市场情况等来确定。到 2010 年,应保证有 10% 的电力资源来自于可再生能源,以确保政府总体目标的实现。

②建立完善的市场机制。对履行公约满足上述指标的供电公司发放绿色证书,而未达到 10% 指标的供电商可以向超额完成指标的电力商购买富余的绿色证书指标以履约,即开展可再生能源发电指标的贸易,还准备开展绿色证书期货贸易。

③可再生能源义务制度由英国燃气、电力监管部门监督实施。为了使配额制得以实施,《可再生能源义务令》规定了监管部门的具体监管措施:第一,确立已取得认证资格的合格的可再生能源项目;第二,监督产量和颁布可再生能源义务证书;第三,监督供应商遵守可再生能源义务;第四,监督可再生能源义务证书的买卖双方之间的关系。

④对违反可再生能源义务制度者予以惩罚。根据可再生能源义务制度,所有供电商都必须履行责任和义务,达到当年规定的可再生能源电量份额。如果不能完成任务,供电商将要交纳最高达其营业额 10% 的罚款。

⑤对工商企业用电(非家庭用电)征收大气影响税,其税率为:天然气为 0.15 便士/(kW·h),煤为 1.17 便士/kg,电为 0.43 便士/(kW·h),液化石油气为 0.07 便士/(kW·h)。其中,对燃油免征此税,征燃油税。该税收预计年收入可达 10 亿英镑,其中一部分用于支持企业研究低碳排放技术,一部分用于支持企业加速节能投资设施的折旧,规定允许年折旧率达 100%。大气影响税收入部分用于补贴企业,即减免企业为雇员交纳的社会保

险税的0.3%，这有助于企业增加雇员来取代能耗大的设备，同时可增加就业机会，减少环境污染。

## 附录4　美国的可再生能源政策

**(1)直接政策**

在美国，支持大型风机工业的直接政策最初由公共研发组成，然而这种公开的支持被认为在本地风机制造行业的可行性发展中发挥的角色很有限。

除了联邦政府的研发投资和近期开发的国家技术认证项目，美国相对来说几乎没有政策支持本地生产。美国从1973年OPEC石油禁运开始对风能技术进行研发投资，从1974年到2003年总共是12亿美元，这是那个时期最大的国家公共风能研发投资。美国的年度风能研发支出在1981年到达峰值，然后从80年代开始下降，90年代中期回升。虽然美国政府对风能研发的总体资助比其他国家要明显很多，资助却总是随着时间不稳定。历史证明，与丹麦开始进行小型风机发展的努力相比，美国最早期的目标为发展大型风机的研发努力是不成功的。

早期的研发支持主要给了航空宇宙和重工业，然而它们对长期的风能发展并不感兴趣。美国国家可再生能源实验室的国家能源技术中心，与Underwriters实验室一起，现在为美国和国际标准提供公正的风机认证服务，主要是国际电力协会的61400系列认证。然而，NREL从1998年才开始这个工作，这几乎是在丹麦第一个风机认证项目的20年之后。认证的缺乏使美国的制造商在国际市场里处境非常不利，直到最近美国的标准还由于限制发展而受到批评。美国的标准设计很特殊，限制了制造商，标准的设计形式与相对宽松的欧洲标准不同，欧洲标准是根据噪声排放水平和能源曲线制定的。

美国另外一个在国内市场排挤国外技术的方法是通过专利权。长久以来，在美国和欧洲制造商之间一直有着围绕变速风机技术专利权的法律斗争。在1995年，美国制造商US Windpower控告德国的Enercon侵害他们的专利权并胜诉，这样就防止了Enercon这个最主要的竞争者在美国出售他的变速风机技术。这使得美国制造商成功地将欧洲竞争者与他们的变速风机技术排除于美国市场之外，最终强迫欧洲制造商(包括Vestas)对他们的风机模型作出特别地更改以防止专利侵权。欧洲制造商发现这样做是非常耗费资金和低效的，所以他们表示美国这样做妨碍了风机发展的技术进步和全球风机技术传播。分别持有US Windpower专利权的Enercon和GE Wind之间仍然在持续这个争论，自从2002年收购了Enron开始，GE在欧洲和加拿大之间也提出了相似的专利侵权问题。

国家可再生能源实验室支持美国制造商的可再生能源技术通过商务考察，对外交流和贸易会谈销售到海外。Ex-Im银行也提供了有限的限制性援助来支持美国风机的海外销售。

最后，美国的地方和国家政府开始为本地制造风机和风机零部件设备提供鼓励政策，即优惠的税务政策和一些其他让步。

**(2)间接政策**

美国对风力发电的政策支持因不一致而声名狼藉。由于加利福尼亚州解释根据联邦政府的PURPA法令必须为风电项目建立税收返还政策，20世纪80年代在加利福尼亚州建立了美国的风电工业。由于税收返还政策被终止，美国的风电市场在20世纪90年代发展缓慢，1999

年开始复苏。

除了这些国家鼓励政策,联邦税务政策在鼓励风能发展,尤其是产品税扣除(PTC)上扮演了重要角色,在运行的前10年对被认定合格的设备产出采用每千瓦时调整过的膨胀汇率,直至2003年增长到1.8美分/(kW·h)。PTC最早是在1992年的能源政策行动下建立的,这个行动包含了从1994年到1999年的风电项目,后来又延续到2001年12月,2003年12月,最后延续到2005年12月。PTC在促进风电项目上是非常有效的,但是它忽上忽下的性质导致了风电场投资市场的不稳定。

目前美国对风能的需求也被州级的可再生投资标准要求在不同的时间结构里分享不同的可再生能源。18个主要受益于可再生能源的州强制实施了可再生能源投资标准,与此同时,14个州开发了可再生能源基金来普遍支持可再生能源,尤其支持风能发展。

**(3)结论与展望**

美国的风机制造行业最早由加利福尼亚的联合政策发展而来,其中包括富有挑战性的"税收返还"政策和有益的税务鼓励。在20世纪90年代由于持续的政策方面支持缺乏和质量认证程序缺乏,该行业发展缓慢。美国在研发方面的努力,虽然在累积的数量上一直稳固增长,但与丹麦相比在早些年里是不稳定和不够成功的。美国的风力行业最近随着GE的加入而获得新生。GE Wind目前的成功部分得益于它安排丰富的资源来支持风机制造,也得益于它的国际声望。更多间接形式的政策支持包括联邦税务鼓励,州级的可再生能源投资标准和可再生能源基金。

美国政策的不稳定性,最初是源于各个联邦不一致的支持,和缓慢的工业化发展。举例来说,在与Vestas合并之前,NEG Micon曾计划在波兰建立一个工厂Oregon,但是后来决定否定这个计划——部分是由于与Vestas合并,但也是由于被美国"忽上忽下的税务信用导致的市场碰撞所拖延"。对于在美国制造的风机,无论是由国内还是国外的公司生产,支持风力的联邦政策稳定性是最迫切的需要。

## 附录5 印度可再生能源政策

**(1)直接政策**

印度采取了一些直接政策来鼓励本地制造。比如,印度规定了不同关税来鼓励进口风机零部件而不是整机。对于风机制造所需的专用轴承、齿轮箱、偏航零部件和传感器,以及叶片生产所需的部件和原材料,免征关税。对用于风机制造所需的液压刹车部件、万向联轴器、刹车钳、风机控制器和叶片,减征关税。对于发电机制造所需的部件,免征消费税。

非常规能源部(MNES)参照国际测试和认证标准,组织实施印度风机认证项目。

**(2)间接政策**

从20世纪90年代开始,印度一直积极支持风电发展。20世纪90年代,由于采取了多种税收激励、具有吸引力的产品返销价格和一些贷款优惠政策,印度市场得到了迅猛发展。例如,在项目装机的第一年,允许风电设备按100%折旧,并享受5年的税收优惠。1995年7月,制定了为风电项目清除障碍的国家指导方针(后又在1996年6月进行了完善),强制要求所有地方电力部门以及下级部门都必须作出计划,确保已规划风电项目接入电网的兼容性,在批复同意项目之前,应聘请独立咨询公司,对所有规划的风电开发项目(装机容量大于1 MW)编写详细的项目报告,验证项目的资金成本,保证功率曲线和场址风资源估算的发电量。在20世纪90年代中期,一些公司怀着对未来市场增长的期盼,进入了印度市场。

然而,尽管政府在风电开发方面制定了多项扶持政策,但由于不准确的风资源数据、缺乏安装风机经验、风电场运行性能差,还是导致了20世纪90年代末和本世纪初印度市场新增装机容量的急剧下降。同期,政策导向也开始不稳定了。

在最近几年,市场自身开始重新建立信心。印度政府实行了特许权项目,已经规划了50个风电场。在Gujarat,当地政府与Suzlon、NEG Micon、ENERCON和NEPC等公司签署了协议,采用建设-运行-转让方式开发风电场。在Kutch、Jamnagar、Rajkot和Bhavnagar等地区,向每个制造商提供土地,开发200~400 MW的风电场。一些省份出台了各自的扶助政策,也刺激了近期的发展。

**(3)结论与展望**

印度市场可能会随着Suzlon的全球扩张计划而继续保持增长,但是印度市场的基本风险还是存在的,这使得国际制造商在一定程度上不愿投资。例如,电网就有非常严重的可靠性问题,白天和夜间电压变化大。另外,印度相对落后的基础设施也使得兆瓦级风机的运输和安装变得不太可能。

早期对印度市场成长前景的认同使得国际公司在印度本地制造风机,而近期,印度公司也加入其中。印度的政策体制,尤其是为制造商提供的主要税收优惠政策,在20世纪90年代促进了这个行业的发展。然而,目前的政策导向却不很明确,风电发展可能会直接受到印度电力行业重组的影响。

# 参考文献

[1] 贺德馨,等. 风工程与工业空气动力学[M]. 北京:国防工业出版社,2006.
[2] 王承煦,张源. 风力发电[M]. 北京:中国电力出版社,2006.
[3] 宫靖远,等. 风电场工程技术手册[M]. 北京:机械工业出版社,2004.
[4] 郭新生. 风能利用技术[M]. 北京:化学工业出版社,2007.
[5] 苏绍禹. 风力发电机设计与运行维护[M]. 北京:中国电力出版社,2007.
[6] 刘万琨,张志英,李银凤,等. 风能与风力发电技术[M]. 北京:化学工业出版社,2007.
[7] 廖明夫,R. Gasch,J. Twele. 风力发电技术[M]. 西安:西北工业大学出版社,2009.
[8] 肖湘宁,韩民晓,徐永海,等. 电能质量分析与控制[M]. 北京:中国电力出版社,2006.
[9] 李建林,许洪华. 风力发电中的电力电子变流技术[M]. 北京:机械工业出版社,2008.
[10] Molly J P. Wind Energy-theory, Application, Measuring[M]. 2nd edition Verlag C. F. Muller, Karlsruhe, 1990.
[11] Burton T. Wind Energy Handbook[M]. Chichester: John Wiley & Sons, 2001.
[12] Manwell I F. Wind Energy Explained[M]. Chichester: John Wiley & Sons, 2002.
[13] Hansen, Martin O L. Aerodynamics of Wind Turbines [M]. London: James & James, 2000.
[14] Gourieres D L. 风力机的理论与设计[M]. 施鹏飞,译. 北京:机械工业出版社,1987.
[15] 叶杭冶. 风力发电机组的控制技术[M]. 2 版. 北京:机械工业出版社. 2006.
[16] 2009 国家电网公司风电场接入电网技术规定[S]. 修订版. 北京:国家电网公司,2009.
[17] 全国风力机械标准化技术委员会,中国农机工业协会风力机械分会. 风力机机械标准汇编[S]. 北京:中国标准出版社,2006.
[18] IEC 61400-21: Wind Turbine Generator Systems. part 21: Measurement and Assessment of Power Quality Characteristics of Grid Connected Wind Turbines[S]. 2001.
[19] IEC 61000-4-15: Testing and Measurement Techniques: Flickermeter-functional and Design Specifications[S]. 2003.

[20] IEC 61400-12-1:Wind Turbine Generator Systems—Part 12:Wind Turbine Performance Testing[S].2005.

[21] 吴晓朝. 风电场电能质量分析与实时监测系统的研究[D]. 华南理工大学,2006.

[22] 孙涛,王伟胜,戴慧珠,等. 风力发电引起的电压波动和闪变[J]. 电网技术,2003,27(12):62-66.

[23] Åke L. Flicker Emission of Wind Turbines during Continuous Operation[J]. IEEE Transactions on Energy Conversion. 2002,Vol. 17,pp 114-118.

[24] Hansen,M. O. L,Sorensen,N. N. and Flay,R. G. J. Effect of Placing a Diffuser around a Wind Turbine[J]. Wind Energy. 2000,Vol. 3,pp 207-213.

[25] Carrillo C,Feijoo A E,Cidras J,et al. Power Fluctuations in an Isolated Wind Plant[J]. IEEE Transactions on Energy Conversion. 2004,19(1):217-221.

[26] 杨彬彬,李扬,范见修,等. 风力发电对电力系统运行的影响[J]. 江苏电机工程,2007,26(6):1-4.